普通高等学校少数民族预科教材

线性代数

主　编　陈　曦

副主编　樊　玲　王学严　刘丽娜

北京邮电大学出版社
www.buptpress.com

内容简介

本书共分为6章，内容包括：行列式，矩阵，矩阵的初等变换，线性方程组，向量空间，相似矩阵及二次型.每章均附有习题，书末给出了部分习题的参考答案，供读者参考.

本书既科学地阐述了线性代数的基本内容，又适当地降低了理论难度，深入浅出，简明易懂，读者通过学习本书可以掌握线性代数的基本内容.

本书可作为普通高等学校少数民族预科(一年制、两年制)"线性代数"课程的教材或教学参考用书，也可供自学者和科技工作者阅读.

图书在版编目(CIP)数据

线性代数 / 陈曦主编. -- 北京 : 北京邮电大学出版社，2018.9

ISBN 978-7-5635-5601-4

Ⅰ. ①线… Ⅱ. ①陈… Ⅲ. ①线性代数—高等学校—教材 Ⅳ. ①O151.2

中国版本图书馆 CIP 数据核字(2018)第224630号

书　　名：线性代数

著作责任者：陈　曦

责 任 编 辑：徐振华　刘纳新

出 版 发 行：北京邮电大学出版社

社　　址：北京市海淀区西土城路10号(邮编：100876)

发　行　部：电话：010-62282185　传真：010-62283578

E-mail：publish@bupt.edu.cn

经　　销：各地新华书店

印　　刷：北京玺诚印务有限公司

开　　本：787 mm×1 000 mm　1/16

印　　张：11

字　　数：237千字

版　　次：2018年9月第1版　2018年9月第1次印刷

ISBN 978-7-5635-5601-4　　定价：29.00元

·如有印装质量问题，请与北京邮电大学出版社发行部联系·

前　　言

随着社会信息化程度不断深入，线性代数这一数学分支显得越来越重要，几乎所有大专院校的绝大多数专业都开设了“线性代数”课程.

开设普通高等学校少数民族预科(简称预科)是国家为了加快少数民族地区经济社会发展，培养少数民族人才，于20世纪50年代作出的一项重大国策. 近年来，随着少数民族地区基础教育质量的提升，预科学生生源质量也不断提高，给预科培养提出了新的要求. 为了适应预科培养阶段“预补结合，以预为主”的时代特点，进一步提升预科培养办学质量，大多数预科培养学校开设了“线性代数”课程. 要教好这门课，让学生学有所得，关键是要符合预科学生学习特点，既科学地阐述线性代数的基本内容又编写得简明易懂，这便是编写本书的目的.

本书是在作者2009—2017年为北京邮电大学民族教育学院普通高等学校少数民族预科学生讲授“线性代数”过程中形成的讲义基础上，结合预科学生知识结构、学习能力等特点，改写而成的.

按照现行的“线性代数”教学大纲，本书主要介绍了行列式，矩阵，矩阵的初等变换，线性方程组，向量空间，相似矩阵及二次型等线性代数的基础知识. 为了适应预科学生的特点，本书在不破坏线性代数知识体系的基础上适当地降低了部分理论讲述难度，增加了例题，每个例题均给出了明确、详细的解题步骤，力求深入浅出，简明易懂. 本书每章均配有必要的习题，可以作为课外练习，并给出了部分习题的答案，供读者参考.

本书作为预科教材，讲授需约60学时，各章大体可以按照12、10、8、12、6、12学时的顺序进行分配.

本书的出版得到了北京邮电大学民族教育学院信息数理教研中心全体同仁的帮助和支持，编者在此表示由衷的感谢.

由于时间有限，加之作者水平有限，书中难免有不妥之处，恳请读者和使用本教材的教师批评指正.

作　者

2017年5月

目　录

第1章 行 列 式

行列式是一种重要的数学工具,因人们解线性方程组的需要而产生.它不仅在数学中有重要的应用,在物理学等其他学科的研究中也经常用到.本章主要介绍 n 阶行列式的定义、性质及计算方法.此外,本章还将介绍行列式的一些应用,包括克拉默(Cramer)法则等.

1.1 行列式的定义

1.1.1 二阶行列式的定义

含有两个未知数、两个方程的线性方程组的一般形式为

$$\begin{cases} a_{11}x_1+a_{12}x_2=b_1, \\ a_{21}x_1+a_{22}x_2=b_2 \end{cases} \tag{1.1}$$

由消元法可知,当 $a_{11}a_{22}-a_{12}a_{21}\neq 0$ 时,可得方程组(1.1)的唯一解为

$$x_1=\frac{b_1a_{22}-a_{12}b_2}{a_{11}a_{22}-a_{12}a_{21}},\quad x_2=\frac{a_{11}b_2-b_1a_{21}}{a_{11}a_{22}-a_{12}a_{21}}. \tag{1.2}$$

式(1.2)中的分子、分母都是四个数分成两对相乘再相减而得.其中分母 $a_{11}a_{22}-a_{12}a_{21}$ 是由方程组(1.1)的四个系数确定的,把这四个数按它们在方程组(1.1)中的位置,排成两行两列(横排称行,竖排称列)的数表

$$\begin{matrix} a_{11} & a_{12} \\ a_{21} & a_{22} \end{matrix}, \tag{1.3}$$

表达式 $a_{11}a_{22}-a_{12}a_{21}$ 称为数表(1.3)所确定的二阶行列式,并记作

$$\begin{vmatrix} a_{11} & a_{12} \\ a_{21} & a_{22} \end{vmatrix}, \tag{1.4}$$

数 $a_{ij}(i=1,2;j=1,2)$ 称为行列式(1.4)的元素或元.元素 a_{ij} 的第一个下标 i 称为行标,表明该元素位于行列式的第 i 行;第二个下标 j 称为列标,表明该元素位于行列式的第 j 列.位于第 i 行第 j 列的元素称为行列式(1.4)的 (i,j) 元.

上述二阶行列式的定义中,式(1.4)只是一个记号,它的实质意义是式(1.2)中分母的代数式 $a_{11}a_{22}-a_{12}a_{21}$,该代数式称为二阶行列式的展开式.二阶行列式的展开式可用对

角线法则来记忆，参看图 1.1，它等于主对角线上的两元素的乘积减去副对角线上两元素的乘积所得的差. 一般的，在行列式中，"\"(从左上到右下)方向的对角线称为主对角线；"/"(从右上到左下)方向的对角线称为副对角线.

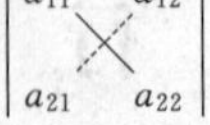

图 1.1

利用二阶行列式的定义，式(1.2)中 x_1，x_2 的分子也可以写成二阶行列式，即

$$b_1a_{22}-a_{12}b_2=\begin{vmatrix} b_1 & a_{12} \\ b_2 & a_{22} \end{vmatrix},\quad a_{11}b_2-b_1a_{21}=\begin{vmatrix} a_{11} & b_1 \\ a_{21} & b_2 \end{vmatrix}.$$

若记

$$D=\begin{vmatrix} a_{11} & a_{12} \\ a_{21} & a_{22} \end{vmatrix},\quad D_1=\begin{vmatrix} b_1 & a_{12} \\ b_2 & a_{22} \end{vmatrix},\quad D_2=\begin{vmatrix} a_{11} & b_1 \\ a_{21} & b_2 \end{vmatrix},$$

那么式(1.2)可写成

$$x_1=\frac{D_1}{D}=\frac{\begin{vmatrix} b_1 & a_{12} \\ b_2 & a_{11} \end{vmatrix}}{\begin{vmatrix} a_{11} & a_{12} \\ a_{21} & a_{22} \end{vmatrix}},\quad x_2=\frac{D_2}{D}=\frac{\begin{vmatrix} a_{11} & b_1 \\ a_{21} & b_2 \end{vmatrix}}{\begin{vmatrix} a_{11} & a_{12} \\ a_{21} & a_{22} \end{vmatrix}}.$$

注意这里的分母 D 是由方程组(1.1)的系数按照它们在方程组中的位置排列构成的行列式，称之为方程组(1.1)的系数行列式；x_1 的分子 D_1 是用常数项 b_1，b_2 替换 D 中 x_1 的系数(第 1 列)a_{11}，a_{21}所得的二阶行列式，x_2 的分子 D_2 是用常数项 b_1，b_2 替换 D 中 x_2 的系数(第 2 列)a_{12}，a_{22}所得的二阶行列式.

例 1.1 利用二阶行列式解方程组$\begin{cases} 3x_1-2x_2=12 \\ 2x_1+x_2=1 \end{cases}$.

解 由于

$$D=\begin{vmatrix} 3 & -2 \\ 2 & 1 \end{vmatrix}=3-(-4)=7\neq 0,$$

$$D_1=\begin{vmatrix} 12 & -2 \\ 1 & 1 \end{vmatrix}=12-(-2)=14,$$

$$D_2=\begin{vmatrix} 3 & 12 \\ 2 & 1 \end{vmatrix}=3-24=-21,$$

因此，
$$x_1=\frac{D_1}{D}=\frac{14}{7}=2,\quad x_2=\frac{D_2}{D}=\frac{-21}{7}=-3.$$

1.1.2 三阶行列式的定义

含有三个未知数、三个方程的线性方程组的一般形式为

$$\begin{cases} a_{11}x_1+a_{12}x_2+a_{13}x_3=b_1 \\ a_{21}x_1+a_{22}x_2+a_{23}x_3=b_2, \\ a_{31}x_1+a_{32}x_2+a_{33}x_3=b_3 \end{cases} \tag{1.5}$$

由消元法可知，当

$$D=a_{11}a_{22}a_{33}+a_{12}a_{23}a_{31}+a_{13}a_{21}a_{32}-a_{11}a_{23}a_{32}-a_{12}a_{21}a_{33}-a_{13}a_{22}a_{31}\neq 0$$

时，可得方程组(1.5)有唯一解为

$$x_1=(b_1a_{22}a_{33}+a_{12}a_{23}b_3+a_{13}b_2a_{32}-b_1a_{23}a_{32}-a_{12}b_2a_{33}-a_{13}a_{22}b_3)/D,$$
$$x_2=(a_{11}b_2a_{33}+b_1a_{23}a_{31}+a_{13}a_{21}b_3-a_{11}a_{23}b_3-b_1a_{21}a_{33}-a_{13}b_2a_{31})/D,$$
$$x_3=(a_{11}a_{22}b_3+a_{12}b_2a_{31}+b_1a_{21}a_{32}-a_{11}b_2a_{32}-a_{12}a_{21}b_3-b_1a_{22}a_{31})/D.$$

与二阶行列式类似，将方程组(1.5)的系数按照它们在方程组中的位置，排成三行三列的数表

$$\begin{matrix} a_{11} & a_{12} & a_{13} \\ a_{21} & a_{22} & a_{23}, \\ a_{31} & a_{32} & a_{33} \end{matrix} \tag{1.6}$$

则 $D=a_{11}a_{22}a_{33}+a_{12}a_{23}a_{31}+a_{13}a_{21}a_{32}-a_{11}a_{23}a_{32}-a_{12}a_{21}a_{33}-a_{13}a_{22}a_{31}$ 称为数表(1.6)所确定的三阶行列式，记作

$$\begin{vmatrix} a_{11} & a_{12} & a_{13} \\ a_{21} & a_{22} & a_{23} \\ a_{31} & a_{32} & a_{33} \end{vmatrix}, \tag{1.7}$$

也就是

$$\begin{vmatrix} a_{11} & a_{12} & a_{13} \\ a_{21} & a_{22} & a_{23} \\ a_{31} & a_{32} & a_{33} \end{vmatrix} = a_{11}a_{22}a_{33}+a_{12}a_{23}a_{31}+a_{13}a_{21}a_{32}- \\ a_{11}a_{23}a_{32}-a_{12}a_{21}a_{33}-a_{13}a_{22}a_{31}. \tag{1.8}$$

式(1.8)表明三阶行列式的展开式共有六项，其中三项为正，三项为负，可以按图 1.2 所示的对角线法则来记忆，其中三条实线看作是平行于主对角线的连线，三条虚线看作是平行于副对角线的连线，实线上三元素的乘积取正号，虚线上三元素的乘积取负号.

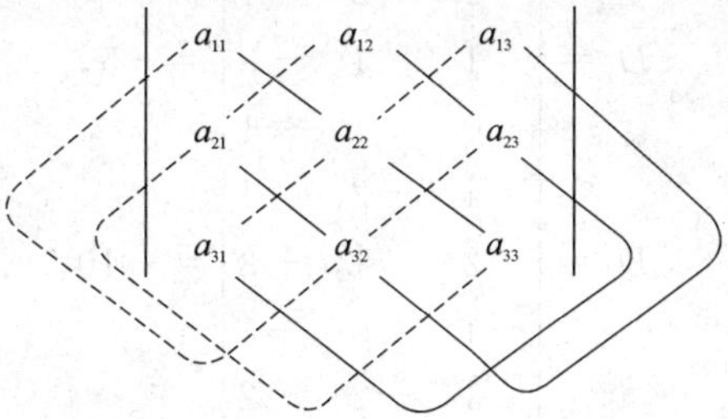

图 1.2

例 1.2 计算三阶行列式 $D=\begin{vmatrix} 1 & 2 & -4 \\ -2 & 2 & 1 \\ -3 & 4 & -2 \end{vmatrix}$.

解 按对角线法则,有

$$\begin{aligned} D &= 1\times2\times(-2)+2\times1\times(-3)+(-4)\times(-2)\times4-1\times1\times4- \\ &\quad 2\times(-2)\times(-2)-(-4)\times2\times(-3) \\ &= -4-6+32-4-8-24=-14. \end{aligned}$$

例 1.3 求解方程 $\begin{vmatrix} 1 & 1 & 1 \\ 2 & 3 & x \\ 4 & 9 & x^2 \end{vmatrix}=0$.

解 方程左端的三阶行列式

$$\begin{aligned} D &= 3x^2+4x+18-9x-2x^2-12 \\ &= x^2-5x+6, \end{aligned}$$

由 $x^2-5x+6=0$ 解得 $x=2$ 或 $x=3$.

有了三阶行列式的定义及对角线法则,当方程组(1.5)系数行列式 $D\neq0$ 时,方程组(1.5)有唯一解:

$$x_j=\frac{D_j}{D},\quad j=1,2,3.$$

其中,D 是方程组(1.5)的系数按照它们在方程组中的位置排列构成的行列式,称之为方程组(1.5)的系数行列式;D_j 是由常数项 b_1,b_2,b_3 替换 D 中 x_j 的系数(第 j 列)所得到的行列式($j=1,2,3$).

例 1.4 利用三阶行列式解线性方程组 $\begin{cases} x_1-2x_2+x_3=-2 \\ 2x_1+x_2-3x_3=1 \\ -x_1+x_2-x_3=0 \end{cases}$.

解 系数行列式 $D=\begin{vmatrix} 1 & -2 & 1 \\ 2 & 1 & -3 \\ -1 & 1 & -1 \end{vmatrix}=-5\neq0$,因此方程组有唯一解.

$$D_1=\begin{vmatrix} -2 & -2 & 1 \\ 1 & 1 & -3 \\ 0 & 1 & -1 \end{vmatrix}=-5,$$

$$D_2=\begin{vmatrix} 1 & -2 & 1 \\ 2 & 1 & -3 \\ -1 & 0 & -1 \end{vmatrix}=-10,$$

$$D_3=\begin{vmatrix} 1 & -2 & -2 \\ 2 & 1 & 1 \\ -1 & 1 & 0 \end{vmatrix}=-5,$$

故方程组的解为：

$$x_1=\frac{D_1}{D}=1,\quad x_2=\frac{D_2}{D}=2,\quad x_3=\frac{D_3}{D}=1.$$

1.2　全排列及其逆序数

定义 1.1　由 n 个数 $1,2,\cdots,n$ 排成的一个有序数组称为一个 n 阶排列.

如 32514,12345 均为 5 阶排列. 显然,n 阶排列共有 $n!$ 个. 特别的,在所有的 n 阶排列中,n 个不同的自然数按照由小到大的顺序排列,称这样的排列为标准次序排列.

在一个排列 $i_1i_2\cdots i_t\cdots i_s\cdots i_n$ 中,如果 $i_t>i_s$,则称这两个数构成一个逆序. 一个排列中所有逆序的总数称为该排列的逆序数,记为 $t(i_1i_2\cdots i_n)$. 逆序数为奇数的排列叫作奇排列,逆序数为偶数的排列叫作偶排列.

例如,在排列 32514 中,32,31,21,51,54 都构成逆序,该排列共有五个逆序,即 $t(32514)=5$,因此该排列为奇排列. 特别的,标准次序排列的逆序数为 0,它是一个偶排列.

在排列 $i_1i_2\cdots i_s\cdots i_n$ 中,如果比 i_s 大的且排在 i_s 前面的元素有 k_s 个,就说 i_s 这个元素的逆序数是 $k_s(s=1,2,\cdots,n)$. 排列中所有元素的逆序数之和

$$t(i_1i_2\cdots i_n)=k_1+k_2+\cdots+k_n$$

就是这个排列的逆序数.

例如,在排列 32514 中:

3 排在首位,逆序数为 0;

2 的前面比 2 大的数有一个(3),故逆序数为 1;

5 是最大数,逆序数为 0;

1 的前面比 1 大的数有三个(3、2、5),故逆序数为 3;

4 的前面比 4 大的数有一个(5),故逆序数为 1.

于是这个排列的逆序数为 $t(32514)=0+1+0+3+1=5$.

例 1.5　求排列 $n(n-1)\cdots 21$ 的逆序数.

解　依次计算比 $n,(n-1),\cdots,2,1$ 大且排在其前面的数有多少个,有

$$t=0+1+2+\cdots+(n-1)=\frac{n(n-1)}{2}.$$

1.3　n 阶行列式的定义

通过定义二阶、三阶行列式,导出了包含两个未知数、两个方程以及三个未知数、三个方程的线性方程组的求解公式. 那么,对于含有 n 个未知数、n 个方程的线性方程组而言,

是否也有类似的求解公式呢？如果有，那么应该如何去定义 n 阶行列式呢？为了解决这个问题，我们将对二阶、三阶行列式的结构规律进行进一步的研究，并加以推广.

下面对三阶行列式的展开式进行讨论.

(1) 三阶行列式的展开式的每一项都是三个元素的乘积，这三个元素位于不同的行、不同的列. 因此，展开式的任一项除正负号外可以写成 $a_{1p_1}a_{2p_2}a_{3p_3}$ 形式. 这里行标排成标准次序 123，而列标排成 $p_1p_2p_3$，$p_1p_2p_3$ 是 1、2、3 三个数的某个排列，这样的排列共有 3！＝6 种，对应三阶行列式的展开式中共有六项.

(2) 各项的正负号与列标的排列对照：

带正号的三项列标排序是 123，231，312；

带负号的三项列标排序是 132，213，321.

经计算可知前三个排列都是偶排列，而后三个排列都是奇排列. 因此各项所带的正负号可以由 $t(p_1p_2p_3)$ 确定. 当 $t(p_1p_2p_3)$ 为偶数时，该项带正号，否则带负号.

所以，三阶行列式的展开式正好是行列式(1.7)中所有取自不同行、不同列的三个元素的乘积的代数和，即

$$\begin{vmatrix} a_{11} & a_{12} & a_{13} \\ a_{21} & a_{22} & a_{23} \\ a_{31} & a_{32} & a_{33} \end{vmatrix} = \sum_{p_1p_2p_3}(-1)^{t(p_1p_2p_3)}a_{1p_1}a_{2p_2}a_{3p_3},$$

其中 $\sum\limits_{p_1p_2p_3}$ 表示对所有的三阶排列 $p_1p_2p_3$ 求和.

显然，以上的规律对于二阶行列式也成立，即二阶行列式的展开式为所有取自二阶行列式中不同行、不同列的两个元素的乘积的代数和，即

$$\begin{vmatrix} a_{11} & a_{12} \\ a_{21} & a_{22} \end{vmatrix} = \sum_{p_1p_2}(-1)^{t(p_1p_2)}a_{1p_1}a_{2p_2},$$

展开式中共有 2！＝2 项.

仿此，可以把行列式推广到一般情形，给出 n 阶行列式的定义.

定义 1.2 设有 n^2 个数，排成 n 行 n 列的数表

$$\begin{matrix} a_{11} & a_{12} & \cdots & a_{1n} \\ a_{21} & a_{22} & \cdots & a_{2n} \\ \vdots & \vdots & & \vdots \\ a_{n1} & a_{n2} & \cdots & a_{nn} \end{matrix}, \tag{1.9}$$

表中所有位于不同行、不同列的 n 个数的乘积

$$a_{1p_1}a_{2p_2}\cdots a_{np_n} \tag{1.10}$$

的代数和，共有 $n!$ 项，这里 $p_1p_2\cdots p_n$ 为自然数 $1,2,\cdots,n$ 的某个 n 阶排列，当 $p_1p_2\cdots p_n$ 为偶排列时，项(1.10)前面带正号，否则就带负号，该代数和记作

$$\sum_{p_1p_2\cdots p_n}(-1)^{t(p_1p_2\cdots p_n)}a_{1p_1}a_{2p_2}\cdots a_{np_n}. \tag{1.11}$$

称式(1.11)为数表(1.9)所确定的 n 阶行列式,记作

$$\begin{vmatrix} a_{11} & a_{12} & \cdots & a_{1n} \\ a_{21} & a_{22} & \cdots & a_{2n} \\ \vdots & \vdots & & \vdots \\ a_{n1} & a_{n2} & \cdots & a_{nn} \end{vmatrix} = \sum_{p_1 p_2 \cdots p_n} (-1)^{t(p_1 p_2 \cdots p_n)} a_{1p_1} a_{2p_2} \cdots a_{np_n}, \tag{1.12}$$

简记为 $\det(a_{ij})$,其中 $\sum\limits_{p_1 p_2 \cdots p_n}$ 表示对所有 n 阶排列 $p_1 p_2 \cdots p_n$ 求和.

按此定义的二阶、三阶行列式与用对角线法则展开的二阶、三阶行列式是一致的.当 $n=1$ 时,一阶行列式 $|a|=a$,不要将其与绝对值记号相混淆.需要注意的是,当行列式的阶数 $n \geqslant 4$ 时,对角线法则不再适用.

例 1.6　证明 n 阶行列式:

(1) $\begin{vmatrix} \lambda_1 & & & \\ & \lambda_2 & & \\ & & \ddots & \\ & & & \lambda_n \end{vmatrix} = \lambda_1 \lambda_2 \cdots \lambda_n$,

(2) $\begin{vmatrix} & & & \lambda_1 \\ & & \lambda_2 & \\ & ⋰ & & \\ \lambda_n & & & \end{vmatrix} = (-1)^{\frac{n(n-1)}{2}} \lambda_1 \lambda_2 \cdots \lambda_n$,

其中未写出的元素都是 0.

证　(1) 中等号左端的行列式称为对角行列式,其结果是显然的.

下面证明(2).在(2)中等号的左端,λ_i 为该行列式的 $(i, n-i+1)$ 元,故记 $\lambda_i = a_{i,n-i+1}$,则依行列式定义

$$\begin{vmatrix} & & & \lambda_1 \\ & & \lambda_2 & \\ & ⋰ & & \\ \lambda_n & & & \end{vmatrix} = \begin{vmatrix} & & & a_{1n} \\ & & a_{2,n-1} & \\ & ⋰ & & \\ a_{n1} & & & \end{vmatrix}$$

$$= (-1)^t a_{1n} a_{2,n-1} \cdots a_{n1} = (-1)^t \lambda_1 \lambda_2 \cdots \lambda_n,$$

其中 t 为倒序 $n(n-1)(n-2)\cdots 21$ 的逆序数,由例 1.5 可知 $t=\dfrac{n(n-1)}{2}$,从而得证.

主对角线以下(上)的元素都是 0 的行列式叫作上(下)三角形行列式,它的值与对角行列式一样.

例 1.7　证明下三角形行列式 $D=\begin{vmatrix} a_{11} & & & \\ a_{21} & a_{22} & & \\ \vdots & \vdots & \ddots & \\ a_{n1} & a_{n2} & \cdots & a_{nn} \end{vmatrix} = a_{11} a_{22} \cdots a_{nn}$.

证 根据行列式的定义，

$$D=\sum_{p_1p_2\cdots p_n}(-1)^{t(p_1p_2\cdots p_n)}a_{1p_1}a_{2p_2}\cdots a_{np_n},$$

由于当 $j>i$ 时，$a_{ij}=0$，所以 D 中可能不为 0 的元素 a_{ip_i} 其下标应满足 $p_i\leqslant i$，即 $p_1\leqslant 1$，$p_2\leqslant 2,\cdots,p_n\leqslant n$.

在所有排列 $p_1p_2\cdots p_n$ 中，能满足上述关系的 $p_1p_2\cdots p_n$ 的排列只有一个标准次序排列 $12\cdots n$，所以 D 中可能不为 0 的项只有一项 $(-1)^t a_{11}a_{22}\cdots a_{nn}$. 所以

$$D=(-1)^{t(12\cdots n)}a_{11}a_{22}\cdots a_{nn}=a_{11}a_{22}\cdots a_{nn}.$$

同样的，可以计算上三角行列式的情况. 请读者自行完成.

1.4 对 换

定义 1.3 在一个排列中，将任意两个元素对调，其余的元素不动，这种作出新排列的手续叫作对换. 将相邻两个元素对换，叫作相邻对换.

例如，在排列 32514 中，将 3 和 1 对换，得到排列 12534. 容易算出 $t(12534)=0+0+0+1+1=2$，为偶排列. 可以看出，奇排列 32514 经过一次对换变成了偶排列 12534. 不失一般性，有下述定理.

定理 1.1 一个排列中的任意两个元素对换，排列改变奇偶性.

证 首先证明一次相邻对换的情况.

设排列为 $a_1\cdots a_l abb_1\cdots b_m$，对换相邻元素 a 与 b，排列变为 $a_1\cdots a_l bab_1\cdots b_m$. 显然，除元素 a,b 外，其他元素的逆序数经过对换后并不会发生变化，而 a,b 两元素的逆序数改变为：当 $a<b$ 时，经对换后 a 的逆序数增加 1 而 b 的逆序数不变；当 $a>b$ 时，经对换后 a 的逆序数不变而 b 的逆序数减少 1. 所以排列 $a_1\cdots a_l abb_1\cdots b_m$ 与排列 $a_1\cdots a_l bab_1\cdots b_m$ 的奇偶性不同，即经过一次相邻对换，排列改变奇偶性.

再证明一般对换的情况.

设排列为 $a_1\cdots a_l ab_1\cdots b_m bc_1\cdots c_n$，对换元素 a 与 b，排列变为 $a_1\cdots a_l bb_1\cdots b_m ac_1\cdots c_n$. 将上述对换分解为多次的相邻对换：把 $a_1\cdots a_l ab_1\cdots b_m bc_1\cdots c_n$ 作 m 次相邻对换，变成 $a_1\cdots a_l abb_1\cdots b_m c_1\cdots c_n$；再作 $m+1$ 次相邻对换，变成 $a_1\cdots a_l bb_1\cdots b_m ac_1\cdots c_n$. 总之，经 $2m+1$ 次相邻对换，排列 $a_1\cdots a_l ab_1\cdots b_m bc_1\cdots c_n$ 变成排列 $a_1\cdots a_l bb_1\cdots b_m ac_1\cdots c_n$，所以这两个排列的奇偶性不同.

由定理 1.1 可得以下推论：

推论 1 在全部 n 阶排列中($n\geqslant 2$)，奇排列与偶排列各占一半，均为 $\frac{n!}{2}$.

证 设在全部 n 阶排列中有 s 个奇排列，t 个偶排列，则 $s+t=n!$，现来证 $s=t$.

将 s 个奇排列的前两个数对换，则这 s 个奇排列全变成偶排列，并且它们彼此不同，

所以 $s \leqslant t$.

同样的，将 t 个偶排列的前两个数对换，则这 t 个偶排列全变成奇排列，并且它们彼此不同，于是有 $t \leqslant s$.

故必有 $s=t=\dfrac{n!}{2}$.

推论 2　奇排列变成标准排列的对换次数为奇数，偶排列变成标准排列的对换次数为偶数.

证　由定理 1.1 知，对换的次数就是排列奇偶性的变化次数，而标准次序排列是偶排列(逆序数为 0)，因此将任意一个 n 阶排列变成标准次序排列时，所作的对换次数与排列有相同的奇偶性.

下面我们将利用定理 1.1 来讨论 n 阶行列式定义的其他表示方法. 在 n 阶行列式的定义中，我们先将每项中各元素的行标按照标准次序进行排列，即 $a_{1p_1}a_{2p_2}\cdots a_{np_n}$，此时该项前面的符号由列标排列 $p_1p_2\cdots p_n$ 的奇偶性决定. 实际上，这仅仅是为了方便，并非必要的. 一般的，行列式中的项可以写成

$$a_{i_1k_1}a_{i_2k_2}\cdots a_{i_nk_n}, \tag{1.13}$$

此时，它的行标和列标分别构成两个 n 阶排列 $i_1i_2\cdots i_n$ 和 $k_1k_2\cdots k_n$. 式(1.13)和式(1.10)的排列的逆序数之间存在如下关系：

$$(-1)^{t(i_1i_2\cdots i_n)+t(k_1k_2\cdots k_n)}=(-1)^{t(p_1p_2\cdots p_n)}.$$

这是因为，当对调式(1.13)各元素的位置，将之变为式(1.10)时，每作一次对调，排列 $i_1i_2\cdots i_n$ 和 $k_1k_2\cdots k_n$ 同时改变奇偶性，从而它们的和 $t(i_1i_2\cdots i_n)+t(k_1k_2\cdots k_n)$ 的奇偶性不变. 于是经过若干次元素对调之后，当 $a_{i_1k_1}a_{i_2k_2}\cdots a_{i_nk_n}$ 变成 $a_{1p_1}a_{2p_2}\cdots a_{np_n}$ 时，有

$$\begin{aligned}(-1)^{t(i_1i_2\cdots i_n)+t(k_1k_2\cdots k_n)}&=(-1)^{t(12\cdots n)+t(p_1p_2\cdots p_n)}\\&=(-1)^{t(p_1p_2\cdots p_n)},\end{aligned}$$

即 n 阶行列式(1.12)可以展开为

$$D=\sum(-1)^{t(i_1i_2\cdots i_n)+t(k_1k_2\cdots k_n)}a_{i_1k_1}a_{i_2k_2}\cdots a_{i_nk_n}. \tag{1.14}$$

此外，由以上的讨论可知，也能将 $a_{i_1k_1}a_{i_2k_2}\cdots a_{i_nk_n}$ 中的元素对调，将之变为 $a_{q_11}a_{q_22}\cdots a_{q_nn}$，此时有

$$(-1)^{t(p_1p_2\cdots p_n)}=(-1)^{t(q_1q_2\cdots q_n)},$$

这样，行列式(1.12)也可以按照列标为标准次序展开为

$$D=\sum(-1)^{t(q_1q_2\cdots q_n)}a_{q_11}a_{q_22}\cdots a_{q_nn}. \tag{1.15}$$

1.5　行列式的性质

根据 n 阶行列式的定义，其展开式中包含有 $n!$ 项. 一般的，当 n 较大时，利用定义来

计算行列式是比较困难的.所以,有必要讨论行列式的性质,以便利用它们来简化行列式,从而计算行列式.

记 $D=\begin{vmatrix} a_{11} & a_{12} & \cdots & a_{1n} \\ a_{21} & a_{22} & \cdots & a_{2n} \\ \vdots & \vdots & & \vdots \\ a_{n1} & a_{n2} & \cdots & a_{nn} \end{vmatrix}$, $D^{\mathrm{T}}=\begin{vmatrix} a_{11} & a_{21} & \cdots & a_{n1} \\ a_{12} & a_{22} & \cdots & a_{n2} \\ \vdots & \vdots & & \vdots \\ a_{1n} & a_{2n} & \cdots & a_{nn} \end{vmatrix}$,行列式 D^{T} 称为行列式 D 的转置行列式.

性质 1.1 行列式与它的转置行列式相等.

证 记 $D=\det(a_{ij})$ 的转置行列式

$$D^{\mathrm{T}}=\begin{vmatrix} b_{11} & b_{12} & \cdots & b_{1n} \\ b_{21} & b_{22} & \cdots & b_{2n} \\ \vdots & \vdots & & \vdots \\ b_{n1} & b_{n2} & \cdots & b_{nn} \end{vmatrix},$$

即 D^{T} 的 (i,j) 元为 b_{ij},则 $b_{ij}=a_{ji}(i,j=1,2,\cdots,n)$,按定义

$$D^{\mathrm{T}}=\sum(-1)^t b_{1p_1}b_{2p_2}\cdots b_{np_n}=\sum(-1)^t a_{p_1 1}a_{p_2 2}\cdots a_{p_n n}.$$

而由(1.15)可知,D 也可以表示为

$$D=\sum(-1)^t a_{p_1 1}a_{p_2 2}\cdots a_{p_n n},$$

故
$$D^{\mathrm{T}}=D.$$

由性质 1.1 可知,行列式中的行与列具有同等的地位,行列式的性质凡是对行成立的,对列也同样成立,反之亦然.

性质 1.2 互换行列式的两行(列),行列式变号.

证 设行列式

$$D_1=\begin{vmatrix} b_{11} & b_{12} & \cdots & b_{1n} \\ b_{21} & b_{22} & \cdots & b_{2n} \\ \vdots & \vdots & & \vdots \\ b_{n1} & b_{n2} & \cdots & b_{nn} \end{vmatrix}$$

是由行列式 $D=\det(a_{ij})$ 对换 i,j 两行得到的,即当 $k\neq i,j$ 时,$b_{kp}=a_{kp}$;当 $k=i,j$ 时,$b_{ip}=a_{jp}$,$b_{jp}=a_{ip}$,于是

$$\begin{aligned} D_1&=\sum(-1)^{t(p_1\cdots p_i\cdots p_j\cdots p_n)}b_{1p_1}\cdots b_{ip_i}\cdots b_{jp_j}\cdots b_{np_n} \\ &=\sum(-1)^{t(p_1\cdots p_i\cdots p_j\cdots p_n)}a_{1p_1}\cdots a_{jp_i}\cdots a_{ip_j}\cdots a_{np_n} \\ &=\sum(-1)^{t(p_1\cdots p_i\cdots p_j\cdots p_n)}a_{1p_1}\cdots a_{ip_j}\cdots a_{jp_i}\cdots a_{np_n}, \end{aligned}$$

其中 $1\cdots i\cdots j\cdots n$ 为自然排列,$(-1)^{t(p_1\cdots p_i\cdots p_j\cdots p_n)}=-(-1)^{t(p_1\cdots p_j\cdots p_i\cdots p_n)}$,故

$$D_1=-\sum(-1)^{t(p_1\cdots p_j\cdots p_i\cdots p_n)}a_{1p_1}\cdots a_{ip_j}\cdots a_{jp_i}\cdots a_{np_n}=-D.$$

在这里，我们用 r_i 表示行列式的第 i 行，用 c_j 表示行列式的第 j 列，那么，交换行列式的第 i,j 两行便记为 $r_i \leftrightarrow r_j$，交换行列式的 i,j 两列便记为 $c_i \leftrightarrow c_j$.

推论 如果行列式有两行(列)完全相同，则此行列式等于零.

证 把相同的两行互换，有 $D=-D$，故 $D=0$.

性质 1.3 行列式的某一行(列)中所有的元素都乘以同一数 k，等于用数 k 乘以此行列式，即

$$\begin{vmatrix} a_{11} & a_{12} & \cdots & a_{1n} \\ \vdots & \vdots & & \vdots \\ ka_{i1} & ka_{i2} & \cdots & ka_{in} \\ \vdots & \vdots & & \vdots \\ a_{n1} & a_{n2} & \cdots & a_{nn} \end{vmatrix} = k \begin{vmatrix} a_{11} & a_{12} & \cdots & a_{1n} \\ \vdots & \vdots & & \vdots \\ a_{i1} & a_{i2} & \cdots & a_{in} \\ \vdots & \vdots & & \vdots \\ a_{n1} & a_{n2} & \cdots & a_{nn} \end{vmatrix}.$$

证 根据行列式的定义，上式等号

$$\begin{aligned} \text{左边} &= \sum_{p_1 p_2 \cdots p_n} (-1)^{t(p_1 p_2 \cdots p_n)} a_{1p_1} \cdots (ka_{ip_i}) \cdots a_{np_n} \\ &= k \sum_{p_1 p_2 \cdots p_n} (-1)^{t(p_1 p_2 \cdots p_n)} a_{1p_1} \cdots a_{ip_i} \cdots a_{np_n} \\ &= \text{右边}. \end{aligned}$$

推论 1 行列式中某一行(列)的所有元素的公因子可以提到行列式记号的外面.

推论 2 如果行列式的某一行(列)的元素全为零，则此行列式为零.

性质 1.4 行列式中如果有两行(列)元素成比例，则此行列式等于零.

证 不妨设行列式中第 j 行的各元素分别是第 i 行($i \neq j$)对应元素的 k 倍. 此时，将第 j 行的公因子 k 提出来，于是行列式中有两行完全相同，所以行列式为零.

性质 1.5 若行列式的某一列(行)的元素都是两数之和，例如第 i 列的元素都是两数之和：

$$D = \begin{vmatrix} a_{11} & a_{12} & \cdots & (b_{1i}+c_{1i}) & \cdots & a_{1n} \\ a_{21} & a_{22} & \cdots & (b_{2i}+c_{2i}) & \cdots & a_{2n} \\ \vdots & \vdots & & \vdots & & \vdots \\ a_{n1} & a_{n2} & \cdots & (b_{ni}+c_{ni}) & \cdots & a_{nn} \end{vmatrix},$$

则 D 等于两个行列式之和：

$$D = \begin{vmatrix} a_{11} & a_{12} & \cdots & b_{1i} & \cdots & a_{1n} \\ a_{21} & a_{22} & \cdots & b_{2i} & \cdots & a_{2n} \\ \vdots & \vdots & & \vdots & & \vdots \\ a_{n1} & a_{n2} & \cdots & b_{ni} & \cdots & a_{nn} \end{vmatrix} + \begin{vmatrix} a_{11} & a_{12} & \cdots & c_{1i} & \cdots & a_{1n} \\ a_{21} & a_{22} & \cdots & c_{2i} & \cdots & a_{2n} \\ \vdots & \vdots & & \vdots & & \vdots \\ a_{n1} & a_{n2} & \cdots & c_{ni} & \cdots & a_{nn} \end{vmatrix}.$$

证 根据行列式的定义式(1.15)，

$$\begin{vmatrix} a_{11} & a_{12} & \cdots & (b_{1i}+c_{1i}) & \cdots & a_{1n} \\ a_{21} & a_{22} & \cdots & (b_{2i}+c_{2i}) & \cdots & a_{2n} \\ \vdots & \vdots & & \vdots & & \vdots \\ a_{n1} & a_{n2} & \cdots & (b_{ni}+c_{ni}) & \cdots & a_{nn} \end{vmatrix}$$

$$= \sum_{q_1 q_2 \cdots q_n} (-1)^{t(q_1 q_2 \cdots q_n)} a_{q_1,1} \cdots (b_{q_i,i} + c_{q_i,i}) \cdots a_{q_n,n}$$

$$= \sum_{q_1 q_2 \cdots q_n} (-1)^{t(q_1 q_2 \cdots q_n)} a_{q_1,1} \cdots b_{q_i,i} \cdots a_{q_n,n} + \sum_{q_1 q_2 \cdots q_n} (-1)^{t(q_1 q_2 \cdots q_n)} a_{q_1,1} \cdots c_{q_i,i} \cdots a_{q_n,n}$$

$$= \begin{vmatrix} a_{11} & a_{12} & \cdots & b_{1i} & \cdots & a_{1n} \\ a_{21} & a_{22} & \cdots & b_{2i} & \cdots & a_{2n} \\ \vdots & \vdots & & \vdots & & \vdots \\ a_{n1} & a_{n2} & \cdots & b_{ni} & \cdots & a_{nn} \end{vmatrix} + \begin{vmatrix} a_{11} & a_{12} & \cdots & c_{1i} & \cdots & a_{1n} \\ a_{21} & a_{22} & \cdots & c_{2i} & \cdots & a_{2n} \\ \vdots & \vdots & & \vdots & & \vdots \\ a_{n1} & a_{n2} & \cdots & c_{ni} & \cdots & a_{nn} \end{vmatrix}.$$

上述性质 1.5 表明，当行列式的某一行(或列)的元素为两数之和时，行列式关于该行(或列)可分解为两个行列式. 若 n 阶行列式每个元素都表示成两数之和，则它可分解成 2^n 个行列式. 例如二阶行列式

$$\begin{vmatrix} a+x & b+y \\ c+z & d+w \end{vmatrix} = \begin{vmatrix} a & b+y \\ c & d+w \end{vmatrix} + \begin{vmatrix} x & b+y \\ z & d+w \end{vmatrix}$$

$$= \begin{vmatrix} a & b \\ c & d \end{vmatrix} + \begin{vmatrix} a & y \\ c & w \end{vmatrix} + \begin{vmatrix} x & b \\ z & d \end{vmatrix} + \begin{vmatrix} x & y \\ z & w \end{vmatrix}.$$

性质 1.6 把行列式的某一列(行)的各元素均乘以同一数然后加到另一列(行)对应的元素上去，行列式的值不变.

例如以数 k 乘第 j 列然后加到第 i 列上(记作 $c_i + kc_j$)，有

$$\begin{vmatrix} a_{11} & \cdots & a_{1i} & \cdots & a_{1j} & \cdots & a_{1n} \\ a_{21} & \cdots & a_{2i} & \cdots & a_{2j} & \cdots & a_{2n} \\ \vdots & & \vdots & & \vdots & & \vdots \\ a_{n1} & \cdots & a_{ni} & \cdots & a_{nj} & \cdots & a_{nn} \end{vmatrix}$$

$$\overset{c_i + kc_j}{=\!=\!=} \begin{vmatrix} a_{11} & \cdots & (a_{1i}+ka_{1j}) & \cdots & a_{1j} & \cdots & a_{1n} \\ a_{21} & \cdots & (a_{2i}+ka_{2j}) & \cdots & a_{2j} & \cdots & a_{2n} \\ \vdots & & \vdots & & \vdots & & \vdots \\ a_{n1} & \cdots & (a_{ni}+ka_{nj}) & \cdots & a_{nj} & \cdots & a_{nn} \end{vmatrix} \quad (i \neq j).$$

证 根据性质 1.4 和性质 1.5，上式等号

$$\text{右边} = \begin{vmatrix} a_{11} & \cdots & a_{1i} & \cdots & a_{1j} & \cdots & a_{1n} \\ a_{21} & \cdots & a_{2i} & \cdots & a_{2j} & \cdots & a_{2n} \\ \vdots & & \vdots & & \vdots & & \vdots \\ a_{n1} & \cdots & a_{ni} & \cdots & a_{nj} & \cdots & a_{nn} \end{vmatrix} + \begin{vmatrix} a_{11} & \cdots & ka_{1j} & \cdots & a_{1j} & \cdots & a_{1n} \\ a_{21} & \cdots & ka_{2j} & \cdots & a_{2j} & \cdots & a_{2n} \\ \vdots & & \vdots & & \vdots & & \vdots \\ a_{n1} & \cdots & ka_{nj} & \cdots & a_{nj} & \cdots & a_{nn} \end{vmatrix}$$

$$=\begin{vmatrix} a_{11} & \cdots & a_{1i} & \cdots & a_{1j} & \cdots & a_{1n} \\ a_{21} & \cdots & a_{2i} & \cdots & a_{2j} & \cdots & a_{2n} \\ \vdots & & \vdots & & \vdots & & \vdots \\ a_{n1} & \cdots & a_{ni} & \cdots & a_{nj} & \cdots & a_{nn} \end{vmatrix}=\text{左边}.$$

性质 1.2、性质 1.3 和性质 1.6 分别介绍了行列式关于行和列的三种运算，即 $r_i\leftrightarrow r_j$，$r_i\times k$，r_i+kr_j 和 $c_i\leftrightarrow c_j$，$c_i\times k$，c_i+kc_j，利用这些运算可简化行列式的计算，特别是利用运算 r_i+kr_j（或 c_i+kc_j）可以把行列式中许多元素化为 0. 计算行列式常用的一种方法就是利用运算 r_i+kr_j 把行列式化为上三角形行列式，从而算得行列式的值.

例 1.8 计算 $D=\begin{vmatrix} 3 & 1 & -1 & 2 \\ -5 & 1 & 3 & -4 \\ 2 & 0 & 1 & -1 \\ 1 & -5 & 3 & -3 \end{vmatrix}$.

解

$$D\xlongequal{c_1\leftrightarrow c_2}-\begin{vmatrix} 1 & 3 & -1 & 2 \\ 1 & -5 & 3 & -4 \\ 0 & 2 & 1 & -1 \\ -5 & 1 & 3 & -3 \end{vmatrix}\xlongequal[r_4+5r_1]{r_2-r_1}-\begin{vmatrix} 1 & 3 & -1 & 2 \\ 0 & -8 & 4 & -6 \\ 0 & 2 & 1 & -1 \\ 0 & 16 & -2 & 7 \end{vmatrix}$$

$$\xlongequal{r_2\leftrightarrow r_3}\begin{vmatrix} 1 & 3 & -1 & 2 \\ 0 & 2 & 1 & -1 \\ 0 & -8 & 4 & -6 \\ 0 & 16 & -2 & 7 \end{vmatrix}\xlongequal[r_4-8r_2]{r_3+4r_2}\begin{vmatrix} 1 & 3 & -1 & 2 \\ 0 & 2 & 1 & -1 \\ 0 & 0 & 8 & -10 \\ 0 & 0 & -10 & 15 \end{vmatrix}$$

$$\xlongequal{r_4+\frac{5}{4}r_3}\begin{vmatrix} 1 & 3 & -1 & 2 \\ 0 & 2 & 1 & -1 \\ 0 & 0 & 8 & -10 \\ 0 & 0 & 0 & \frac{5}{2} \end{vmatrix}=40.$$

上述解法中，先用了运算 $c_1\leftrightarrow c_2$，其目的是把 a_{11} 换成 1，从而利用运算 $r_i-a_{i1}r_1$，即可把 $a_{i1}(i=2,3,4)$ 变为 0. 如果不先作 $c_1\leftrightarrow c_2$，则由于原式中 $a_{11}=3$，需用运算 $r_i-\frac{a_{i1}}{3}r_1$ 把 a_{i1} 变为 0，这样计算时就比较麻烦. 第二步把 r_2-r_1 和 r_4+5r_1 写在一起，这是两次运算，并把第一次运算结果的书写省略了.

例 1.9 计算 $D=\begin{vmatrix} 3 & 1 & 1 & 1 \\ 1 & 3 & 1 & 1 \\ 1 & 1 & 3 & 1 \\ 1 & 1 & 1 & 3 \end{vmatrix}$.

解 这个行列式的特点是各列 4 个数之和都是 6. 把第 2、3、4 行同时加到第 1 行，提出第一行的公因子 6，然后各行减去第一行：

$$D\xlongequal{r_1+r_2+r_3+r_4}\begin{vmatrix}6&6&6&6\\1&3&1&1\\1&1&3&1\\1&1&1&3\end{vmatrix}\xlongequal{r_1\div 6}6\begin{vmatrix}1&1&1&1\\1&3&1&1\\1&1&3&1\\1&1&1&3\end{vmatrix}\xlongequal[r_4-r_1]{\substack{r_2-r_1\\r_3-r_1}}6\begin{vmatrix}1&1&1&1\\0&2&0&0\\0&0&2&0\\0&0&0&2\end{vmatrix}=48.$$

例 1.10 计算 $D=\begin{vmatrix}a&b&c&d\\a&a+b&a+b+c&a+b+c+d\\a&2a+b&3a+2b+c&4a+3b+2c+d\\a&3a+b&6a+3b+c&10a+6b+3c+d\end{vmatrix}$.

解 从第 4 行开始，后行减前行，

$$D\xlongequal[r_2-r_1]{\substack{r_4-r_3\\r_3-r_2}}\begin{vmatrix}a&b&c&d\\0&a&a+b&a+b+c\\0&a&2a+b&3a+2b+c\\0&a&3a+b&6a+3b+c\end{vmatrix}\xlongequal[r_3-r_2]{r_4-r_3}\begin{vmatrix}a&b&c&d\\0&a&a+b&a+b+c\\0&0&a&2a+b\\0&0&a&3a+b\end{vmatrix}$$

$$\xlongequal{r_4-r_3}\begin{vmatrix}a&b&c&d\\0&a&a+b&a+b+c\\0&0&a&2a+b\\0&0&0&a\end{vmatrix}=a^4.$$

上述诸例中都用到把几个运算写在一起的省略写法，这里要注意各个运算的次序一般不能颠倒，这是由于后一次运算是作用在前一次运算结果上的缘故.

例如

$$\begin{vmatrix}a&b\\c&d\end{vmatrix}\xlongequal{r_1+r_2}\begin{vmatrix}a+c&b+d\\c&d\end{vmatrix}\xlongequal{r_2-r_1}\begin{vmatrix}a+c&b+d\\-a&-b\end{vmatrix},$$

$$\begin{vmatrix}a&b\\c&d\end{vmatrix}\xlongequal{r_2-r_1}\begin{vmatrix}a&b\\c-a&d-b\end{vmatrix}\xlongequal{r_1+r_2}\begin{vmatrix}c&d\\c-a&d-b\end{vmatrix},$$

可见两次运算当次序不同时所得结果不同，忽视后一次运算是作用在前一次运算的结果上就会出错，例如

$$\begin{vmatrix}a&b\\c&d\end{vmatrix}\xlongequal[r_2-r_1]{r_1+r_2}\begin{vmatrix}a+c&b+d\\c-a&d-b\end{vmatrix}$$

这样的运算是错误的，出错的原因在于第二次运算找错了对象.

此外还要注意运算 r_i+r_j 与 r_j+r_i 的区别，记号 r_i+kr_j 不能写作 kr_j+r_i（这里不能套用加法的交换律）.

上述诸例都是利用运算 r_i+kr_j 把行列式化为上三角形行列式，用归纳法不难证明（这里不证），任何 n 阶行列式总能利用运算 r_i+kr_j 化为上三角形行列式，或化为下三角

形行列式(这时要先把 $a_{1n},\cdots,a_{n-1,n}$ 化为 0). 类似的,利用列运算 c_i+kc_j,也可把行列式化为上三角形行列式或下三角形行列式.

例 1.11 计算 n 阶行列式 $D=\begin{vmatrix} a & b & b & \cdots & b \\ b & a & b & \cdots & b \\ b & b & a & \cdots & b \\ \vdots & \vdots & \vdots & & \vdots \\ b & b & b & \cdots & a \end{vmatrix}$.

解 将第 2,3,⋯,n 列都加到第 1 列,再用第 2,3,⋯,n 行分别减去第 1 行,得

$$D\xlongequal{c_1+c_2+\cdots+c_n}\begin{vmatrix} a+(n-1)b & b & b & \cdots & b \\ a+(n-1)b & a & b & \cdots & b \\ a+(n-1)b & b & a & \cdots & b \\ \vdots & \vdots & \vdots & & \vdots \\ a+(n-1)b & b & b & \cdots & a \end{vmatrix}$$

$$=\begin{vmatrix} a+(n-1)b & b & b & \cdots & b \\ 0 & a-b & 0 & \cdots & 0 \\ 0 & 0 & a-b & \cdots & 0 \\ \vdots & \vdots & \vdots & & \vdots \\ 0 & 0 & 0 & \cdots & a-b \end{vmatrix}=[a+(n-1)b](a-b)^{n-1}.$$

例 1.12 设

$$D=\begin{vmatrix} a_{11} & \cdots & a_{1k} & & & \\ \vdots & & \vdots & & & \\ a_{k1} & \cdots & a_{kk} & & & \\ c_{11} & \cdots & c_{1k} & b_{11} & \cdots & b_{1n} \\ \vdots & & \vdots & \vdots & & \vdots \\ c_{n1} & \cdots & c_{nk} & b_{n1} & \cdots & b_{nn} \end{vmatrix},\quad D_1=\det(a_{ij})=\begin{vmatrix} a_{11} & \cdots & a_{1k} \\ \vdots & & \vdots \\ a_{k1} & \cdots & a_{kk} \end{vmatrix},$$

$$D_2=\det(b_{ij})=\begin{vmatrix} b_{11} & \cdots & b_{1n} \\ \vdots & & \vdots \\ b_{n1} & \cdots & b_{nn} \end{vmatrix},$$

证明 $D=D_1D_2$.

证 对 D_1 作运算 r_i+kr_j,把 D_1 化为下三角形行列式,设为

$$D_1=\begin{vmatrix} p_{11} & & \\ \vdots & \ddots & \\ p_{k1} & \cdots & p_{kk} \end{vmatrix}=p_{11}\cdots p_{kk},$$

对 D_2 作运算 c_i+kc_j,把 D_2 化为下三角形行列式,设为

$$D_2=\begin{vmatrix} q_{11} & & \\ \vdots & \ddots & \\ q_{n1} & \cdots & q_{nn} \end{vmatrix}=q_{11}\cdots q_{nn}.$$

于是,对 D 的前 k 行作运算 r_i+kr_j,再对后 n 列作运算 c_i+kc_j,把 D 化为下三角形行列式

$$D=\begin{vmatrix} p_{11} & & & & & \\ \vdots & \ddots & & & & \\ p_{k1} & \cdots & p_{kk} & & & \\ c_{11} & \cdots & c_{1k} & q_{11} & & \\ \vdots & & \vdots & \vdots & \ddots & \\ c_{n1} & \cdots & c_{nk} & q_{n1} & \cdots & q_{nn} \end{vmatrix},$$

故
$$D=p_{11}\cdot\cdots\cdot p_{kk}\cdot q_{11}\cdot\cdots\cdot q_{nn}=D_1D_2.$$

例 1.13 计算 $2n$ 阶行列式

$$D_{2n}=\underbrace{\begin{vmatrix} a & & & & & b \\ & \ddots & & & \iddots & \\ & & a & b & & \\ & & c & d & & \\ & \iddots & & & \ddots & \\ c & & & & & d \end{vmatrix}}_{2n},$$

其中未写出的元素为 0.

解 把 D_{2n} 中的第 $2n$ 行依次与第 $2n-1$ 行,……,第 2 行对调(作 $2n-2$ 次相邻对换),再把第 $2n$ 列依次与第 $2n-1$ 列,……,第 2 列对调,得

$$D_{2n}=(-1)^{2(2n-2)}\begin{vmatrix} a & b & 0 & & \cdots & & 0 \\ c & d & 0 & & \cdots & & 0 \\ 0 & 0 & a & & & & b \\ & & & \ddots & & \iddots & \\ \vdots & \vdots & & & a \quad b & & \\ & & & & c \quad d & & \\ & & & \iddots & & \ddots & \\ 0 & 0 & c & & & & d \end{vmatrix}.$$

（右下块为 $2(n-1)$ 阶）

根据例 1.12 的结果,有

$$D_{2n}=D_2D_{2(n-1)}=(ad-bc)D_{2(n-1)},$$

以此作递推公式,即得

$$D_{2n}=(ad-bc)^2D_{2(n-2)}=\cdots=(ad-bc)^{n-1}D_2$$
$$=(ad-bc)^n.$$

1.6 行列式的按行(列)展开法则

上一节,我们利用行列式的性质将行列式化为上(下)三角形行列式从而求值,这是一种计算行列式的主要方法.计算行列式的另一种主要方法是降阶,即将较高阶的行列式的计算转化为较低阶行列式的计算.降阶所用的基本方法是把行列式按某行(列)展开.为此,先引进余子式和代数余子式等相关概念.

定义 1.4 在 n 阶行列式

$$D=\begin{vmatrix} a_{11} & \cdots & a_{1j} & \cdots & a_{1n} \\ \vdots & & \vdots & & \vdots \\ a_{i1} & \cdots & a_{ij} & \cdots & a_{in} \\ \vdots & & \vdots & & \vdots \\ a_{n1} & \cdots & a_{nj} & \cdots & a_{nn} \end{vmatrix}$$

中,把元素 a_{ij} 所在的第 i 行和第 j 列划去后,剩下的 $n-1$ 阶行列式

$$\begin{vmatrix} a_{11} & \cdots & a_{1,j-1} & a_{1,j+1} & \cdots & a_{1n} \\ \vdots & & \vdots & \vdots & & \vdots \\ a_{i-1,1} & \cdots & a_{i-1,j-1} & a_{i-1,j+1} & \cdots & a_{i-1,n} \\ a_{i+1,1} & \cdots & a_{i+1,j-1} & a_{i+1,j+1} & \cdots & a_{i+1,n} \\ \vdots & & \vdots & \vdots & & \vdots \\ a_{n1} & \cdots & a_{n,j-1} & a_{n,j+1} & \cdots & a_{nn} \end{vmatrix}$$

叫作元素 a_{ij} 的余子式,记作 M_{ij};同时,称 $(-1)^{i+j}M_{ij}$ 为元素 a_{ij} 的代数余子式,记作 A_{ij}.

例 1.14 求行列式 $D=\begin{vmatrix} 1 & 2 & 3 \\ 0 & 5 & 1 \\ 1 & 0 & 7 \end{vmatrix}$ 的代数余子式 A_{11},A_{12}和 A_{13}.

解
$$M_{11}=\begin{vmatrix} 5 & 1 \\ 0 & 7 \end{vmatrix}=35, A_{11}=(-1)^{1+1}M_{11}=35;$$
$$M_{12}=\begin{vmatrix} 0 & 1 \\ 1 & 7 \end{vmatrix}=-1, A_{12}=(-1)^{1+2}M_{12}=1;$$
$$M_{13}=\begin{vmatrix} 0 & 5 \\ 1 & 0 \end{vmatrix}=-5, A_{13}=(-1)^{1+3}M_{13}=-5.$$

引理 一个 n 阶行列式,如果其中第 i 行所有元素除 a_{ij} 外都为零,那么该行列式等于 a_{ij} 与它的代数余子式的乘积,即

$$D=a_{ij}A_{ij}.$$

证 先证$(i,j)=(1,1)$的情形,此时

$$D=\begin{vmatrix} a_{11} & 0 & \cdots & 0 \\ a_{21} & a_{22} & \cdots & a_{2n} \\ \vdots & \vdots & & \vdots \\ a_{n1} & a_{n2} & \cdots & a_{nn} \end{vmatrix},$$

这是例 1.12 中当 $k=1$ 时(即 D_1 为一阶行列式)的特殊情况.于是有 $D=a_{11}M_{11}$,又

$$A_{11}=(-1)^{1+1}M_{11}=M_{11},$$

从而

$$D=a_{11}A_{11}.$$

再证一般情形,此时

$$D=\begin{vmatrix} a_{11} & \cdots & a_{1j} & \cdots & a_{1n} \\ \vdots & & \vdots & & \vdots \\ 0 & \cdots & a_{ij} & \cdots & 0 \\ \vdots & & \vdots & & \vdots \\ a_{n1} & \cdots & a_{nj} & \cdots & a_{nn} \end{vmatrix},$$

为了利用前面的结果,把 D 的行、列各作如下调换:把 D 的第 i 行依次与第 $i-1$ 行,第 $i-2$ 行,……,第 1 行对调,这样数 a_{ij} 就调成$(1,j)$元,调换的次数为 $i-1$ 次,得到

$$D=(-1)^{i-1}\begin{vmatrix} 0 & \cdots & a_{ij} & \cdots & 0 \\ a_{11} & \cdots & a_{1j} & \cdots & a_{1n} \\ \vdots & & \vdots & & \vdots \\ a_{i-1,1} & \cdots & a_{i-1,j} & \cdots & a_{i-1,n} \\ a_{i+1,1} & \cdots & a_{i+1,j} & \cdots & a_{i+1,n} \\ \vdots & & \vdots & & \vdots \\ a_{n1} & \cdots & a_{nj} & \cdots & a_{nn} \end{vmatrix};$$

再把第 j 列依次与第 $j-1$ 列,第 $j-2$ 列,……,第 1 列对调,这样数 a_{ij} 就调换成$(1,1)$元,调换的次数为 $j-1$ 次,得到

$$D=(-1)^{j-1}\cdot(-1)^{i-1}\begin{vmatrix} a_{ij} & 0 & \cdots & 0 & 0 & \cdots & 0 \\ a_{1j} & a_{11} & \cdots & a_{1,j-1} & a_{1,j+1} & \cdots & a_{1n} \\ \vdots & \vdots & & \vdots & \vdots & & \vdots \\ a_{i-1,j} & a_{i-1,1} & \cdots & a_{i-1,j-1} & a_{i-1,j+1} & \cdots & a_{i-1,n} \\ a_{i+1,j} & a_{i+1,1} & \cdots & a_{i+1,j-1} & a_{i+1,j+1} & \cdots & a_{i+1,n} \\ \vdots & \vdots & & \vdots & \vdots & & \vdots \\ a_{nj} & a_{n1} & \cdots & a_{n,j-1} & a_{n,j+1} & \cdots & a_{nn} \end{vmatrix}.$$

综上可知,行列式 D 经过 $i+j-2$ 次调换,把数 a_{ij} 调成$(1,1)$元,所得的行列式 $D_1=(-1)^{i+j-2}D=(-1)^{i+j}D$,而 D_1 中$(1,1)$元的余子式就是 D 中(i,j)元的余子式 M_{ij}.

由于 D_1 的(1,1)元为 a_{ij}，第 1 行的其余元素都为 0，利用前面的结果，有

$$D_1=a_{ij}M_{ij},$$

于是

$$D=(-1)^{i+j}D_1=(-1)^{i+j}a_{ij}M_{ij}=a_{ij}A_{ij}.$$

定理 1.2　行列式等于它的任一行(列)的各元素与其对应的代数余子式乘积之和，即

$$D=a_{i1}A_{i1}+a_{i2}A_{i2}+\cdots+a_{in}A_{in}\quad(i=1,2,\cdots,n),$$

或

$$D=a_{1j}A_{1j}+a_{2j}A_{2j}+\cdots+a_{nj}A_{nj}\quad(j=1,2,\cdots,n).$$

证

$$D=\begin{vmatrix} a_{11} & a_{12} & \cdots & a_{1n} \\ \vdots & \vdots & & \vdots \\ a_{i1}+0+\cdots+0 & 0+a_{i2}+\cdots+0 & \cdots & 0+\cdots+0+a_{in} \\ \vdots & \vdots & & \vdots \\ a_{n1} & a_{n2} & \cdots & a_{nn} \end{vmatrix}$$

$$=\begin{vmatrix} a_{11} & a_{12} & \cdots & a_{1n} \\ \vdots & \vdots & & \vdots \\ a_{i1} & 0 & \cdots & 0 \\ \vdots & \vdots & & \vdots \\ a_{n1} & a_{n2} & \cdots & a_{nn} \end{vmatrix}+\begin{vmatrix} a_{11} & a_{12} & \cdots & a_{1n} \\ \vdots & \vdots & & \vdots \\ 0 & a_{i2} & \cdots & 0 \\ \vdots & \vdots & & \vdots \\ a_{n1} & a_{n2} & \cdots & a_{nn} \end{vmatrix}+\cdots+\begin{vmatrix} a_{11} & a_{12} & \cdots & a_{1n} \\ \vdots & \vdots & & \vdots \\ 0 & 0 & \cdots & a_{in} \\ \vdots & \vdots & & \vdots \\ a_{n1} & a_{n2} & \cdots & a_{nn} \end{vmatrix},$$

根据引理，得

$$D=a_{i1}A_{i1}+a_{i2}A_{i2}+\cdots+a_{in}A_{in}\quad(i=1,2,\cdots,n).$$

类似的，若按列证明，可得

$$D=a_{1j}A_{1j}+a_{2j}A_{2j}+\cdots+a_{nj}A_{nj}\quad(j=1,2,\cdots,n).$$

该定理叫作行列式按行(列)展开法则. 利用这一法则并结合行列式的性质，可以简化行列式的计算.

例 1.8′　利用按行(列)展开法则计算 $D=\begin{vmatrix} 3 & 1 & -1 & 2 \\ -5 & 1 & 3 & -4 \\ 2 & 0 & 1 & -1 \\ 1 & -5 & 3 & -3 \end{vmatrix}$.

解

$$D\xlongequal[c_4+c_3]{c_1-2c_3}\begin{vmatrix} 5 & 1 & -1 & 1 \\ -11 & 1 & 3 & -1 \\ 0 & 0 & 1 & 0 \\ -5 & -5 & 3 & 0 \end{vmatrix}=(-1)^{3+3}\begin{vmatrix} 5 & 1 & 1 \\ -11 & 1 & -1 \\ -5 & -5 & 0 \end{vmatrix}$$

$$\xlongequal{r_2+r_1}\begin{vmatrix} 5 & 1 & 1 \\ -6 & 2 & 0 \\ -5 & -5 & 0 \end{vmatrix}=(-1)^{1+3}\begin{vmatrix} -6 & 2 \\ -5 & -5 \end{vmatrix}=40.$$

由定理 1.2 可知，一个 n 阶行列式的计算可以化为 n 个 $n-1$ 阶行列式的计算. 一般来说，这样并不减少多少计算量. 但是，如果行列式的某一行(列)中有许多元素为零，则可以大大地减少计算量. 因此，利用行列式按行(列)法则解题时，首先应该观察行列式的特点，利用行列式的性质，将某行(列)化出足够多的零元素，最佳的情况是将行列式化为满足引理条件的样子，即某一行(列)只有一个元素不为零，再按照该行(列)进行展开. 例如在上面的例题中，就先根据行列式的特点，把第 3 行除 a_{33} 外的其余元素变为 0，并按第 3 行展开，将行列式从一个四阶行列式降阶为一个三阶行列式；再将降阶后的行列式的第 3 列除 a_{13} 外的其余元素变为 0，并按第 3 列展开，最终得到一个二阶行列式，从而计算出结果.

例 1.15 证明范德蒙德(Vandermonde)行列式

$$D_n=\begin{vmatrix} 1 & 1 & \cdots & 1 \\ x_1 & x_2 & \cdots & x_n \\ x_1^2 & x_2^2 & \cdots & x_n^2 \\ \vdots & \vdots & & \vdots \\ x_1^{n-1} & x_2^{n-1} & \cdots & x_n^{n-1} \end{vmatrix}=\prod_{n\geqslant i>j\geqslant 1}(x_i-x_j), \tag{1.16}$$

其中记号“$\prod$”表示全体同类因子的乘积.

证 用数学归纳法.

当 $n=2$ 时，有 $D_2=\begin{vmatrix} 1 & 1 \\ x_1 & x_2 \end{vmatrix}=x_2-x_1=\prod\limits_{2\geqslant i>j\geqslant 1}(x_i-x_j)$，

所以当 $n=2$ 时式(1.16)成立.

作归纳假设，假设(1.16)式对于 $n-1$ 阶范德蒙德行列式成立.

现在要证(1.16)式对 n 阶范德蒙德行列式也成立，为此，设法把 D_n 降阶：从第 n 行开始，后行减去前行的 x_1 倍，有

$$D_n=\begin{vmatrix} 1 & 1 & 1 & \cdots & 1 \\ 0 & x_2-x_1 & x_3-x_1 & \cdots & x_n-x_1 \\ 0 & x_2(x_2-x_1) & x_3(x_3-x_1) & \cdots & x_n(x_n-x_1) \\ \vdots & \vdots & \vdots & & \vdots \\ 0 & x_2^{n-2}(x_2-x_1) & x_3^{n-2}(x_3-x_1) & \cdots & x_n^{n-2}(x_n-x_1) \end{vmatrix},$$

按第 1 列展开，并把每列的公因子(x_i-x_1)提出，就有

$$D_n=(x_2-x_1)(x_3-x_1)\cdots(x_n-x_1)\begin{vmatrix}1 & 1 & \cdots & 1\\ x_2 & x_3 & \cdots & x_n\\ \vdots & \vdots & & \vdots\\ x_2^{n-2} & x_3^{n-2} & \cdots & x_n^{n-2}\end{vmatrix}.$$

上式右端的行列式是 $n-1$ 阶范德蒙德行列式，按归纳假设，它等于所有 (x_i-x_j) 因子的乘积，其中 $n\geqslant i>j\geqslant 2$. 故

$$\begin{aligned}D_n&=(x_2-x_1)(x_3-x_1)\cdots(x_n-x_1)\prod_{n\geqslant i>j\geqslant 2}(x_i-x_j)\\&=\prod_{n\geqslant i>j\geqslant 1}(x_i-x_j).\end{aligned}$$

由定理 1.2，还可得下述重要推论.

推论 行列式某一行(列)的元素与另一行(列)的对应元素的代数余子式乘积之和等于零. 即

$$a_{i1}A_{j1}+a_{i2}A_{j2}+\cdots+a_{in}A_{jn}=0,\quad i\neq j,$$

或

$$a_{1i}A_{1j}+a_{2i}A_{2j}+\cdots+a_{ni}A_{nj}=0,\quad i\neq j.$$

证 把行列式 $D=\det(a_{ij})$ 按第 j 行展开，有

$$a_{j1}A_{j1}+a_{j2}A_{j2}+\cdots+a_{jn}A_{jn}=\begin{vmatrix}a_{11} & \cdots & a_{1n}\\ \vdots & & \vdots\\ a_{i1} & \cdots & a_{in}\\ \vdots & & \vdots\\ a_{j1} & \cdots & a_{jn}\\ \vdots & & \vdots\\ a_{n1} & \cdots & a_{nn}\end{vmatrix},\tag{1.17}$$

在等式(1.17)中左右两端同时将 a_{jk} 换成 a_{ik} $(k=1,\cdots,n)$，可得

$$a_{i1}A_{j1}+a_{i2}A_{j2}+\cdots+a_{in}A_{jn}=\begin{vmatrix}a_{11} & \cdots & a_{1n}\\ \vdots & & \vdots\\ a_{i1} & \cdots & a_{in}\\ \vdots & & \vdots\\ a_{i1} & \cdots & a_{in}\\ \vdots & & \vdots\\ a_{n1} & \cdots & a_{nn}\end{vmatrix}\begin{matrix}\\ \\ \leftarrow\text{第 } i \text{ 行}\\ \\ \leftarrow\text{第 } j \text{ 行}\\ \\ \\ \end{matrix},\tag{1.18}$$

当 $i\neq j$ 时，等式(1.18)右端行列式中有两行对应元素相同，故行列式等于零，即得

$$a_{i1}A_{j1}+a_{i2}A_{j2}+\cdots+a_{in}A_{jn}=0\quad(i\neq j).$$

上述证法如按列进行，即可得

$$a_{1i}A_{1j}+a_{2i}A_{2j}+\cdots+a_{ni}A_{nj}=0\quad(i\neq j).$$

综合定理 1.2 及其推论,总结可得有关代数余子式的重要性质:

$$\sum_{k=1}^{n} a_{ki}A_{kj} = D\delta_{ij} = \begin{cases} D, & 当\ i=j \\ 0, & 当\ i\neq j \end{cases},$$

或

$$\sum_{k=1}^{n} a_{ik}A_{jk} = D\delta_{ij} = \begin{cases} D, & 当\ i=j \\ 0, & 当\ i\neq j \end{cases},$$

其中

$$\delta_{ij}=\begin{cases} 1, & 当\ i=j \\ 0, & i\neq j \end{cases}.$$

仿照上述推论证明中所用的方法,在行列式 $\det(a_{ij})$ 按第 i 行展开的展开式 $\det(a_{ij})=a_{i1}A_{i1}+a_{i2}A_{i2}+\cdots+a_{in}A_{in}$ 中,用 $b_1,\cdots,b_n$ 依次代替 $a_{i1},\cdots,a_{in}$,可得

$$\begin{vmatrix} a_{11} & \cdots & a_{1n} \\ \vdots & & \vdots \\ a_{i-1,1} & \cdots & a_{i-1,n} \\ b_1 & \cdots & b_n \\ a_{i+1,1} & \cdots & a_{i+1,n} \\ \vdots & & \vdots \\ a_{n1} & \cdots & a_{nn} \end{vmatrix} = b_1A_{i1}+b_2A_{i2}+\cdots+b_nA_{in}. \tag{1.19}$$

其实,把式(1.19)左端行列式按第 i 行展开,注意到该行列式第 i 行各元素的代数余子式分别等于 $\det(a_{ij})$ 中第 i 行各元素的代数余子式 $A_{ij}\ (j=1,2,\cdots,n)$,也可知式(1.19)成立.

类似的,用 $b_1,\cdots,b_n$ 代替 $\det(a_{ij})$ 中的第 j 列,可得

$$\begin{vmatrix} a_{11} & \cdots & a_{1,j-1} & b_1 & a_{1,j+1} & \cdots & a_{1n} \\ \vdots & & \vdots & \vdots & \vdots & & \vdots \\ a_{n1} & \cdots & a_{n,j-1} & b_n & a_{n,j-1} & \cdots & a_{nn} \end{vmatrix} = b_1A_{1j}+b_2A_{2j}+\cdots+b_nA_{nj}. \tag{1.20}$$

例 1.16 设 $D=\begin{vmatrix} 3 & -5 & 2 & 1 \\ 1 & 1 & 0 & -5 \\ -1 & 3 & 1 & 3 \\ 2 & -4 & -1 & -3 \end{vmatrix}$,$D$ 的 (i,j) 元的余子式和代数余子式依次记作 M_{ij} 和 A_{ij},求 $A_{11}+A_{12}+A_{13}+A_{14}$ 及 $M_{11}+M_{21}+M_{31}+M_{41}$.

解 按式(1.19)可知 $A_{11}+A_{12}+A_{13}+A_{14}$ 等于用 1,1,1,1 代替 D 的第 1 行所得的行列式,即

$$A_{11}+A_{12}+A_{13}+A_{14}=\begin{vmatrix} 1 & 1 & 1 & 1 \\ 1 & 1 & 0 & -5 \\ -1 & 3 & 1 & 3 \\ 2 & -4 & -1 & -3 \end{vmatrix} \xlongequal[r_3-r_1]{r_4+r_3} \begin{vmatrix} 1 & 1 & 1 & 1 \\ 1 & 1 & 0 & -5 \\ -2 & 2 & 0 & 2 \\ 1 & -1 & 0 & 0 \end{vmatrix}$$

$$=\begin{vmatrix}1&1&-5\\-2&2&2\\1&-1&0\end{vmatrix}\xlongequal{c_2+c_1}\begin{vmatrix}1&2&-5\\-2&0&2\\1&0&0\end{vmatrix}$$

$$=\begin{vmatrix}2&-5\\0&2\end{vmatrix}=4.$$

按式(1.20)可知

$$M_{11}+M_{21}+M_{31}+M_{41}=A_{11}-A_{21}+A_{31}-A_{41}$$

$$=\begin{vmatrix}1&-5&2&1\\-1&1&0&-5\\1&3&1&3\\-1&-4&-1&-3\end{vmatrix}\xlongequal{r_4+r_3}\begin{vmatrix}1&-5&2&1\\-1&1&0&-5\\1&3&1&3\\0&-1&0&0\end{vmatrix}$$

$$=(-1)\begin{vmatrix}1&2&1\\-1&0&-5\\1&1&3\end{vmatrix}\xlongequal{r_1-2r_3}-\begin{vmatrix}-1&0&-5\\-1&0&-5\\1&1&3\end{vmatrix}=0.$$

1.7 行列式的应用

1.7.1 克拉默法则

在前面的内容中，我们利用二阶和三阶行列式分别求解了二元和三元线性方程组.类似的，含有 n 个未知数、n 个方程的线性方程组可以用 n 阶行列式来求解.下面，我们首先给出线性方程组的概念.设有

$$\begin{cases}a_{11}x_1+a_{12}x_2+\cdots+a_{1n}x_n=b_1\\a_{21}x_1+a_{22}x_2+\cdots+a_{2n}x_n=b_2\\\cdots\cdots\cdots\cdots\\a_{m1}x_1+a_{m2}x_2+\cdots+a_{mn}x_n=b_m\end{cases},\tag{1.21}$$

其中 $x_1,x_2,\cdots,x_n$ 是未知数，$a_{ij}(i=1,2,\cdots,m;j=1,2,\cdots,n)$ 是系数，$b_1,b_2,\cdots,b_m$ 是常数.式(1.21)称为 m 个方程 n 个未知数的线性方程组.

若线性方程组(1.21)右端的常数 $b_1,b_2,\cdots,b_m$ 不全为零，线性方程组(1.21)叫作非齐次线性方程组；当 $b_1,b_2,\cdots,b_m$ 全为零时，线性方程组(1.21)叫作齐次线性方程组.

对于齐次线性方程组

$$\begin{cases}a_{11}x_1+a_{12}x_2+\cdots+a_{1n}x_n=0\\a_{21}x_1+a_{22}x_2+\cdots+a_{2n}x_n=0\\\cdots\cdots\cdots\cdots\\a_{m1}x_1+a_{m2}x_2+\cdots+a_{mn}x_n=0\end{cases},\tag{1.22}$$

显然 $x_1=x_2=\cdots=x_n=0$ 是它的一个解，这个解叫作齐次线性方程组(1.22)的零解. 如果一组不全为零的数是(1.22)的解，则它叫作齐次线性方程组(1.22)的非零解. 齐次线性方程组(1.22)一定有零解，但不一定有非零解；若齐次线性方程组有非零解，则意味着它的解不唯一. 如果线性方程组(1.21)有解，则称它是相容的；如果无解，就称它是不相容的.

定理 1.3[克拉默(Cramer)法则] 如果线性方程组

$$\begin{cases} a_{11}x_1+a_{12}x_2+\cdots+a_{1n}x_n=b_1 \\ a_{21}x_1+a_{22}x_2+\cdots+a_{2n}x_n=b_2 \\ \cdots\cdots\cdots\cdots \\ a_{n1}x_1+a_{n2}x_2+\cdots+a_{nn}x_n=b_n \end{cases} \tag{1.23}$$

的系数行列式不等于零，即

$$D=\begin{vmatrix} a_{11} & a_{12} & \cdots & a_{1n} \\ a_{21} & a_{22} & \cdots & a_{2n} \\ \vdots & \vdots & & \vdots \\ a_{n1} & a_{n2} & \cdots & a_{nn} \end{vmatrix}\neq 0,$$

那么，方程组(1.23)有唯一解：

$$x_1=\frac{D_1}{D},\quad x_2=\frac{D_2}{D},\cdots,\quad x_n=\frac{D_n}{D}, \tag{1.24}$$

其中 $D_j(j=1,2,\cdots,n)$ 是把系数行列式 D 中第 j 列的元素用方程组右端的常数项代替后所得到的 n 阶行列式，即

$$D_j=\begin{vmatrix} a & \cdots & a_{1,j-1} & b_1 & a_{1,j+1} & \cdots & a_{1n} \\ \vdots & & \vdots & \vdots & \vdots & & \vdots \\ a_{n1} & \cdots & a_{n,j-1} & b_n & a_{n,j+1} & \cdots & a_{nn} \end{vmatrix}.$$

证 将方程组(1.23)简写成

$$\sum_{j=1}^{n} a_{ij}x_j = b_i,\quad i=1,2,\cdots,n. \tag{1.25}$$

下面首先证明：当 $D\neq 0$ 时，式(1.24)是方程组(1.23)的解. 将 D_j 按第 j 列展开，得

$$D_j = b_1A_{1j}+b_2A_{2j}+\cdots+b_nA_{nj}=\sum_{s=1}^{n} b_sA_{sj},\quad j=1,2,\cdots,n, \tag{1.26}$$

其中 A_{sj} 为 D 中元素 a_{sj} 的代数余子式($s=1,2,\cdots,n$). 再将式(1.24)代入式(1.25)的第 i 个方程的左边，得

$$\begin{aligned} \sum_{j=1}^{n} a_{ij}\frac{D_j}{D} &= \frac{1}{D}\sum_{j=1}^{n} a_{ij}D_j \\ &= \frac{1}{D}\sum_{j=1}^{n} a_{ij}\Big(\sum_{s=1}^{n} b_sA_{sj}\Big) \\ &= \frac{1}{D}\sum_{j=1}^{n}\sum_{s=1}^{n} a_{ij}b_sA_{sj} \end{aligned}$$

$$=\frac{1}{D}\sum_{s=1}^{n}(\sum_{j=1}^{n}a_{ij}A_{sj})b_s$$

$$=\frac{1}{D}\cdot D\cdot b_i$$

$$=b_i\quad(i=1,2,\cdots,n),$$

即式(1.24)满足方程组(1.23).因此式(1.24)是方程组(1.23)的一个解.

再证明解的唯一性：

不妨设方程组(1.23)的任意一个解为

$$x_l=k_l,\quad l=1,2,\cdots,n,\tag{1.27}$$

于是有

$$\sum_{j=1}^{n}a_{ij}k_j=b_i,\quad i=1,2,\cdots,n.\tag{1.28}$$

依次用 $A_{1l},A_{2l},\cdots,A_{nl}$ 分别乘式(1.28)中的相应式子并相加,得

$$\sum_{i=1}^{n}A_{il}(\sum_{j=1}^{n}a_{ij}k_j)=\sum_{i=1}^{n}b_iA_{il}=D_l,\tag{1.29}$$

又式(1.29)

$$\text{左边}=\sum_{i=1}^{n}\sum_{j=1}^{n}A_{il}a_{ij}k_j=\sum_{j=1}^{n}(\sum_{i=1}^{n}a_{ij}A_{il})k_j=k_lD,$$

因此,有

$$k_lD=D_l,$$

因 $D\neq0$,从而有

$$k_l=\frac{D_l}{D},\quad l=1,2,\cdots,n.$$

例 1.17　解线性方程组 $\begin{cases}2x_1+x_2-5x_3+x_4=8\\x_1-3x_2-6x_4=9\\2x_2-x_3+2x_4=-5\\x_1+4x_2-7x_3+6x_4=0\end{cases}$.

解

$$D=\begin{vmatrix}2&1&-5&1\\1&-3&0&-6\\0&2&-1&2\\1&4&-7&6\end{vmatrix}\xlongequal[r_4-r_2]{r_1-2r_2}\begin{vmatrix}0&7&-5&13\\1&-3&0&-6\\0&2&-1&2\\0&7&-7&12\end{vmatrix}$$

$$=-\begin{vmatrix}7&-5&13\\2&-1&2\\7&-7&12\end{vmatrix}\xlongequal[c_3+2c_2]{c_1+2c_2}-\begin{vmatrix}-3&-5&3\\0&-1&0\\-7&-7&-2\end{vmatrix}$$

$$=\begin{vmatrix}-3 & 3\\ -7 & -2\end{vmatrix}=27\neq 0,$$

易计算得 $D_1=\begin{vmatrix}8 & 1 & -5 & 1\\ 9 & -3 & 0 & -6\\ -5 & 2 & -1 & 2\\ 0 & 4 & -7 & 6\end{vmatrix}=81$, $D_2=\begin{vmatrix}2 & 8 & -5 & 1\\ 1 & 9 & 0 & -6\\ 0 & -5 & -1 & 2\\ 1 & 0 & -7 & 6\end{vmatrix}=-108$,

$$D_3=\begin{vmatrix}2 & 1 & 8 & 1\\ 1 & -3 & 9 & -6\\ 0 & 2 & -5 & 2\\ 1 & 4 & 0 & 6\end{vmatrix}=-27,\quad D_4=\begin{vmatrix}2 & 1 & -5 & 8\\ 1 & -3 & 0 & 9\\ 0 & 2 & -1 & -5\\ 1 & 4 & -7 & 0\end{vmatrix}=27,$$

于是得 $x_1=3, x_2=-4, x_3=-1, x_4=1$.

例 1.18 设曲线 $y=a_0+a_1x+a_2x^2+a_3x^3$ 通过四点 $(1,3),(2,4),(3,3),(4,-3)$，求系数 a_0, a_1, a_2, a_3.

解 把四个点的坐标代入曲线方程，得线性方程组

$$\begin{cases}a_0+a_1+a_2+a_3=3\\ a_0+2a_1+4a_2+8a_3=4\\ a_0+3a_1+9a_2+27a_3=3\\ a_0+4a_1+16a_2+64a_3=-3\end{cases},$$

其系数行列式

$$D=\begin{vmatrix}1 & 1 & 1 & 1\\ 1 & 2 & 4 & 8\\ 1 & 3 & 9 & 27\\ 1 & 4 & 16 & 64\end{vmatrix}$$

是一个范德蒙德行列式，按例 1.15 的结果（例 1.15 中范德蒙德行列式取 D^{T} 的形式），可得

$$D=1\cdot 2\cdot 3\cdot 1\cdot 2\cdot 1=12.$$

而

$$D_1=\begin{vmatrix}3 & 1 & 1 & 1\\ 4 & 2 & 4 & 8\\ 3 & 3 & 9 & 27\\ -3 & 4 & 16 & 64\end{vmatrix}\xlongequal[c_1-3c_2]{\substack{c_4-c_3\\ c_3-c_2}}\begin{vmatrix}0 & 1 & 0 & 0\\ -2 & 2 & 2 & 4\\ -6 & 3 & 6 & 18\\ -15 & 4 & 12 & 48\end{vmatrix}$$

$$=(-1)^3\begin{vmatrix}-2 & 2 & 4\\ -6 & 6 & 18\\ -15 & 12 & 48\end{vmatrix}\xlongequal{c_1+c_2}-\begin{vmatrix}0 & 2 & 4\\ 0 & 6 & 18\\ -3 & 12 & 48\end{vmatrix}$$

$$=-(-3)\begin{vmatrix}2 & 4\\ 6 & 18\end{vmatrix}=36,$$

$$D_2=\begin{vmatrix}1 & 3 & 1 & 1\\1 & 4 & 4 & 8\\1 & 3 & 9 & 27\\1 & -3 & 16 & 64\end{vmatrix}=-18,$$

$$D_3=\begin{vmatrix}1 & 1 & 3 & 1\\1 & 2 & 4 & 8\\1 & 3 & 3 & 27\\1 & 4 & -3 & 64\end{vmatrix}=24,$$

$$D_4=\begin{vmatrix}1 & 1 & 1 & 3\\1 & 2 & 4 & 4\\1 & 3 & 9 & 3\\1 & 4 & 16 & -3\end{vmatrix}=-6,$$

因此，按 Cramer 法则，得唯一解：

$$a_0=3,\quad a_1=-\frac{3}{2},\quad a_2=2,\quad a_3=-\frac{1}{2},$$

即曲线方程为

$$y=3-\frac{3}{2}x+2x^2-\frac{1}{2}x^3.$$

需要注意的是，Cramer 法则应用的条件是：方程组中方程的个数等于未知数的个数，且方程组的系数行列式 $D\neq 0$.

如果不考虑方程组(1.23)解的求解公式，克拉默法则可叙述为下面的定理：

定理 1.4 如果线性方程组(1.23)的系数行列式 $D\neq 0$，则线性方程组(1.23)一定有解，且解是唯一的.

其逆否定理为：

定理 1.4′ 如果线性方程组(1.23)无解或有两个不同的解，则它的系数行列式必为零.

把定理 1.4 应用于齐次线性方程组

$$\begin{cases}a_{11}x_1+a_{12}x_2+\cdots+a_{1n}x_n=0\\a_{21}x_1+a_{22}x_2+\cdots+a_{2n}x_n=0\\\quad\cdots\cdots\cdots\cdots\\a_{n1}x_1+a_{n2}x_2+\cdots+a_{nn}x_n=0\end{cases},\tag{1.30}$$

可得如下定理：

定理 1.5 如果齐次线性方程组(1.30)的系数行列式 $D\neq 0$，则齐次线性方程组(1.30)没有非零解.

定理 1.5′ 如果齐次线性方程组(1.30)有非零解，则它的系数行列式必为零.

例 1.19 问 λ 取何值时,齐次线性方程组

$$\begin{cases}(5-\lambda)x+2y+2z=0\\2x+(6-\lambda)y=0\\2x+(4-\lambda)z=0\end{cases}$$

有非零解?

解 由定理 1.5′可知,若所给齐次线性方程组有非零解,则其系数行列式 $D=0$. 而

$$\begin{aligned}D&=\begin{vmatrix}5-\lambda & 2 & 2\\2 & 6-\lambda & 0\\2 & 0 & 4-\lambda\end{vmatrix}\\&=(5-\lambda)(6-\lambda)(4-\lambda)-4(4-\lambda)-4(6-\lambda)\\&=(5-\lambda)(2-\lambda)(8-\lambda).\end{aligned}$$

由 $D=0$,得 $\lambda=2,\lambda=5$ 或 $\lambda=8$.

1.7.2 行列式与矢量(向量)的叉积

定义 1.5 设矢量(向量)$\boldsymbol{\alpha}=a_1\boldsymbol{i}+b_1\boldsymbol{j}+c_1\boldsymbol{k}$,$\boldsymbol{\beta}=a_2\boldsymbol{i}+b_2\boldsymbol{j}+c_2\boldsymbol{k}$,称矢量(向量)

$$(b_1c_2-b_2c_1)\boldsymbol{i}+(a_2c_1-a_1c_2)\boldsymbol{j}+(a_1b_2-a_2b_1)\boldsymbol{k}$$

为 $\boldsymbol{\alpha}$ 与 $\boldsymbol{\beta}$ 的叉积(矢量积),记为 $\boldsymbol{\alpha}\times\boldsymbol{\beta}$.

矢量的叉积在物理学科中有着广泛的应用. 利用行列式可以方便地计算矢量的叉积. 设向量 $\boldsymbol{\alpha}=a_1\boldsymbol{i}+b_1\boldsymbol{j}+c_1\boldsymbol{k}$,$\boldsymbol{\beta}=a_2\boldsymbol{i}+b_2\boldsymbol{j}+c_2\boldsymbol{k}$,则

$$\boldsymbol{\alpha}\times\boldsymbol{\beta}=\begin{vmatrix}b_1 & c_1\\b_2 & c_2\end{vmatrix}\boldsymbol{i}-\begin{vmatrix}a_1 & c_1\\a_2 & c_2\end{vmatrix}\boldsymbol{j}+\begin{vmatrix}a_1 & b_1\\a_2 & b_2\end{vmatrix}\boldsymbol{k},$$

其等于行列式

$$\begin{vmatrix}\boldsymbol{i} & \boldsymbol{j} & \boldsymbol{k}\\a_1 & b_1 & c_1\\a_2 & b_2 & c_2\end{vmatrix}$$

按照第一行展开的展开式.

例 1.20 设向量 $\boldsymbol{\alpha}=2\boldsymbol{i}-\boldsymbol{j}+3\boldsymbol{k}$,$\boldsymbol{\beta}=3\boldsymbol{i}+2\boldsymbol{j}-2\boldsymbol{k}$,求 $\boldsymbol{\alpha}\times\boldsymbol{\beta}$.

解

$$\begin{aligned}\boldsymbol{\alpha}\times\boldsymbol{\beta}&=\begin{vmatrix}\boldsymbol{i} & \boldsymbol{j} & \boldsymbol{k}\\2 & -1 & 3\\3 & 2 & -2\end{vmatrix}\\&=\begin{vmatrix}-1 & 3\\2 & -2\end{vmatrix}\boldsymbol{i}-\begin{vmatrix}2 & 3\\3 & -2\end{vmatrix}\boldsymbol{j}+\begin{vmatrix}2 & -1\\3 & 2\end{vmatrix}\boldsymbol{k}\\&=-4\boldsymbol{i}+13\boldsymbol{j}+7\boldsymbol{k}.\end{aligned}$$

习题一

1. 计算下列行列式.

(1) $\begin{vmatrix} 2 & 0 & 1 \\ 1 & -4 & -1 \\ -1 & 8 & 3 \end{vmatrix}$； (2) $\begin{vmatrix} a & b & c \\ b & c & a \\ c & a & b \end{vmatrix}$； (3) $\begin{vmatrix} 0 & x & y \\ -x & 0 & z \\ -y & -z & 0 \end{vmatrix}$.

2. 计算下列各排列的逆序数,并指出它们的奇偶性.

(1) 621354； (2) 795346182；

(3) 864312579； (4) 987654321.

3. 在自然数 1～9 组成的下列排列中,选择适当的 i 和 j,使得：

(1) $58i419j73$ 为偶排列；

(2) $679i125j4$ 为奇排列.

4. 判断下列各乘积是否是四阶行列式的展开式中的项,如果是,试确定该项所带的正负号.

(1) $a_{11}a_{23}a_{34}$； (2) $a_{12}a_{22}a_{34}a_{41}$；

(3) $a_{11}a_{23}a_{32}a_{44}$； (4) $a_{24}a_{31}a_{12}a_{43}$.

5. 用行列式的定义计算下列行列式：

(1) $\begin{vmatrix} a_{11} & a_{12} & a_{13} & a_{14} & a_{15} \\ a_{21} & a_{22} & a_{23} & a_{24} & a_{25} \\ a_{31} & a_{32} & 0 & 0 & 0 \\ a_{41} & a_{42} & 0 & 0 & 0 \\ a_{51} & a_{52} & 0 & 0 & 0 \end{vmatrix}$； (2) $\begin{vmatrix} 0 & a & 0 & 0 \\ b & 0 & 0 & 0 \\ 0 & c & d & e \\ 0 & 0 & f & 0 \end{vmatrix}$；

(3) $\begin{vmatrix} n & 0 & 0 & \cdots & 0 & 0 \\ 0 & 0 & 0 & \cdots & 0 & 1 \\ 0 & 0 & 0 & \cdots & 2 & 0 \\ \vdots & \vdots & \vdots & & \vdots & \vdots \\ 0 & 0 & n-2 & \cdots & 0 & 0 \\ 0 & n-1 & 0 & \cdots & 0 & 0 \end{vmatrix}$.

6. 计算下列行列式：

(1) $\begin{vmatrix} a-b-c & 2a & 2a \\ 2b & b-c-a & 2b \\ 2c & 2c & c-a-b \end{vmatrix}$； (2) $\begin{vmatrix} 1 & 1 & 1 & 1 \\ 1 & -1 & 1 & 1 \\ 1 & 1 & -1 & 1 \\ 1 & 1 & 1 & -1 \end{vmatrix}$；

(3) $\begin{vmatrix} a^2 & (a+1)^2 & (a+2)^2 & (a+3)^2 \\ b^2 & (b+1)^2 & (b+2)^2 & (b+3)^2 \\ c^2 & (c+1)^2 & (c+2)^2 & (c+3)^2 \\ d^2 & (b+1)^2 & (d+2)^2 & (d+3)^2 \end{vmatrix}$； (4) $\begin{vmatrix} a_1b_1 & a_1b_2 & \cdots & a_1b_n \\ a_2b_1 & a_2b_2 & \cdots & a_2b_n \\ \vdots & \vdots & & \vdots \\ a_nb_1 & a_nb_2 & \cdots & a_nb_n \end{vmatrix}$；

(5) $\begin{vmatrix} 1 & a_1 & a_2 & \cdots & a_n \\ 1 & a_1+b_1 & a_2 & \cdots & a_n \\ 1 & a_1 & a_2+b_2 & \cdots & a_n \\ \vdots & \vdots & \vdots & & \vdots \\ 1 & a_1 & a_2 & \cdots & a_n+b_n \end{vmatrix}$；

(6) $\begin{vmatrix} 1 & 2 & 3 & \cdots & n-1 & n \\ 1 & -1 & 0 & \cdots & 0 & 0 \\ 0 & 2 & -2 & \cdots & 0 & 0 \\ \vdots & \vdots & \vdots & & \vdots & \vdots \\ 0 & 0 & 0 & \cdots & n-1 & -(n-1) \end{vmatrix}$；

(7) $\begin{vmatrix} x_1+1 & x_1+2 & \cdots & x_1+n \\ x_2+1 & x_2+2 & \cdots & x_2+n \\ \vdots & \vdots & & \vdots \\ x_n+1 & x_n+2 & \cdots & x_n+n \end{vmatrix}$；

(8) $\begin{vmatrix} -a_1 & a_1 & 0 & \cdots & 0 & 0 \\ 0 & -a_2 & a_2 & \cdots & 0 & 0 \\ 0 & 0 & -a_3 & \cdots & 0 & 0 \\ \vdots & \vdots & \vdots & & \vdots & \vdots \\ 0 & 0 & 0 & \cdots & -a_n & a_n \\ 1 & 1 & 1 & \cdots & 1 & 1 \end{vmatrix}$.

7. 证明下列等式：

(1) $\begin{vmatrix} a^2 & ab & b^2 \\ 2a & a+b & 2b \\ 1 & 1 & 1 \end{vmatrix}=(a-b)^3$；

(2) $\begin{vmatrix} ax+by & ay+bz & az+bx \\ ay+bz & az+bx & ax+by \\ az+bx & ax+by & ay+bz \end{vmatrix}=(a^3+b^3)\begin{vmatrix} x & y & z \\ y & z & x \\ z & x & y \end{vmatrix}$.

8. 计算下列各行列式：

(1) $\begin{vmatrix} 4 & 1 & 2 & 4 \\ 1 & 2 & 0 & 2 \\ 10 & 5 & 2 & 0 \\ 0 & 1 & 1 & 7 \end{vmatrix}$；　(2) $\begin{vmatrix} 2 & 1 & 4 & 1 \\ 3 & -1 & 2 & 1 \\ 1 & 2 & 3 & 2 \\ 5 & 0 & 6 & 2 \end{vmatrix}$；

(3) $\begin{vmatrix} 1 & 1 & 1 & 1 \\ 1 & 2 & 3 & 4 \\ 1 & 3 & 6 & 10 \\ 1 & 4 & 10 & 20 \end{vmatrix}$；　(4) $\begin{vmatrix} 1 & 1 & 1 & 1 \\ 1 & 2 & 4 & 8 \\ 1 & 3 & 9 & 27 \\ 1 & 4 & 16 & 64 \end{vmatrix}$.

9. 设 n 阶行列式 $D=\det(a_{ij})$，把 D 分别上下翻转、逆时针旋转 90°，依副对角线翻转，依次得

$$D_1=\begin{vmatrix} a_{n1} & \cdots & a_{nn} \\ \vdots & & \vdots \\ a_{11} & \cdots & a_{1n} \end{vmatrix},\quad D_2=\begin{vmatrix} a_{1n} & \cdots & a_{nn} \\ \vdots & & \vdots \\ a_{11} & \cdots & a_{n1} \end{vmatrix},\quad D_3=\begin{vmatrix} a_{nn} & \cdots & a_{1n} \\ \vdots & & \vdots \\ a_{n1} & \cdots & a_{11} \end{vmatrix},$$

证明 $D_1=D_2=(-1)^{\frac{n(n-1)}{2}}D$，$D_3=D$.

10. 计算下列各行列式（D_k 为 k 阶行列式）：

(1) $D_n=\begin{vmatrix} a & & 1 \\ & \ddots & \\ 1 & & a \end{vmatrix}$，其中对角线上元素都是 a，未写出的元素都是 0；

(2) $D_n=\begin{vmatrix} x & a & \cdots & a \\ a & x & \cdots & a \\ \vdots & \vdots & & \vdots \\ a & a & \cdots & x \end{vmatrix}$；

(3) $D_{n+1}=\begin{vmatrix} a^n & (a-1)^n & \cdots & (a-n)^n \\ a^{n-1} & (a-1)^{n-1} & \cdots & (a-n)^{n-1} \\ \vdots & \vdots & & \vdots \\ a & a-1 & \cdots & a-n \\ 1 & 1 & \cdots & 1 \end{vmatrix}$；

（提示：利用范德蒙德行列式的结果）

(4) $D_{2n}=\begin{vmatrix} a_n & & & & & b_n \\ & \ddots & & & \iddots & \\ & & a_1 & b_1 & & \\ & & c_1 & d_1 & & \\ & \iddots & & & \ddots & \\ c_n & & & & & d_n \end{vmatrix}$，其中未写出的元素都是 0；

(5) $D_n=\det(a_{ij})$,其中 $a_{ij}=|i-j|$;

(6) $D_n=\begin{vmatrix} 1+a_1 & 1 & \cdots & 1 \\ 1 & 1+a_2 & \cdots & 1 \\ \vdots & \vdots & & \vdots \\ 1 & 1 & \cdots & 1+a_n \end{vmatrix}$,其中 $a_1a_2\cdots a_n\neq 0$.

11. 设 $D=\begin{vmatrix} 3 & 1 & -1 & 2 \\ -5 & 1 & 3 & -4 \\ 2 & 0 & 1 & -1 \\ 1 & -5 & 3 & -3 \end{vmatrix}$,$D$ 的 (i,j) 元的代数余子式记作 A_{ij},求 $A_{31}+3A_{32}-2A_{33}+2A_{34}$.

12. 用克拉默法则解下列方程组:

(1) $\begin{cases} x_1+x_2+x_3+x_4=5 \\ x_1+2x_2-x_3+4x_4=-2 \\ 2x_1-3x_2-x_3-5x_4=-2 \\ 3x_1+x_2+2x_3+11x_4=0 \end{cases}$;

(2) $\begin{cases} 5x_1+4x_3+2x_4=3 \\ x_1-x_2+2x_3+x_4=1 \\ 4x_1+x_2+2x_3=1 \\ x_1+x_2+x_3+x_4=0 \end{cases}$.

13. 求三次多项式 $f(x)=a_0x^3+a_1x^2+a_2x+a_3$,使得 $f(-1)=0$,$f(1)=4$,$f(2)=3$,$f(3)=16$.

14. 计算 $\boldsymbol{\alpha}\times\boldsymbol{\beta}$:

(1) $\boldsymbol{\alpha}=5\boldsymbol{i}-3\boldsymbol{j}+2\boldsymbol{k}$,$\boldsymbol{\beta}=2\boldsymbol{i}-2\boldsymbol{j}+\boldsymbol{k}$;

(2) $\boldsymbol{\alpha}=\boldsymbol{i}+\boldsymbol{k}$,$\boldsymbol{\beta}=\boldsymbol{i}+\boldsymbol{j}-\boldsymbol{k}$.

第2章 矩 阵

2.1 矩阵的基本概念

在处理许多实际问题的过程中，人们常常会涉及大量的有序数组.人们自然就要考虑如何来表示这些数组，以及这些数组之间存在什么样的关系.

例 2.1 四个城市间的航线如图 2.1 所示，箭头表示有航线，如 A 到 C 之间有单向箭头，表示从城市 A 到城市 C 有航线，而从城市 C 到城市 A 无航线.

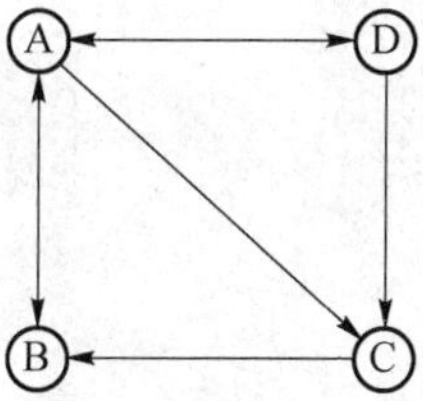

图 2.1

如果用数字 1 表示有航线，数字 0 表示无航线，则图 2.1 所示的航线图可用表 2.1 表示.

表 2.1 城市之间的航线统计表

到达 出发	A	B	C	D
A	0	1	1	1
B	1	0	0	0
C	0	1	0	0
D	1	0	1	0

在这里，通过表 2.1 将航班信息有序地表示出来，让人们对航班信息一目了然，也便于分析使用.一般的，若干个点之间的单向通道都可用这样的数表来表示.

例 2.2 如图 2.2(a)所示，是一枚在生活中常见的二维码，为了方便说明，将图 2.2(a)样式的二维码变为图 2.2(b)所示的样式，即将小黑方块变为小黑圆点.接下来，将二维码中的实心点记为 1，空心点记为 0，如图 2.2(c)所示，则二维码变为图 2.2(d)所示的数据阵列.

图 2.2

这是生活中常见的例子，当人们对二维码扫码时，图像识别技术将二维码图形转换为数据阵列(图 2.2(a)到(d)的过程)，解码技术将解读出数据阵列中所包含的信息. 这样，人们就可以使用二维码中的信息了.

在以上两个例子中，有序数组用一个数表或者数的阵列来进行表示，这就是矩阵. 为了方便起见，把表 2.1 所表示的数表记为

$$\begin{pmatrix} 0 & 1 & 1 & 1 \\ 1 & 0 & 0 & 0 \\ 0 & 1 & 0 & 0 \\ 1 & 0 & 1 & 0 \end{pmatrix},$$

因为这个矩阵阵列有 4 行 4 列，所以称之为 4 行 4 列的矩阵，简称为 4×4 矩阵，或 4 阶方阵. 用字母 $\boldsymbol{A}$ 表示该矩阵，有

$$\boldsymbol{A}=\begin{pmatrix} 0 & 1 & 1 & 1 \\ 1 & 0 & 0 & 0 \\ 0 & 1 & 0 & 0 \\ 1 & 0 & 1 & 0 \end{pmatrix}.$$

同理，图 2.2(d)所示的数据阵列也可以用一个矩阵来表示，表示出来就是一个 25×25 的矩阵，请读者自行将该矩阵表示出来.

一般的，我们对矩阵作如下的定义：

定义 2.1　由 $m\times n$ 个数 $a_{ij}(i=1,2,\cdots,m;j=1,2,\cdots,n)$ 排成 m 行 n 列的数表

$$\begin{matrix} a_{11} & a_{12} & \cdots & a_{1n} \\ a_{21} & a_{22} & \cdots & a_{2n} \\ \vdots & \vdots & & \vdots \\ a_{m1} & a_{m2} & \cdots & a_{mn} \end{matrix}$$

称为 m 行 n 列矩阵，简称 $m\times n$ 矩阵. 为表示它是一个整体，总是加一个括弧，并用大写黑体字母表示它，记作

$$\boldsymbol{A}=\begin{pmatrix} a_{11} & a_{12} & \cdots & a_{1n} \\ a_{21} & a_{22} & \cdots & a_{2n} \\ \vdots & \vdots & & \vdots \\ a_{m1} & a_{m2} & \cdots & a_{mn} \end{pmatrix}. \tag{2.1}$$

这 $m\times n$ 个数称为矩阵 $\boldsymbol{A}$ 的元素，简称为元. 数 a_{ij} 位于矩阵 $\boldsymbol{A}$ 的第 i 行第 j 列，称为 $\boldsymbol{A}$ 的 (i,j) 元. 以数 a_{ij} 为 (i,j) 元的矩阵可简记作 (a_{ij}) 或 $(a_{ij})_{m\times n}$，$m\times n$ 矩阵 $\boldsymbol{A}$ 也记作 $\boldsymbol{A}_{m\times n}$.

元素是实数的矩阵称为实矩阵，元素是复数的矩阵称为复矩阵. 本书中的矩阵除特别说明外，都指实矩阵.

下面，介绍几种特殊的矩阵.

(1) 行数与列数都等于 n 的矩阵称为 n 阶矩阵或 n 阶方阵. n 阶矩阵 $\boldsymbol{A}$ 也记作 $\boldsymbol{A}_n$，即

$$\boldsymbol{A}_n=\begin{pmatrix} a_{11} & a_{12} & \cdots & a_{1n} \\ a_{21} & a_{22} & \cdots & a_{2n} \\ \vdots & \vdots & & \vdots \\ a_{n1} & a_{n2} & \cdots & a_{nn} \end{pmatrix}.$$

其中 $a_{11},a_{22},\cdots,a_{nn}$ 称为方阵 $\boldsymbol{A}$ 的主对角元，它们的连线称为主对角线.

如前面例子中提到的矩阵 $\boldsymbol{A}=\begin{pmatrix} 0 & 1 & 1 & 1 \\ 1 & 0 & 0 & 0 \\ 0 & 1 & 0 & 0 \\ 1 & 0 & 1 & 0 \end{pmatrix}$ 便是一个 4 阶方阵，其主对角线上的元素均为 0.

(2) 只有一行的矩阵 $\boldsymbol{A}=(a_1 \quad a_2 \quad \cdots \quad a_n)$ 称为行矩阵，又称行向量. 为避免元素间的混淆，行矩阵也记作 $\boldsymbol{A}=(a_1,\quad a_2,\quad \cdots,\quad a_n)$.

(3) 只有一列的矩阵 $\boldsymbol{B}=\begin{pmatrix} b_1 \\ b_2 \\ \vdots \\ b_m \end{pmatrix}$ 称为列矩阵，又称列向量.

(4) 形如 $\boldsymbol{A}=\begin{pmatrix} \lambda_1 & 0 & \cdots & 0 \\ 0 & \lambda_2 & \cdots & 0 \\ \vdots & \vdots & & \vdots \\ 0 & 0 & \cdots & \lambda_n \end{pmatrix}$ 的方阵称为对角矩阵，简称对角阵. 对角矩阵的特点是：不在主对角线上的元素都是 0. 对角阵 $\boldsymbol{A}$ 也记作 $\boldsymbol{A}=\mathrm{diag}(\lambda_1,\lambda_2,\cdots,\lambda_n)$.

(5) 方阵 $\begin{pmatrix} 1 & 0 & \cdots & 0 \\ 0 & 1 & \cdots & 0 \\ \vdots & \vdots & & \vdots \\ 0 & 0 & \cdots & 1 \end{pmatrix}$ 叫作 n 阶单位矩阵，简称单位阵，一般用 $\boldsymbol{E}$ 表示. 这个方阵的特点是：主对角线上的元素都是 1，其他元素都是 0，即单位矩阵 $\boldsymbol{E}$ 的 (i,j) 元为

$$\sigma_{ij}=\begin{cases} 1, & 当\ i=j \\ 0, & 当\ i\neq j \end{cases} \quad (i,j=1,2,\cdots,n).$$

(6) 元素都是零的矩阵称为零矩阵，记作 $\boldsymbol{O}_{m\times n}$ 或 $\boldsymbol{O}$，如

$$\boldsymbol{O}_{m\times n}=\begin{pmatrix} 0 & 0 & \cdots & 0 \\ 0 & 0 & \cdots & 0 \\ \vdots & \vdots & & \vdots \\ 0 & 0 & \cdots & 0 \end{pmatrix}_{m\times n}.$$

例 2.3 某咖啡馆配制两种饮料. 甲种饮料每杯含奶粉 9 g，咖啡 4 g，糖 3 g；乙种饮料每杯含奶粉 4 g，咖啡 5 g，糖 10 g. 若咖啡馆卖出甲种饮料 x 杯，乙种饮料 y 杯，试写出所需要奶粉、咖啡和糖的数量.

解 根据题目描述，假定所需要奶粉、咖啡和糖的数量分别为 M,N 和 S，则

$$\begin{cases} M=9x+4y \\ N=4x+5y. \\ S=3x+10y \end{cases}$$

上述的表达式表示了从变量 x,y 到变量 M,N,S 的线性变换关系. 一般的，对于线性变换，作如下定义：

定义 2.2 n 个变量 $x_1,x_2,\cdots,x_n$ 与 m 个变量 $y_1,y_2,\cdots,y_m$ 之间的关系式

$$\begin{cases} y_1=a_{11}x_1+a_{12}x_2+\cdots+a_{1n}x_n \\ y_2=a_{21}x_1+a_{22}x_2+\cdots+a_{2n}x_n \\ \cdots\cdots\cdots\cdots \\ y_m=a_{m1}x_1+a_{m2}x_2+\cdots+a_{mn}x_n \end{cases} \tag{2.2}$$

表示一个从变量 $x_1,x_2,\cdots,x_n$ 到变量 $y_1,y_2,\cdots,y_m$ 的线性变换，其中 a_{ij} 为常数. 线性变换(2.2)的系数 $a_{ij}(i=1,2,\cdots,m;j=1,2,\cdots,n)$构成矩阵

$$\boldsymbol{A}=\begin{pmatrix} a_{11} & a_{12} & \cdots & a_{1n} \\ a_{21} & a_{22} & \cdots & a_{2n} \\ \vdots & \vdots & & \vdots \\ a_{m1} & a_{m2} & \cdots & a_{mn} \end{pmatrix}.$$

给定了线性变换(2.2)，它的系数所构成的矩阵(称为系数矩阵)也就确定了. 反之，如果给出一个矩阵作为线性变换的系数矩阵，则线性变换也就确定了. 在这个意义上，线性变换和系数矩阵之间存在一一对应的关系.

例如，例 2.3 中甲、乙两种饮料与原材料奶粉、咖啡和糖之间的线性变换的系数矩阵为 $\boldsymbol{A}=\begin{pmatrix} 9 & 4 \\ 4 & 5 \\ 3 & 10 \end{pmatrix}$.

线性变换 $\begin{cases} y_1=x_1 \\ y_2=x_2 \\ \quad\vdots \\ y_n=x_n \end{cases}$ 叫作恒等变换，它对应的线性变换的系数矩阵是 n 阶单位矩阵 $\boldsymbol{E}$.

由于系数矩阵和线性变换之间存在一一对应的关系，因此可以利用矩阵来研究线性变换，也可以利用线性变换来解释矩阵.

例 2.4 写出矩阵 $\begin{pmatrix} 1 & 0 \\ 0 & 0 \end{pmatrix}$所对应的线性变换.

解 将以上矩阵看作从变量 x,y 到变量 x_1,y_1 的线性变换的系数矩阵，于是有

$$\begin{cases} x_1=1\cdot x+0\cdot y \\ y_1=0\cdot x+0\cdot y \end{cases},$$

整理可得矩阵 $\begin{pmatrix} 1 & 0 \\ 0 & 0 \end{pmatrix}$所对应的线性变换为 $\begin{cases} x_1=x \\ y_1=0 \end{cases}$.

下面，我们对上述线性变换的几何意义进行讨论，将该线性变换看作是 xOy 平面上把向量 $\overrightarrow{OP}=\begin{pmatrix} x \\ y \end{pmatrix}$变为向量 $\overrightarrow{OP_1}=\begin{pmatrix} x_1 \\ y_1 \end{pmatrix}=\begin{pmatrix} x \\ 0 \end{pmatrix}$的变换(或看作 P 变为 P_1 的变换，参看图 2.3). 由于向量 $\overrightarrow{OP_1}$ 是向量 $\overrightarrow{OP}$ 在 x 轴上的投影向量(即点 P_1 是 P 在 x 轴上的投影)，因此这是一个投影变换.

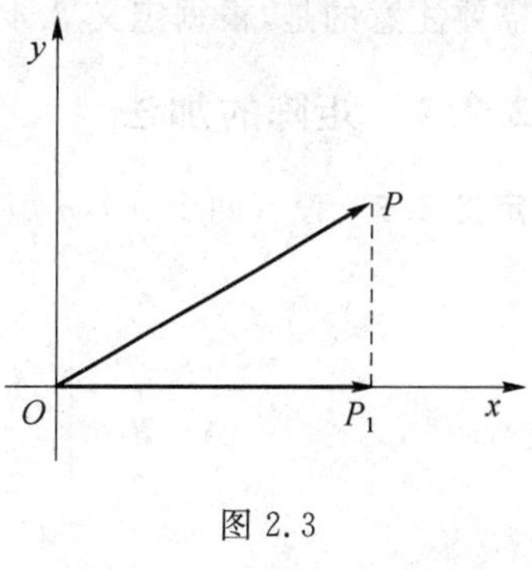

图 2.3

又如矩阵 $\begin{pmatrix} \cos\varphi & -\sin\varphi \\ \sin\varphi & \cos\varphi \end{pmatrix}$对应的线性变换为

$\begin{cases} x_1 = x\cos\varphi - y\sin\varphi \\ y_1 = x\sin\varphi + y\cos\varphi \end{cases}$(其中 φ 为常数)，也可看作为 xOy 平面上把向量$\overrightarrow{OP}=\begin{pmatrix} x \\ y \end{pmatrix}$变为向量$\overrightarrow{OP_1}=\begin{pmatrix} x_1 \\ y_1 \end{pmatrix}$的线性变换.

为了讨论该线性变换的几何意义，不妨设$\overrightarrow{OP}$的长度为 r，辐角为 θ(其中 r、θ 均为常数)，即 $x=r\cos\theta, y=r\sin\theta$，那么

$$x_1 = r(\cos\varphi\cos\theta - \sin\varphi\sin\theta) = r\cos(\theta+\varphi),$$
$$y_1 = r(\sin\varphi\cos\theta + \cos\varphi\sin\theta) = r\sin(\theta+\varphi),$$

上述式子表明$\overrightarrow{OP_1}$的长度也为 r 而辐角为 $\theta+\varphi$. 因此，这是把向量$\overrightarrow{OP}$(依逆时针方向)旋转 φ 角(即把点 P 以原点为中心逆时针旋转 φ 角)的旋转变换(参看图 2.4).

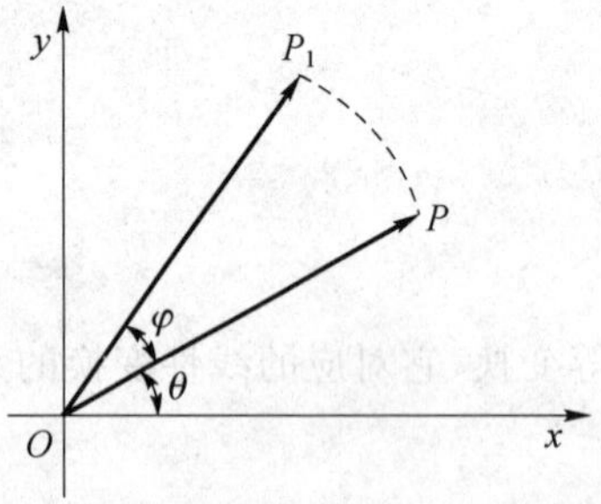

图 2.4

2.2 矩阵的运算

2.2.1 同型矩阵与矩阵相等

定义 2.3 当两个矩阵的行数相等，列数也相等时，就称它们是同型矩阵.

定义 2.4 如果 $\boldsymbol{A}=(a_{ij})$ 与 $\boldsymbol{B}=(b_{ij})$ 是同型矩阵，并且它们对应的元素相等，即 $a_{ij}=b_{ij}$ $(i=1,2,\cdots,m; j=1,2,\cdots,n)$，那么就称矩阵 $\boldsymbol{A}$ 与矩阵 $\boldsymbol{B}$ 相等，记作 $\boldsymbol{A}=\boldsymbol{B}$.

需要注意的是，根据定义 2.4 可知，不同型的零矩阵是不相等的.

2.2.2 矩阵的加法

定义 2.5 设有两个 $m\times n$ 矩阵 $\boldsymbol{A}=(a_{ij})$ 和 $\boldsymbol{B}=(b_{ij})$，那么矩阵 $\boldsymbol{A}$ 与 $\boldsymbol{B}$ 的和记作 $\boldsymbol{A}+\boldsymbol{B}$，规定为

$$\boldsymbol{A}+\boldsymbol{B}=\begin{pmatrix} a_{11}+b_{11} & a_{12}+b_{12} & \cdots & a_{1n}+b_{1n} \\ a_{21}+b_{21} & a_{22}+b_{22} & \cdots & a_{2n}+b_{2n} \\ \vdots & \vdots & & \vdots \\ a_{m1}+b_{m1} & a_{m2}+b_{m2} & \cdots & a_{mn}+b_{mn} \end{pmatrix}.$$

$$\text{例如}\begin{pmatrix}12&3&-5\\1&-9&0\\3&6&8\end{pmatrix}+\begin{pmatrix}1&8&9\\6&5&4\\3&2&1\end{pmatrix}=\begin{pmatrix}12+1&3+8&-5+9\\1+6&-9+5&0+4\\3+3&6+2&8+1\end{pmatrix}=\begin{pmatrix}13&11&4\\7&-4&4\\6&8&9\end{pmatrix}.$$

应该注意，只有当两个矩阵是同型矩阵时，这两个矩阵才能进行加法运算.

矩阵的加法满足以下运算规律（设 $\boldsymbol{A},\boldsymbol{B},\boldsymbol{C}$ 都是 $m\times n$ 矩阵）：

(1) $\boldsymbol{A}+\boldsymbol{B}=\boldsymbol{B}+\boldsymbol{A}$；

(2) $(\boldsymbol{A}+\boldsymbol{B})+\boldsymbol{C}=\boldsymbol{A}+(\boldsymbol{B}+\boldsymbol{C})$.

设矩阵 $\boldsymbol{A}=(a_{ij})$，记 $-\boldsymbol{A}=(-a_{ij})$，$-\boldsymbol{A}$ 称为矩阵 $\boldsymbol{A}$ 的负矩阵. 显然有 $\boldsymbol{A}+(-\boldsymbol{A})=\boldsymbol{O}$，由此规定矩阵的减法为 $\boldsymbol{A}-\boldsymbol{B}=\boldsymbol{A}+(-\boldsymbol{B})$.

2.2.3　数与矩阵相乘（矩阵的数乘）

定义 2.6　数 λ 与矩阵 $\boldsymbol{A}$ 的乘积记作 $\lambda\boldsymbol{A}$ 或 $\boldsymbol{A}\lambda$，规定为

$$\lambda\boldsymbol{A}=\boldsymbol{A}\lambda=\begin{pmatrix}\lambda a_{11}&\lambda a_{12}&\cdots&\lambda a_{1n}\\\lambda a_{21}&\lambda a_{22}&\cdots&\lambda a_{2n}\\\vdots&\vdots&&\vdots\\\lambda a_{m1}&\lambda a_{m2}&\cdots&\lambda a_{mn}\end{pmatrix}.$$

矩阵的数乘满足下列运算规律（设 $\boldsymbol{A},\boldsymbol{B}$ 为 $m\times n$ 矩阵，λ,μ 为数）：

(1) $(\lambda\mu)\boldsymbol{A}=\lambda(\mu\boldsymbol{A})$；

(2) $(\lambda+\mu)\boldsymbol{A}=\lambda\boldsymbol{A}+\mu\boldsymbol{A}$；

(3) $\lambda(\boldsymbol{A}+\boldsymbol{B})=\lambda\boldsymbol{A}+\lambda\boldsymbol{B}$.

注意：矩阵的相加与数乘合起来，统称为矩阵的线性运算.

2.2.4　矩阵与矩阵相乘

设有两个线性变换

$$\begin{cases}y_1=a_{11}x_1+a_{12}x_2+a_{13}x_3\\y_2=a_{21}x_1+a_{22}x_2+a_{23}x_3\end{cases},\tag{2.3}$$

$$\begin{cases}x_1=b_{11}t_1+b_{12}t_2\\x_2=b_{21}t_1+b_{22}t_2\\x_3=b_{31}t_1+b_{32}t_2\end{cases}.\tag{2.4}$$

若想求出从 t_1,t_2 到 y_1,y_2 的线性变换，可将式(2.4)代入式(2.3)，便得

$$\begin{cases}y_1=(a_{11}b_{11}+a_{12}b_{21}+a_{13}b_{31})t_1+(a_{11}b_{12}+a_{12}b_{22}+a_{13}b_{32})t_2\\y_2=(a_{21}b_{11}+a_{22}b_{21}+a_{23}b_{31})t_1+(a_{21}b_{12}+a_{22}b_{22}+a_{23}b_{32})t_2\end{cases}.\tag{2.5}$$

线性变换(2.5)可看成是先作线性变换(2.4)再作线性变换(2.3)的结果. 我们把线性变换(2.5)叫作线性变换(2.3)与(2.4)的乘积，相应的，把式(2.5)所对应的矩阵定义为式(2.3)与式(2.4)所对应的矩阵的乘积，即

$$\begin{pmatrix} a_{11} & a_{12} & a_{13} \\ a_{21} & a_{22} & a_{23} \end{pmatrix}\begin{pmatrix} b_{11} & b_{12} \\ b_{21} & b_{22} \\ b_{31} & b_{32} \end{pmatrix}$$

$$=\begin{pmatrix} a_{11}b_{11}+a_{12}b_{21}+a_{13}b_{31} & a_{11}b_{12}+a_{12}b_{22}+a_{13}b_{32} \\ a_{21}b_{11}+a_{22}b_{21}+a_{23}b_{31} & a_{21}b_{12}+a_{22}b_{22}+a_{23}b_{32} \end{pmatrix}.$$

一般的，对矩阵与矩阵的乘法，作如下定义：

定义 2.7 设 $\boldsymbol{A}=(a_{ij})$ 是一个 $m\times s$ 的矩阵，$\boldsymbol{B}=(b_{ij})$ 是一个 $s\times n$ 的矩阵，那么规定矩阵 $\boldsymbol{A}$ 与矩阵 $\boldsymbol{B}$ 的乘积是一个 $m\times n$ 的矩阵 $\boldsymbol{C}=(c_{ij})$，其中

$$c_{ij}=a_{i1}b_{1j}+a_{i2}b_{2j}+\cdots+a_{is}b_{sj}=\sum_{k=1}^{s}a_{ik}b_{kj},\quad (i=1,2,\cdots,m;j=1,2,\cdots,n) \tag{2.6}$$

并把此乘积记作 $\boldsymbol{C}=\boldsymbol{AB}$.

按此定义，可知只有当第一个矩阵（左矩阵）的列数等于第二个矩阵（右矩阵）的行数时，两个矩阵才能相乘，并且乘积结果 $\boldsymbol{AB}$ 的元素总是取矩阵 $\boldsymbol{A}$ 的行与矩阵 $\boldsymbol{B}$ 的列对应元素相乘之和. 计算方法如下所示：

$$\begin{pmatrix} & & \vdots & \\ a_{i1} & a_{i2} & \cdots & a_{is} \\ & & \vdots & \end{pmatrix}\begin{pmatrix} & b_{1j} & \\ & b_{2j} & \\ \cdots & \vdots & \cdots \\ & b_{sj} & \end{pmatrix}=\begin{pmatrix} & \vdots & \\ \cdots & c_{ij} & \cdots \\ & \vdots & \end{pmatrix}.$$

此外，由于矩阵 $\boldsymbol{A}$ 的第 i 行与矩阵 $\boldsymbol{B}$ 的各列运算可以得到 $\boldsymbol{AB}$ 的第 i 行，所以 $\boldsymbol{AB}$ 的行数应该与矩阵 $\boldsymbol{A}$ 的行数相同；同理，由于矩阵 $\boldsymbol{A}$ 的各行与矩阵 $\boldsymbol{B}$ 的第 j 列运算可以得到 $\boldsymbol{AB}$ 的第 j 列，所以 $\boldsymbol{AB}$ 的列数应该与矩阵 $\boldsymbol{B}$ 的列数相同. 故有

$$\boldsymbol{A}_{m\times\square}\boldsymbol{B}_{\square\times n}=\boldsymbol{C}_{m\times n}.$$

由此可得，一个 $1\times s$ 的行矩阵与一个 $s\times 1$ 的列矩阵的乘积是一个 1 阶方阵，也就是一个数：

$$(a_{11},a_{12},\cdots,a_{1s})\begin{pmatrix} b_{11} \\ b_{21} \\ \vdots \\ b_{s1} \end{pmatrix}=a_{11}b_{11}+a_{12}b_{21}+\cdots+a_{1s}b_{s1}=\sum_{k=1}^{s}a_{1k}b_{k1}=c_{11}.$$

例 2.5 求矩阵 $\boldsymbol{A}=\begin{pmatrix} 1 & 0 & 3 & -1 \\ 2 & 1 & 0 & 2 \end{pmatrix}$ 与 $\boldsymbol{B}=\begin{pmatrix} 4 & 1 & 0 \\ -1 & 1 & 3 \\ 2 & 0 & 1 \\ 1 & 3 & 4 \end{pmatrix}$ 的乘积 $\boldsymbol{AB}$.

解 因为 $\boldsymbol{A}$ 是 2×4 的矩阵，$\boldsymbol{B}$ 是 4×3 的矩阵，$\boldsymbol{A}$ 的列数等于 $\boldsymbol{B}$ 的行数，所以矩阵 $\boldsymbol{A}$ 与 $\boldsymbol{B}$ 可以相乘，其乘积 $\boldsymbol{AB}=\boldsymbol{C}$ 是一个 2×3 的矩阵，按公式(2.6)，有

$$C=AB=\begin{pmatrix}1&0&3&-1\\2&1&0&2\end{pmatrix}\begin{pmatrix}4&1&0\\-1&1&3\\2&0&1\\1&3&4\end{pmatrix}$$

$$=\begin{pmatrix}1\times4+0\times(-1)+3\times2+(-1)\times1 & 1\times1+0\times1+3\times0+(-1)\times3 & 1\times0+0\times3+3\times1+(-1)\times4\\2\times4+1\times(-1)+0\times2+2\times1 & 2\times1+1\times1+0\times0+2\times3 & 2\times0+1\times3+0\times1+2\times4\end{pmatrix}$$

$$=\begin{pmatrix}9&-2&-1\\9&9&11\end{pmatrix}.$$

例 2.6　求矩阵 $A=\begin{pmatrix}-2&4\\1&-2\end{pmatrix}$与 $B=\begin{pmatrix}2&4\\-3&-6\end{pmatrix}$的乘积 AB 及 BA.

解　根据公式(2.6),有

$$AB=\begin{pmatrix}-2&4\\1&-2\end{pmatrix}\begin{pmatrix}2&4\\-3&-6\end{pmatrix}=\begin{pmatrix}-16&-32\\8&16\end{pmatrix},$$

$$BA=\begin{pmatrix}2&4\\-3&-6\end{pmatrix}\begin{pmatrix}-2&4\\1&-2\end{pmatrix}=\begin{pmatrix}0&0\\0&0\end{pmatrix}.$$

在例 2.5 中,A 是 2×4 矩阵,B 是 4×3 矩阵,乘积 AB 有意义而 BA 却没有意义. 由此可知,在矩阵乘法中必须注意矩阵相乘的顺序. AB 是 A 左乘 B(B 被 A 左乘)的乘积,BA 是 A 右乘 B 的乘积,AB 有意义时,BA 可以没有意义. 又若 A 是 $m\times n$ 的矩阵,B 是 $n\times m$ 的矩阵,则 AB 与 BA 都有意义,但 AB 是 m 阶方阵,BA 是 n 阶方阵,当 $m\neq n$ 时,$AB\neq BA$;即使 $m=n$,即 A,B 是同阶方阵,如例 2.6,A 与 B 都是 2 阶方阵,但 AB 与 BA 仍然不一定相等. 总之,矩阵的乘法不满足交换律,即在一般情况下,$AB\neq BA$. 但也有特殊情况:

定义 2.8　对于两个 n 阶方阵 A,B,若 $AB=BA$,则称方阵 A 与 B 是可交换的,或者称 A,B 是可交换阵.

例 2.6 还表明,矩阵 $A\neq O$ 且 $B\neq O$,但却有 $BA=O$. 也就是说,若有两个矩阵 A,B 满足 $AB=O$,不能得出 $A=O$ 或 $B=O$ 的结论;同理,若 $A\neq O$ 且 $AB=O$,也不能得出 $B=O$ 的结论. 对于 $AB=O$ 这种形式,后续的章节中还将继续加以讨论.

矩阵的乘法虽不满足交换律,但仍满足下列结合律和分配律:

(1) $(AB)C=A(BC)$;

(2) $\lambda(AB)=(\lambda A)B=A(\lambda B)$(其中 λ 为数);

(3) $A(B+C)=AB+AC$;

$(B+C)A=BA+CA$;

(4) 对于单位矩阵 E,有 $E_mA_{m\times n}=A_{m\times n}$,$A_{m\times n}E_n=A_{m\times n}$,或简写成 $AE=EA=A$.

可见,单位矩阵 E 在矩阵乘法中的作用类似于数 1.

矩阵 $\lambda\boldsymbol{E}=\boldsymbol{E}\lambda=\begin{pmatrix}\lambda & & & \\ & \lambda & & \\ & & \ddots & \\ & & & \lambda\end{pmatrix}$ 称为纯量阵.

由 $(\lambda\boldsymbol{E})\boldsymbol{A}=\lambda\boldsymbol{A}$，$\boldsymbol{A}(\lambda\boldsymbol{E})=\lambda\boldsymbol{A}$，可知纯量阵 $\lambda\boldsymbol{E}$ 与矩阵 $\boldsymbol{A}$ 的乘积等于数 λ 与 $\boldsymbol{A}$ 的乘积. 当 $\boldsymbol{A}$ 为 n 阶方阵时，有 $(\lambda\boldsymbol{E}_n)\boldsymbol{A}_n=\lambda\boldsymbol{A}_n=\boldsymbol{A}_n(\lambda\boldsymbol{E}_n)$，表明纯量阵 $\lambda\boldsymbol{E}$ 与任何同阶方阵都是可交换的.

有了矩阵的乘法，就可以定义矩阵的幂. 设 $\boldsymbol{A}$ 是 n 阶方阵，定义

$$\boldsymbol{A}^1=\boldsymbol{A},\quad \boldsymbol{A}^2=\boldsymbol{A}^1\boldsymbol{A}^1,\quad \cdots,\quad \boldsymbol{A}^{k+1}=\boldsymbol{A}^k\boldsymbol{A}^1,$$

其中 k 为正整数，也就是说，$\boldsymbol{A}^k$ 是 k 个 $\boldsymbol{A}$ 连乘. 根据矩阵乘法的定义，显然只有方阵的幂才有意义.

由于矩阵乘法满足结合律，所以矩阵的幂满足以下运算规律：

$$\boldsymbol{A}^k\boldsymbol{A}^l=\boldsymbol{A}^{k+l},\ (\boldsymbol{A}^k)^l=\boldsymbol{A}^{kl},\quad \text{其中 } k,l \text{ 为正整数}.$$

又因矩阵乘法一般不满足交换律，所以对于两个 n 阶矩阵 $\boldsymbol{A}$ 与 $\boldsymbol{B}$，一般说来 $(\boldsymbol{AB})^k\neq\boldsymbol{A}^k\boldsymbol{B}^k$，只有当 $\boldsymbol{A}$ 与 $\boldsymbol{B}$ 可交换时，才有 $(\boldsymbol{AB})^k=\boldsymbol{A}^k\boldsymbol{B}^k$. 类似可知，例如 $(\boldsymbol{A}+\boldsymbol{B})^2=\boldsymbol{A}^2+2\boldsymbol{AB}+\boldsymbol{B}^2$，$(\boldsymbol{A}-\boldsymbol{B})(\boldsymbol{A}+\boldsymbol{B})=\boldsymbol{A}^2-\boldsymbol{B}^2$ 等公式，也只有当 $\boldsymbol{A}$ 与 $\boldsymbol{B}$ 可交换时才成立.

例 2.7 设 $\boldsymbol{A},\boldsymbol{B}$ 是同阶方阵，证明：等式 $(\boldsymbol{A}+\boldsymbol{B})^2=\boldsymbol{A}^2+2\boldsymbol{AB}+\boldsymbol{B}^2$ 成立的充分必要条件是 $\boldsymbol{AB}=\boldsymbol{BA}$.

证 必要性：已知 $(\boldsymbol{A}+\boldsymbol{B})^2=\boldsymbol{A}^2+2\boldsymbol{AB}+\boldsymbol{B}^2$，

因 $(\boldsymbol{A}+\boldsymbol{B})^2=(\boldsymbol{A}+\boldsymbol{B})(\boldsymbol{A}+\boldsymbol{B})=\boldsymbol{A}^2+\boldsymbol{AB}+\boldsymbol{BA}+\boldsymbol{B}^2$，

故有 $\boldsymbol{A}^2+\boldsymbol{AB}+\boldsymbol{BA}+\boldsymbol{B}^2=\boldsymbol{A}^2+2\boldsymbol{AB}+\boldsymbol{B}^2$，

移项，有 $\boldsymbol{AB}-\boldsymbol{BA}=\boldsymbol{O}$，即 $\boldsymbol{AB}=\boldsymbol{BA}$.

同理可证充分性.

在例 2.1 中有一个反映四城市间的航线情况的矩阵 $\boldsymbol{A}$，由

$$\boldsymbol{A}=\begin{pmatrix}0&1&1&1\\1&0&0&0\\0&1&0&0\\1&0&1&0\end{pmatrix},\ \text{有 } \boldsymbol{A}^2=\begin{pmatrix}2&1&1&0\\0&1&1&1\\1&0&0&0\\0&2&1&1\end{pmatrix}.$$

记 $\boldsymbol{A}^2=(b_{ij})$，则 b_{ij} 为从城市 i 经一次中转到城市 j 的航线条数.

例如

$b_{23}=1$，表示从城市 B 经一次中转到城市 C 的航线有 1 条(B→A→C)，参看图 2.1；

$b_{42}=2$，表示从城市 D 经一次中转到城市 B 的航线有 2 条(D→A→B，D→C→B)；

$b_{11}=2$，表示城市 A 的双向航线有 2 条，即从城市 A 经一次中转回到城市 A 的航线有两条(A→B→A，A→D→A)；

$b_{33}=0$，表示城市 C 没有双向航线，即从城市 C 经一次中转不能回到城市 C.

根据矩阵乘法，定义 2.2 中的线性变换，即式(2.2)

$$\begin{cases} y_1=a_{11}x_1+a_{12}x_2+\cdots+a_{1n}x_n \\ y_2=a_{21}x_1+a_{22}x_2+\cdots+a_{2n}x_n \\ \cdots\cdots\cdots\cdots \\ y_m=a_{m1}x_1+a_{m2}x_2+\cdots+a_{mn}x_n \end{cases}$$

可记作 $\boldsymbol{Y}=\boldsymbol{AX}$，其中

$$\boldsymbol{A}=(a_{ij})=\begin{pmatrix} a_{11} & a_{12} & \cdots & a_{1n} \\ a_{21} & a_{22} & \cdots & a_{2n} \\ \vdots & \vdots & & \vdots \\ a_{m1} & a_{m2} & \cdots & a_{mn} \end{pmatrix},\quad \boldsymbol{X}=\begin{pmatrix} x_1 \\ x_2 \\ \vdots \\ x_n \end{pmatrix},\quad \boldsymbol{Y}=\begin{pmatrix} y_1 \\ y_2 \\ \vdots \\ y_m \end{pmatrix}.$$

这里，$\boldsymbol{A}$ 是线性变换的系数矩阵，列矩阵 $\boldsymbol{X}$ 表示 n 个变量 $x_1,x_2,\cdots,x_n$，列矩阵 $\boldsymbol{Y}$ 表示 m 个变量 $y_1,y_2,\cdots,y_m$. 线性变换(2.2)把 $\boldsymbol{X}$ 变成 $\boldsymbol{Y}$，相当于用矩阵 $\boldsymbol{A}$ 去左乘 $\boldsymbol{X}$ 而得到 $\boldsymbol{Y}$.

例如，用矩阵 $\boldsymbol{A}=\begin{pmatrix} 1 & 0 \\ 0 & 0 \end{pmatrix}$ 左乘向量 $\overrightarrow{OP}=\begin{pmatrix} x \\ y \end{pmatrix}$，相当于把向量 $\overrightarrow{OP}$ 投影到 x 轴上(参看图 2.3)；用矩阵 $\boldsymbol{A}=\begin{pmatrix} \cos\varphi & -\sin\varphi \\ \sin\varphi & \cos\varphi \end{pmatrix}$ 去左乘向量 $\overrightarrow{OP}=\begin{pmatrix} x \\ y \end{pmatrix}$，相当于把向量 $\overrightarrow{OP}$ 逆时针旋转 φ 角(参看图 2.4).

例 2.8　已知平面上的向量 $\overrightarrow{OP}=\begin{pmatrix} 1 \\ 4 \end{pmatrix}$，求将向量 $\overrightarrow{OP}$ 逆时针旋转 90°再向 x 轴投影所得到的向量.

解　根据线性变换与矩阵乘法的关系，在变量的左边乘上一个线性变换的系数矩阵，相当于对变量进行一次相应的线性变换：向量 $\overrightarrow{OP}$ 逆时针旋转 90°得到向量 $\overrightarrow{OP_1}$，假设其线性变换的系数矩阵为 $\boldsymbol{A}$，有

$$\overrightarrow{OP_1}=\boldsymbol{A}\,\overrightarrow{OP}=\begin{pmatrix} \cos 90^\circ & -\sin 90^\circ \\ \sin 90^\circ & \cos 90^\circ \end{pmatrix}\begin{pmatrix} 1 \\ 4 \end{pmatrix}=\begin{pmatrix} 0 & -1 \\ 1 & 0 \end{pmatrix}\begin{pmatrix} 1 \\ 4 \end{pmatrix}=\begin{pmatrix} -4 \\ 1 \end{pmatrix};$$

向量 $\overrightarrow{OP_1}$ 向 x 轴投影得到向量 $\overrightarrow{OP_2}$，假设其线性变换的系数矩阵为 $\boldsymbol{B}$，有

$$\overrightarrow{OP_2}=\boldsymbol{B}\,\overrightarrow{OP_1}=\begin{pmatrix} 1 & 0 \\ 0 & 0 \end{pmatrix}\begin{pmatrix} -4 \\ 1 \end{pmatrix}=\begin{pmatrix} -4 \\ 0 \end{pmatrix}.$$

由上述结论可知，用 $\begin{pmatrix} \cos\varphi & -\sin\varphi \\ \sin\varphi & \cos\varphi \end{pmatrix}^n$ 左乘向量 $\overrightarrow{OP}$，应该把向量 $\overrightarrow{OP}$ 逆时针旋转 n 个 φ 角，即 $n\varphi$ 角，而直接把向量 $\overrightarrow{OP}$ 逆时针旋转 $n\varphi$ 角所对应的矩阵为 $\begin{pmatrix} \cos n\varphi & -\sin n\varphi \\ \sin n\varphi & \cos n\varphi \end{pmatrix}$.

例 2.9　证明 $\begin{pmatrix} \cos\varphi & -\sin\varphi \\ \sin\varphi & \cos\varphi \end{pmatrix}^n=\begin{pmatrix} \cos n\varphi & -\sin n\varphi \\ \sin n\varphi & \cos n\varphi \end{pmatrix}$.

从前段的说明已能推知本例的结论，下面按矩阵幂的定义来证明此结论.

证 用数学归纳法.

当 $n=1$ 时,等式显然成立.设 $n=k$ 时成立,即设

$$\begin{pmatrix}\cos\varphi & -\sin\varphi\\ \sin\varphi & \cos\varphi\end{pmatrix}^k=\begin{pmatrix}\cos k\varphi & -\sin k\varphi\\ \sin k\varphi & \cos k\varphi\end{pmatrix},$$

要证 $n=k+1$ 时成立. 此时有

$$\begin{aligned}\begin{pmatrix}\cos\varphi & -\sin\varphi\\ \sin\varphi & \cos\varphi\end{pmatrix}^{k+1}&=\begin{pmatrix}\cos\varphi & -\sin\varphi\\ \sin\varphi & \cos\varphi\end{pmatrix}^k\begin{pmatrix}\cos\varphi & -\sin\varphi\\ \sin\varphi & \cos\varphi\end{pmatrix}\\ &=\begin{pmatrix}\cos k\varphi & -\sin k\varphi\\ \sin k\varphi & \cos k\varphi\end{pmatrix}\begin{pmatrix}\cos\varphi & -\sin\varphi\\ \sin\varphi & \cos\varphi\end{pmatrix}\\ &=\begin{pmatrix}\cos k\varphi\cos\varphi-\sin k\varphi\sin\varphi & -\cos k\varphi\sin\varphi-\sin k\varphi\cos\varphi\\ \sin k\varphi\cos\varphi+\cos k\varphi\sin\varphi & -\sin k\varphi\sin\varphi+\cos k\varphi\cos\varphi\end{pmatrix}\\ &=\begin{pmatrix}\cos(k+1)\varphi & -\sin(k+1)\varphi\\ \sin(k+1)\varphi & \cos(k+1)\varphi\end{pmatrix},\end{aligned}$$

于是等式得证.

例 2.10 已知 $\boldsymbol{A}=(1,2,-3)$,$\boldsymbol{B}=\begin{pmatrix}3\\-1\\2\end{pmatrix}$,若 $\boldsymbol{P}=\boldsymbol{AB}$,$\boldsymbol{Q}=\boldsymbol{BA}$,求 $\boldsymbol{P}^n$ 和 $\boldsymbol{Q}^n$.

解 因 $\boldsymbol{P}=\boldsymbol{AB}=(1,2,-3)\begin{pmatrix}3\\-1\\2\end{pmatrix}=1\times3+2\times(-1)+(-3)\times2=-5$,

所以 $\boldsymbol{P}^n=(-5)^n$.

又
$$\boldsymbol{Q}=\boldsymbol{BA}=\begin{pmatrix}3\\-1\\2\end{pmatrix}(1,2,-3)=\begin{pmatrix}3 & 6 & -9\\ -1 & -2 & 3\\ 2 & 4 & -6\end{pmatrix},$$

$$\boldsymbol{Q}^2=\boldsymbol{QQ}=(\boldsymbol{BA})(\boldsymbol{BA})=\boldsymbol{B}(\boldsymbol{AB})\boldsymbol{A},$$

由于 $\boldsymbol{AB}$ 是一个数,根据数与矩阵相乘的性质,可知

$$\boldsymbol{Q}^2=\boldsymbol{B}(-5)\boldsymbol{A}=-5\begin{pmatrix}3 & 6 & -9\\ -1 & -2 & 3\\ 2 & 4 & -6\end{pmatrix}.$$

由此可得

$$\begin{aligned}\boldsymbol{Q}^n&=\underbrace{\boldsymbol{QQ}\cdots\boldsymbol{Q}}_{n\text{个}}=\underbrace{(\boldsymbol{BA})(\boldsymbol{BA})\cdots(\boldsymbol{BA})}_{n\text{个}}\\ &=\boldsymbol{B}\underbrace{(\boldsymbol{AB})(\boldsymbol{AB})\cdots(\boldsymbol{AB})}_{n-1\text{个}}\boldsymbol{A}=\boldsymbol{B}(\boldsymbol{AB})^{n-1}\boldsymbol{A}\end{aligned}$$

$$=\boldsymbol{B}(-5)^{n-1}\boldsymbol{A}=(-5)^{n-1}\boldsymbol{BA}=(-5)^{n-1}\begin{pmatrix}3&6&-9\\-1&-2&3\\2&4&-6\end{pmatrix}.$$

2.2.5 矩阵的转置

定义 2.9 设 $\boldsymbol{A}$ 是 $m\times n$ 矩阵

$$\boldsymbol{A}=\begin{pmatrix}a_{11}&a_{12}&\cdots&a_{1n}\\a_{21}&a_{22}&\cdots&a_{2n}\\\vdots&\vdots&&\vdots\\a_{m1}&a_{m2}&\cdots&a_{mn}\end{pmatrix},$$

把矩阵 $\boldsymbol{A}$ 的各行写成相应的各列得到的 $n\times m$ 矩阵

$$\begin{pmatrix}a_{11}&a_{21}&\cdots&a_{m1}\\a_{12}&a_{22}&\cdots&a_{m2}\\\vdots&\vdots&&\vdots\\a_{1n}&a_{2n}&\cdots&a_{mn}\end{pmatrix}$$

叫作矩阵 $\boldsymbol{A}$ 的转置矩阵，简称为 $\boldsymbol{A}$ 的转置，记作 $\boldsymbol{A}^{\mathrm{T}}$.

例如矩阵 $\boldsymbol{A}=\begin{pmatrix}1&2&0\\3&-1&1\end{pmatrix}$ 的转置矩阵为 $\boldsymbol{A}^{\mathrm{T}}=\begin{pmatrix}1&3\\2&-1\\0&1\end{pmatrix}$.

矩阵的转置也是一种运算，满足下述运算规律：

(1) $(\boldsymbol{A}^{\mathrm{T}})^{\mathrm{T}}=\boldsymbol{A}$；

(2) $(\boldsymbol{A}+\boldsymbol{B})^{\mathrm{T}}=\boldsymbol{A}^{T}+\boldsymbol{B}^{T}$；

(3) $(\lambda\boldsymbol{A})^{\mathrm{T}}=\lambda\boldsymbol{A}^{\mathrm{T}}$；

(4) $(\boldsymbol{AB})^{\mathrm{T}}=\boldsymbol{B}^{\mathrm{T}}\boldsymbol{A}^{\mathrm{T}}$.

(1)(2)(3)显然成立，这里仅证明(4).

设 $\boldsymbol{A}=(a_{ij})_{m\times s}$，$\boldsymbol{B}=(b_{ij})_{s\times n}$，记 $\boldsymbol{AB}=\boldsymbol{C}=(c_{ij})_{m\times n}$，$\boldsymbol{B}^{\mathrm{T}}\boldsymbol{A}^{\mathrm{T}}=\boldsymbol{D}=(d_{ij})_{n\times m}$. 于是按式(2.6)，有 $c_{ji}=\sum\limits_{k=1}^{s}a_{jk}b_{ki}$，而 $\boldsymbol{B}^{\mathrm{T}}$ 的第 i 行为 $(b_{1i},\cdots,b_{si})$，$\boldsymbol{A}^{\mathrm{T}}$ 的第 j 列为 $(a_{j1},\cdots,a_{js})^{\mathrm{T}}$，因此

$$d_{ij}=\sum_{k=1}^{s}b_{ki}a_{jk}=\sum_{k=1}^{s}a_{jk}b_{ki},$$

所以 $d_{ij}=c_{ji}(i=1,2,\cdots,n;j=1,2,\cdots,m)$，即 $\boldsymbol{D}=\boldsymbol{C}^{\mathrm{T}}$，也就是 $\boldsymbol{B}^{\mathrm{T}}\boldsymbol{A}^{\mathrm{T}}=(\boldsymbol{AB})^{\mathrm{T}}$.

推广：$(\boldsymbol{A}_1\boldsymbol{A}_2\cdots\boldsymbol{A}_s)^{\mathrm{T}}=\boldsymbol{A}_s^{\mathrm{T}}\cdots\boldsymbol{A}_2^{\mathrm{T}}\boldsymbol{A}_1^{\mathrm{T}}$.

例 2.11 已知 $\boldsymbol{A}=\begin{pmatrix}2&0&-1\\1&3&2\end{pmatrix}$，$\boldsymbol{B}=\begin{pmatrix}1&7&-1\\4&2&3\\2&0&1\end{pmatrix}$，求 $(\boldsymbol{AB})^{\mathrm{T}}$.

解法一 因为

$$AB=\begin{pmatrix}2&0&-1\\1&3&2\end{pmatrix}\begin{pmatrix}1&7&-1\\4&2&3\\2&0&1\end{pmatrix}=\begin{pmatrix}0&14&-3\\17&13&10\end{pmatrix},$$

所以

$$(AB)^{\mathrm{T}}=\begin{pmatrix}0&17\\14&13\\-3&10\end{pmatrix}.$$

解法二 $(AB)^{\mathrm{T}}=B^{\mathrm{T}}A^{\mathrm{T}}=\begin{pmatrix}1&4&2\\7&2&0\\-1&3&1\end{pmatrix}\begin{pmatrix}2&1\\0&3\\-1&2\end{pmatrix}=\begin{pmatrix}0&17\\14&13\\-3&10\end{pmatrix}.$

例 2.12 设 A 与 B 是同阶方阵，求证：$(AB^{\mathrm{T}}+BA^{\mathrm{T}})^{\mathrm{T}}=AB^{\mathrm{T}}+BA^{\mathrm{T}}$.

证

$$\begin{aligned}(AB^{\mathrm{T}}+BA^{\mathrm{T}})^{\mathrm{T}}&=(AB^{\mathrm{T}})^{\mathrm{T}}+(BA^{\mathrm{T}})^{\mathrm{T}}\\&=(B^{\mathrm{T}})^{\mathrm{T}}A^{\mathrm{T}}+(A^{\mathrm{T}})^{\mathrm{T}}B^{\mathrm{T}}\\&=BA^{\mathrm{T}}+AB^{\mathrm{T}}\\&=AB^{\mathrm{T}}+BA^{\mathrm{T}}.\end{aligned}$$

在上述例题中，若令 $C=AB^{\mathrm{T}}+BA^{\mathrm{T}}$，则 C 满足 $C^{\mathrm{T}}=C$. 可知对于矩阵 C 来说，

$$c_{ij}=c_{ji}\quad(i,j=1,2,\cdots,n),$$

即矩阵 C 中关于其主对角线两侧对称位置上的元素是相等的. 形象地说，C 关于其主对角线是对称的. 这样的矩阵，我们称之为对称矩阵. 一般的，作如下定义：

定义 2.10 设 A 是 n 阶方阵. 若 $A^{\mathrm{T}}=A$，则称 A 是对称矩阵；若 $A^{\mathrm{T}}=-A$，则称 A 是反对称矩阵.

例 2.13 设列矩阵 $X=(x_1,x_2,\cdots,x_n)^{\mathrm{T}}$ 满足 $X^{\mathrm{T}}X=1$，E 为 n 阶单位阵，$H=E-2XX^{\mathrm{T}}$，证明：H 是对称矩阵，且 $HH^{\mathrm{T}}=E$.

提示：$X^{\mathrm{T}}X=x_1^2+x_2^2+\cdots+x_n^2$ 是一阶方阵，也就是一个数，而 XX^{T} 是 n 阶方阵.

证 $H^{\mathrm{T}}=(E-2XX^{\mathrm{T}})^{\mathrm{T}}=E^{\mathrm{T}}-2(XX^{\mathrm{T}})^{\mathrm{T}}=E-2XX^{\mathrm{T}}=H$，

所以 H 是对称阵.

$$\begin{aligned}HH^{\mathrm{T}}&=H^2=(E-2XX^{\mathrm{T}})^2\\&=E-4XX^{\mathrm{T}}+4(XX^{\mathrm{T}})(XX^{\mathrm{T}})\\&=E-4XX^{\mathrm{T}}+4X(X^{\mathrm{T}}X)X^{\mathrm{T}}\\&=E-4XX^{\mathrm{T}}+4XX^{\mathrm{T}}=E.\end{aligned}$$

例 2.14 求证：若 A 是任一 n 阶方阵，则 $A+A^{\mathrm{T}}$ 是对称矩阵，$A-A^{\mathrm{T}}$ 是反对称矩阵.

证 因 $(A+A^{\mathrm{T}})^{\mathrm{T}}=A^{\mathrm{T}}+(A^{\mathrm{T}})^{\mathrm{T}}=A^{\mathrm{T}}+A=A+A^{\mathrm{T}}$，故 $A+A^{\mathrm{T}}$ 是对称矩阵.

又 $(A-A^{\mathrm{T}})^{\mathrm{T}}=A^{\mathrm{T}}-(A^{\mathrm{T}})^{\mathrm{T}}=A^{\mathrm{T}}-A=-(A-A^{\mathrm{T}})$，故 $A-A^{\mathrm{T}}$ 是反对称矩阵.

例 2.15 设 A 是任一 n 阶方阵，求证：A 可以表示成一个对称矩阵与一个反对称矩阵的和.

证　由于任一 n 阶方阵 $\boldsymbol{A}$ 都可以写成

$$\boldsymbol{A}=\frac{1}{2}(\boldsymbol{A}+\boldsymbol{A}^{\mathrm{T}})+\frac{1}{2}(\boldsymbol{A}-\boldsymbol{A}^{\mathrm{T}}),$$

而 $\boldsymbol{A}+\boldsymbol{A}^{\mathrm{T}}$ 是对称矩阵，$\boldsymbol{A}-\boldsymbol{A}^{\mathrm{T}}$ 是反对称矩阵，所以结论成立.

2.2.6　方阵的行列式

定义 2.11　由 n 阶方阵

$$\boldsymbol{A}=\begin{pmatrix} a_{11} & a_{12} & \cdots & a_{1n} \\ a_{21} & a_{22} & \cdots & a_{2n} \\ \vdots & \vdots & & \vdots \\ a_{n1} & a_{n2} & \cdots & a_{nn} \end{pmatrix}$$

的元素所构成的行列式

$$\begin{vmatrix} a_{11} & a_{12} & \cdots & a_{1n} \\ a_{21} & a_{22} & \cdots & a_{2n} \\ \vdots & \vdots & & \vdots \\ a_{n1} & a_{n2} & \cdots & a_{nn} \end{vmatrix}$$

称为方阵 $\boldsymbol{A}$ 的行列式，记作 $|\boldsymbol{A}|$ 或 $\det\boldsymbol{A}$.

应该注意，方阵与行列式是两个不同的概念，n 阶方阵是 n^2 个数按一定的方法排成的数表，而 n 阶行列式则是这些数（也就是数表 $\boldsymbol{A}$）按一定的运算法则所确定的一个数.

关于 n 阶方阵的行列式有如下结论（设 $\boldsymbol{A},\boldsymbol{B}$ 为 n 阶方阵，λ 为数）：

(1) $|\boldsymbol{A}^{\mathrm{T}}|=|\boldsymbol{A}|$；

(2) $|\lambda\boldsymbol{A}|=\lambda^n|\boldsymbol{A}|$，其中 λ 为任意常数；

(3) $|\boldsymbol{AB}|=|\boldsymbol{A}||\boldsymbol{B}|$.

以上结论仅证明(3).

设 $\boldsymbol{A}=(a_{ij})$，$\boldsymbol{B}=(b_{ij})$，记 $2n$ 阶行列式

$$D=\begin{vmatrix} a_{11} & \cdots & a_{1n} & & & \\ \vdots & & \vdots & & \boldsymbol{O} & \\ a_{n1} & \cdots & a_{nn} & & & \\ -1 & & & b_{11} & \cdots & b_{1n} \\ & \ddots & & \vdots & & \vdots \\ & & -1 & b_{n1} & \cdots & b_{nn} \end{vmatrix}=\begin{vmatrix} \boldsymbol{A} & \boldsymbol{O} \\ -\boldsymbol{E} & \boldsymbol{B} \end{vmatrix},$$

由例 1.12 的结论，可知 $D=|\boldsymbol{A}||\boldsymbol{B}|$. 而在 D 中以 b_{1j} 乘第 1 列，b_{2j} 乘第 2 列，……，b_{nj} 乘第 n 列，都加到第 $n+j$ 列上（$j=1,2,\cdots,n$），有

$$D=\begin{vmatrix} \boldsymbol{A} & \boldsymbol{C} \\ -\boldsymbol{E} & \boldsymbol{O} \end{vmatrix},$$

其中 $\boldsymbol{C}=(c_{ij})$，$c_{ij}=b_{1j}a_{i1}+b_{2j}a_{i2}+\cdots+b_{nj}a_{in}$，故 $\boldsymbol{C}=\boldsymbol{AB}$.

再对 D 的行作 $r_j\leftrightarrow r_{n+j}(j=1,2,\cdots,n)$，有

$$D=(-1)^n\begin{vmatrix}-\boldsymbol{E} & \boldsymbol{O}\\ \boldsymbol{A} & \boldsymbol{C}\end{vmatrix},$$

故

$$D=(-1)^n|-\boldsymbol{E}||\boldsymbol{C}|=(-1)^n(-1)^n|\boldsymbol{C}|=|\boldsymbol{C}|=|\boldsymbol{AB}|,$$

于是 $|\boldsymbol{AB}|=|\boldsymbol{A}||\boldsymbol{B}|$.

由结论(3)可知，对于 n 阶矩阵 $\boldsymbol{A},\boldsymbol{B}$，一般来说 $\boldsymbol{AB}\neq\boldsymbol{BA}$，但总有

$$|\boldsymbol{AB}|=|\boldsymbol{BA}|.$$

例 2.16 已知方阵 $\boldsymbol{A}_n$ 满足 $\boldsymbol{AA}^{\mathrm{T}}=\boldsymbol{E}$，且 $|\boldsymbol{A}|=-1$，求 $|\boldsymbol{A}+\boldsymbol{E}|$.

解

$$\begin{aligned}|\boldsymbol{A}+\boldsymbol{E}|&=|\boldsymbol{A}+\boldsymbol{AA}^{\mathrm{T}}|=|\boldsymbol{A}(\boldsymbol{E}+\boldsymbol{A}^{\mathrm{T}})|\\&=|\boldsymbol{A}|\cdot|\boldsymbol{E}+\boldsymbol{A}^{\mathrm{T}}|\\&=-|\boldsymbol{E}^{\mathrm{T}}+\boldsymbol{A}^{\mathrm{T}}|\\&=-|(\boldsymbol{E}+\boldsymbol{A})^{\mathrm{T}}|\\&=-|\boldsymbol{E}+\boldsymbol{A}|,\end{aligned}$$

所以 $|\boldsymbol{A}+\boldsymbol{E}|=0$.

例 2.17 求证：奇数阶反对称行列式的值为零.

证 根据定义 2.10，若 $\boldsymbol{A}^{\mathrm{T}}=-\boldsymbol{A}$，则 $\boldsymbol{A}$ 是反对称矩阵. 那么反对称矩阵的方阵行列式即为反对称行列式.

假设 n 阶矩阵 $\boldsymbol{A}$ 为奇数阶反对称矩阵，则 n 为奇数，有

$$|\boldsymbol{A}|=|\boldsymbol{A}^{\mathrm{T}}|=|-\boldsymbol{A}|=(-1)^n|\boldsymbol{A}|=-|\boldsymbol{A}|,$$

所以 $|\boldsymbol{A}|=0$，命题得证.

2.2.7 伴随矩阵

定义 2.12 行列式 $|\boldsymbol{A}|$ 的各个元素的代数余子式 A_{ij} 所构成的如下的矩阵

$$\boldsymbol{A}^*=\begin{pmatrix}A_{11} & A_{21} & \cdots & A_{n1}\\ A_{12} & A_{22} & \cdots & A_{n2}\\ \vdots & \vdots & & \vdots\\ A_{1n} & A_{2n} & \cdots & A_{nn}\end{pmatrix},$$

称为矩阵 $\boldsymbol{A}$ 的伴随矩阵，简称伴随阵.

例 2.18 已知 $\boldsymbol{A}^*$ 是矩阵 $\boldsymbol{A}$ 的伴随矩阵，试证：$\boldsymbol{AA}^*=\boldsymbol{A}^*\boldsymbol{A}=|\boldsymbol{A}|\boldsymbol{E}$.

证 设 $\boldsymbol{A}=(a_{ij})$，记 $\boldsymbol{AA}^*=(b_{ij})$，则

$$\boldsymbol{AA}^*=\begin{pmatrix}a_{11} & a_{12} & \cdots & a_{1n}\\ a_{21} & a_{22} & \cdots & a_{2n}\\ \vdots & \vdots & & \vdots\\ a_{n1} & a_{n2} & \cdots & a_{nn}\end{pmatrix}\begin{pmatrix}A_{11} & A_{21} & \cdots & A_{n1}\\ A_{12} & A_{22} & \cdots & A_{n2}\\ \vdots & \vdots & & \vdots\\ A_{1n} & A_{2n} & \cdots & A_{nn}\end{pmatrix},$$

其中

$$b_{ij}=a_{i1}A_{j1}+a_{i2}A_{j2}+\cdots+a_{in}A_{jn}=\begin{cases}|\boldsymbol{A}|, & (i=j)\\ 0, & (i\neq j)\end{cases},$$

于是

$$\boldsymbol{AA}^*=\begin{pmatrix}|\boldsymbol{A}| & & & \\ & |\boldsymbol{A}| & & \\ & & \ddots & \\ & & & |\boldsymbol{A}|\end{pmatrix}=|\boldsymbol{A}|\boldsymbol{E}.$$

类似有 $\boldsymbol{A}^*\boldsymbol{A}=|\boldsymbol{A}|\boldsymbol{E}$，因此

$$\boldsymbol{AA}^*=\boldsymbol{A}^*\boldsymbol{A}=|\boldsymbol{A}|\boldsymbol{E}. \tag{2.7}$$

2.3 逆矩阵

在数的运算中，当数 $a\neq 0$ 时，有 $aa^{-1}=a^{-1}a=1$，其中 $a^{-1}=\dfrac{1}{a}$ 为 a 的倒数（或称 a 的逆）.

仿照数的运算，来定义矩阵的逆. 在矩阵的运算中，单位阵 $\boldsymbol{E}$ 相当于数的乘法运算中的 1，那么，对于矩阵 $\boldsymbol{A}$，如果存在一个矩阵 $\boldsymbol{A}^{-1}$，使得 $\boldsymbol{AA}^{-1}=\boldsymbol{A}^{-1}\boldsymbol{A}=\boldsymbol{E}$，则矩阵 $\boldsymbol{A}^{-1}$ 称为 $\boldsymbol{A}$ 的可逆矩阵或逆阵.

定义 2.13 对于 n 阶矩阵 $\boldsymbol{A}$，如果存在 n 阶矩阵 $\boldsymbol{B}$，使得

$$\boldsymbol{AB}=\boldsymbol{BA}=\boldsymbol{E}, \tag{2.8}$$

则称矩阵 $\boldsymbol{A}$ 是可逆的，并把矩阵 $\boldsymbol{B}$ 称为矩阵 $\boldsymbol{A}$ 的逆矩阵，简称逆阵.

在式(2.8)中，矩阵 $\boldsymbol{B}$ 也是可逆矩阵，且矩阵 $\boldsymbol{A}$ 是矩阵 $\boldsymbol{B}$ 的逆矩阵. 如果矩阵 $\boldsymbol{A}$ 是可逆的，那么 $\boldsymbol{A}$ 的逆矩阵是唯一的. 这是因为：设 $\boldsymbol{B},\boldsymbol{C}$ 都是 $\boldsymbol{A}$ 的逆矩阵，则有

$$\boldsymbol{B}=\boldsymbol{BE}=\boldsymbol{B}(\boldsymbol{AC})=(\boldsymbol{BA})\boldsymbol{C}=\boldsymbol{EC}=\boldsymbol{C},$$

所以 $\boldsymbol{A}$ 的逆矩阵是唯一的.

$\boldsymbol{A}$ 的逆矩阵记作 $\boldsymbol{A}^{-1}$，即若 $\boldsymbol{AB}=\boldsymbol{BA}=\boldsymbol{E}$，则 $\boldsymbol{B}=\boldsymbol{A}^{-1}$.

例 2.19 讨论 n 阶零矩阵 $\boldsymbol{O}$ 与 n 阶单位矩阵 $\boldsymbol{E}$ 的可逆性.

解 对于 n 阶零矩阵 $\boldsymbol{O}$ 而言，任取 n 阶方阵 $\boldsymbol{B}$，有

$$\boldsymbol{OB}=\boldsymbol{O}\neq\boldsymbol{E},$$

所以 $\boldsymbol{O}$ 不可逆.

对于 n 阶单位矩阵 $\boldsymbol{E}$ 而言，有 $\boldsymbol{EE}=\boldsymbol{E}$，故 $\boldsymbol{E}$ 可逆，且 $\boldsymbol{E}^{-1}=\boldsymbol{E}$.

例 2.20 设二阶矩阵 $\boldsymbol{A}=\begin{pmatrix}a & b\\ c & d\end{pmatrix}$，试证明：当 $ad-bc\neq 0$ 时，矩阵 $\boldsymbol{A}$ 可逆，且 $\boldsymbol{A}^{-1}=\dfrac{1}{ad-bc}\begin{pmatrix}d & -b\\ -c & a\end{pmatrix}$.

证 当 $ad-bc\neq0$ 时

$$\begin{pmatrix}a&b\\c&d\end{pmatrix}\left[\frac{1}{ad-bc}\begin{pmatrix}d&-b\\-c&a\end{pmatrix}\right]$$

$$=\frac{1}{ad-bc}\begin{pmatrix}a&b\\c&d\end{pmatrix}\begin{pmatrix}d&-b\\-c&a\end{pmatrix}$$

$$=\frac{1}{ad-bc}\begin{pmatrix}ad-bc&0\\0&ad-bc\end{pmatrix}=\begin{pmatrix}1&0\\0&1\end{pmatrix}.$$

同理可得 $$\left[\frac{1}{ad-bc}\begin{pmatrix}d&-b\\-c&a\end{pmatrix}\right]\begin{pmatrix}a&b\\c&d\end{pmatrix}=\begin{pmatrix}1&0\\0&1\end{pmatrix}.$$

所以矩阵 $\boldsymbol{A}$ 可逆，且 $\boldsymbol{A}^{-1}=\frac{1}{ad-bc}\begin{pmatrix}d&-b\\-c&a\end{pmatrix}$.

上述例题结论可以帮助我们快速地求解二阶矩阵的可逆矩阵. 例如，对于矩阵

$$\boldsymbol{A}=\begin{pmatrix}1&2\\3&4\end{pmatrix},$$

容易看出 $\boldsymbol{A}$ 可逆，且

$$\boldsymbol{A}^{-1}=\frac{1}{1\times4-2\times3}\begin{pmatrix}4&-2\\-3&1\end{pmatrix}=\begin{pmatrix}-2&1\\\frac{3}{2}&-\frac{1}{2}\end{pmatrix}.$$

定理 2.1 方阵 $\boldsymbol{A}$ 可逆的充分必要条件是 $|\boldsymbol{A}|\neq0$，且当 $\boldsymbol{A}$ 可逆时，$\boldsymbol{A}^{-1}=\frac{1}{|\boldsymbol{A}|}\boldsymbol{A}^*$，其中 $\boldsymbol{A}^*$ 是矩阵 $\boldsymbol{A}$ 的伴随矩阵.

证 充分性：若 $|\boldsymbol{A}|\neq0$，则式(2.7)可以变形为

$$\boldsymbol{A}\left(\frac{1}{|\boldsymbol{A}|}\boldsymbol{A}^*\right)=\left(\frac{1}{|\boldsymbol{A}|}\boldsymbol{A}^*\right)\boldsymbol{A}=\boldsymbol{E},$$

所以，由定义 2.13 知 $\boldsymbol{A}$ 可逆，且其逆矩阵为

$$\boldsymbol{A}^{-1}=\frac{1}{|\boldsymbol{A}|}\boldsymbol{A}^*.$$

必要性：若 $\boldsymbol{A}$ 可逆，则 $\boldsymbol{A}\boldsymbol{A}^{-1}=\boldsymbol{E}$，对其两端取行列式，有

$$|\boldsymbol{A}||\boldsymbol{A}^{-1}|=|\boldsymbol{E}|=1,$$

所以 $|\boldsymbol{A}|\neq0$.

当 $|\boldsymbol{A}|=0$ 时，$\boldsymbol{A}$ 称为奇异矩阵；否则称为非奇异矩阵. 由此可知，可逆矩阵就是非奇异矩阵.

例 2.21 求方阵 $\boldsymbol{A}=\begin{pmatrix}3&1&1\\2&1&0\\1&1&1\end{pmatrix}$ 的逆矩阵.

解 容易求得 $|\boldsymbol{A}|=2\neq0$，因此 $\boldsymbol{A}$ 可逆. 分别求得矩阵 $\boldsymbol{A}$ 各元素的代数余子式：

$$A_{11}=\begin{vmatrix}1&0\\1&1\end{vmatrix}=1,\quad A_{12}=-\begin{vmatrix}2&0\\1&1\end{vmatrix}=-2,\quad A_{13}=\begin{vmatrix}2&1\\1&1\end{vmatrix}=1,$$

$$A_{21}=-\begin{vmatrix}1&1\\1&1\end{vmatrix}=0,\quad A_{22}=\begin{vmatrix}3&1\\1&1\end{vmatrix}=2,\quad A_{23}=-\begin{vmatrix}3&1\\1&1\end{vmatrix}=-2,$$

$$A_{31}=\begin{vmatrix}1&1\\1&0\end{vmatrix}=-1,\quad A_{32}=-\begin{vmatrix}3&1\\2&0\end{vmatrix}=2,\quad A_{33}=\begin{vmatrix}3&1\\2&1\end{vmatrix}=1,$$

从而 $\boldsymbol{A}^{-1}=\frac{1}{|\boldsymbol{A}|}\boldsymbol{A}^{*}=\frac{1}{2}\begin{pmatrix}1&0&-1\\-2&2&2\\1&-2&1\end{pmatrix}$.

推论 n 阶矩阵 $\boldsymbol{A},\boldsymbol{B}$ 若满足 $\boldsymbol{AB}=\boldsymbol{E}$(或 $\boldsymbol{BA}=\boldsymbol{E}$),则 $\boldsymbol{A}$ 可逆,且 $\boldsymbol{A}^{-1}=\boldsymbol{B}$.

证 对 $\boldsymbol{AB}=\boldsymbol{E}$ 两边同时取方阵行列式,有 $|\boldsymbol{A}|\cdot|\boldsymbol{B}|=|\boldsymbol{E}|=1$,故 $|\boldsymbol{A}|\neq 0$,因而 $\boldsymbol{A}$ 可逆,于是 $\boldsymbol{A}^{-1}$ 存在.

用 $\boldsymbol{A}^{-1}$ 左乘 $\boldsymbol{AB}=\boldsymbol{E}$ 两端,有 $\boldsymbol{A}^{-1}\boldsymbol{AB}=\boldsymbol{A}^{-1}\boldsymbol{E}$,即 $\boldsymbol{B}=\boldsymbol{A}^{-1}$.

同理可证 $\boldsymbol{BA}=\boldsymbol{E}$ 的情况.

该推论的意义在于,以后在验证方阵是否可逆时,只需要验证 $\boldsymbol{AB}=\boldsymbol{E}$ 或 $\boldsymbol{BA}=\boldsymbol{E}$ 其中之一是否成立即可.

此外,可逆矩阵还有以下的性质:

性质 2.1 (1) 若矩阵 $\boldsymbol{A}$ 可逆,则 $\boldsymbol{A}^{-1}$ 也可逆,且 $(\boldsymbol{A}^{-1})^{-1}=\boldsymbol{A}$.

(2) 若矩阵 $\boldsymbol{A}$ 可逆,数 $\lambda\neq 0$,则 $\lambda\boldsymbol{A}$ 可逆,且 $(\lambda\boldsymbol{A})^{-1}=\frac{1}{\lambda}\boldsymbol{A}^{-1}$.

(3) 若 $\boldsymbol{A}$、$\boldsymbol{B}$ 为同阶矩阵且均可逆,则 $\boldsymbol{AB}$ 也可逆,且

$$(\boldsymbol{AB})^{-1}=\boldsymbol{B}^{-1}\boldsymbol{A}^{-1}.$$

证 $(\boldsymbol{AB})(\boldsymbol{B}^{-1}\boldsymbol{A}^{-1})=\boldsymbol{A}(\boldsymbol{BB}^{-1})\boldsymbol{A}^{-1}=\boldsymbol{AEA}^{-1}=\boldsymbol{AA}^{-1}=\boldsymbol{E}$,由推论,即有 $(\boldsymbol{AB})^{-1}=\boldsymbol{B}^{-1}\boldsymbol{A}^{-1}$.

推广:若 $\boldsymbol{A}_1,\boldsymbol{A}_2,\cdots,\boldsymbol{A}_s$ 为同阶可逆矩阵,则 $\boldsymbol{A}_1\boldsymbol{A}_2\cdots\boldsymbol{A}_s$ 可逆,且

$$(\boldsymbol{A}_1\boldsymbol{A}_2\cdots\boldsymbol{A}_s)^{-1}=\boldsymbol{A}_s^{-1}\cdots\boldsymbol{A}_2^{-1}\boldsymbol{A}_1^{-1}.$$

(4) 若 $\boldsymbol{A}$ 可逆,则 $\boldsymbol{A}^{\mathrm{T}}$ 也可逆,且 $(\boldsymbol{A}^{\mathrm{T}})^{-1}=(\boldsymbol{A}^{-1})^{\mathrm{T}}$.

证
$$\boldsymbol{A}^{\mathrm{T}}(\boldsymbol{A}^{-1})^{\mathrm{T}}=(\boldsymbol{A}^{-1}\boldsymbol{A})^{\mathrm{T}}=\boldsymbol{E}^{\mathrm{T}}=\boldsymbol{E},$$

所以 $(\boldsymbol{A}^{\mathrm{T}})^{-1}=(\boldsymbol{A}^{-1})^{\mathrm{T}}$.

例 2.22 已知 n 阶方阵 $\boldsymbol{A}$ 满足 $\boldsymbol{A}^2-2\boldsymbol{A}+3\boldsymbol{E}=\boldsymbol{O}$. 求证:$\boldsymbol{A}+2\boldsymbol{E}$ 可逆,并求出 $\boldsymbol{A}+2\boldsymbol{E}$ 的逆矩阵.

证 由于
$$\begin{aligned}(\boldsymbol{A}+2\boldsymbol{E})(\boldsymbol{A}-4\boldsymbol{E})&=\boldsymbol{A}^2-2\boldsymbol{A}-8\boldsymbol{E}\\&=-3\boldsymbol{E}-8\boldsymbol{E}=-11\boldsymbol{E},\end{aligned}$$

所以
$$(\boldsymbol{A}+2\boldsymbol{E})\frac{(\boldsymbol{A}-4\boldsymbol{E})}{-11}=\boldsymbol{E}.$$

根据推论,有 $\boldsymbol{A}+2\boldsymbol{E}$ 可逆,且 $(\boldsymbol{A}+2\boldsymbol{E})^{-1}=\dfrac{(\boldsymbol{A}-4\boldsymbol{E})}{-11}$.

例 2.23 设 $\boldsymbol{A},\boldsymbol{B}$ 为同阶方阵,且 $\boldsymbol{A},\boldsymbol{B},\boldsymbol{A}+\boldsymbol{B}$ 都可逆.求证:$\boldsymbol{A}^{-1}+\boldsymbol{B}^{-1}$ 也可逆,并求出其逆矩阵.

证
$$\begin{aligned}\boldsymbol{A}^{-1}+\boldsymbol{B}^{-1}&=\boldsymbol{A}^{-1}\boldsymbol{E}+\boldsymbol{E}\boldsymbol{B}^{-1}=\boldsymbol{A}^{-1}(\boldsymbol{B}\boldsymbol{B}^{-1})+(\boldsymbol{A}^{-1}\boldsymbol{A})\boldsymbol{B}^{-1}\\&=\boldsymbol{A}^{-1}(\boldsymbol{B}+\boldsymbol{A})\boldsymbol{B}^{-1},\end{aligned}$$

已知 $\boldsymbol{A},\boldsymbol{B}$ 可逆,所以 $\boldsymbol{A}^{-1},\boldsymbol{B}^{-1}$ 也可逆,且 $\boldsymbol{A}+\boldsymbol{B}$ 也可逆,而 $\boldsymbol{A}^{-1}+\boldsymbol{B}^{-1}$ 是这 3 个可逆矩阵的乘积,根据性质 2.1(3)可知,$\boldsymbol{A}^{-1}+\boldsymbol{B}^{-1}$ 也可逆,且

$$(\boldsymbol{A}^{-1}+\boldsymbol{B}^{-1})^{-1}=[\boldsymbol{A}^{-1}(\boldsymbol{B}+\boldsymbol{A})\boldsymbol{B}^{-1}]^{-1}=(\boldsymbol{B}^{-1})^{-1}(\boldsymbol{B}+\boldsymbol{A})^{-1}(\boldsymbol{A}^{-1})^{-1}=\boldsymbol{B}(\boldsymbol{A}+\boldsymbol{B})^{-1}\boldsymbol{A}.$$

例 2.24 设矩阵 $\boldsymbol{A}$ 可逆,证明其伴随阵 $\boldsymbol{A}^*$ 也可逆,且 $(\boldsymbol{A}^*)^{-1}=(\boldsymbol{A}^{-1})^*$.

证 由于 $\boldsymbol{A}$ 可逆,所以 $\boldsymbol{A}^{-1}=\dfrac{1}{|\boldsymbol{A}|}\boldsymbol{A}^*$,

由此可得

$$\boldsymbol{A}^*=|\boldsymbol{A}|\boldsymbol{A}^{-1},$$

所以

$$(\boldsymbol{A}^*)^{-1}=(|\boldsymbol{A}|\boldsymbol{A}^{-1})^{-1}=\frac{1}{|\boldsymbol{A}|}\boldsymbol{A}.$$

将 $\boldsymbol{A}^*=|\boldsymbol{A}|\boldsymbol{A}^{-1}$ 中所有的 $\boldsymbol{A}$ 用 $\boldsymbol{A}^{-1}$ 替换,得

$$(\boldsymbol{A}^{-1})^*=|\boldsymbol{A}^{-1}|(\boldsymbol{A}^{-1})^{-1}=\frac{1}{|\boldsymbol{A}|}\boldsymbol{A},$$

所以 $(\boldsymbol{A}^*)^{-1}=(\boldsymbol{A}^{-1})^*$.

此外,与 $\boldsymbol{A}^*$ 相关的结论还有(设 $\boldsymbol{A}$ 为 n 阶矩阵,$n\geqslant2$):

(1) $|\boldsymbol{A}^*|=|\boldsymbol{A}|^{n-1}$;

(2) 当 $\boldsymbol{A}$ 可逆时,$(\boldsymbol{A}^*)^*=|\boldsymbol{A}|^{n-2}\boldsymbol{A}$;

(3) $(k\boldsymbol{A})^*=k^{n-1}\boldsymbol{A}^*$,其中 k 为任意常数.

对这些结论的证明作为练习请读者自行完成.

前面我们曾学习过矩阵的幂运算,在这里,当 $\boldsymbol{A}$ 可逆即 $|\boldsymbol{A}|\neq0$ 时,定义 $\boldsymbol{A}^0=\boldsymbol{E}$,$\boldsymbol{A}^{-k}=(\boldsymbol{A}^{-1})^k$,其中 k 为正整数.这样,当 $\boldsymbol{A}$ 可逆,λ,μ 均为整数时,有

$$\boldsymbol{A}^\lambda\boldsymbol{A}^\mu=\boldsymbol{A}^{\lambda+\mu},\quad(\boldsymbol{A}^\lambda)^\mu=\boldsymbol{A}^{\lambda\mu}.$$

需要注意的是,由于矩阵运算的特殊性,若已知 $\boldsymbol{AB}=\boldsymbol{AC}$,则只有当 $\boldsymbol{A}$ 可逆时,对等式两端同时左乘上矩阵 $\boldsymbol{A}$ 的逆矩阵(即 $\boldsymbol{A}^{-1}$),从而有 $\boldsymbol{A}^{-1}\boldsymbol{AB}=\boldsymbol{A}^{-1}\boldsymbol{AC}$,才能得到 $\boldsymbol{B}=\boldsymbol{C}$.这种解决问题的方法常常用在求解矩阵方程之中.

设有矩阵等式 $\boldsymbol{AX}=\boldsymbol{B}$ 与 $\boldsymbol{YC}=\boldsymbol{D}$,其中 $\boldsymbol{A},\boldsymbol{B},\boldsymbol{C},\boldsymbol{D}$ 均是已知矩阵,$\boldsymbol{X}$ 和 $\boldsymbol{Y}$ 均是未知矩阵,则上述两个等式称为矩阵方程,$\boldsymbol{A}$ 和 $\boldsymbol{C}$ 称为系数矩阵.求解未知矩阵的过程即为解矩阵方程.

在上述两个矩阵方程中,若系数矩阵 $\boldsymbol{A}$ 和 $\boldsymbol{C}$ 是可逆矩阵,则有 $\boldsymbol{X}=\boldsymbol{A}^{-1}\boldsymbol{B},\boldsymbol{Y}=\boldsymbol{DC}^{-1}$.

例 2.25　解矩阵方程：$\begin{pmatrix}1 & -5\\ -1 & 4\end{pmatrix}X=\begin{pmatrix}3 & 2\\ 1 & 4\end{pmatrix}$.

解　容易判断矩阵$\begin{pmatrix}1 & -5\\ -1 & 4\end{pmatrix}$可逆，方程满足 $AX=B$ 形式，于是

$$X=\begin{pmatrix}1 & -5\\ -1 & 4\end{pmatrix}^{-1}\begin{pmatrix}3 & 2\\ 1 & 4\end{pmatrix}=\begin{pmatrix}-4 & -5\\ -1 & -1\end{pmatrix}\begin{pmatrix}3 & 2\\ 1 & 4\end{pmatrix}=\begin{pmatrix}-17 & -28\\ -4 & -6\end{pmatrix}.$$

例 2.26　解矩阵方程：$Y\begin{bmatrix}1 & -1 & 1\\ 1 & 1 & 0\\ 2 & 1 & 1\end{bmatrix}=\begin{bmatrix}1 & 2 & -3\\ 2 & 0 & 4\\ 0 & -1 & 5\end{bmatrix}$.

解　从形式上看，方程满足 $YC=D$ 的形式，因此，当 C 可逆时，有

$$Y=\begin{bmatrix}1 & 2 & -3\\ 2 & 0 & 4\\ 0 & -1 & 5\end{bmatrix}\begin{bmatrix}1 & -1 & 1\\ 1 & 1 & 0\\ 2 & 1 & 1\end{bmatrix}^{-1}$$

$$=\begin{bmatrix}1 & 2 & -3\\ 2 & 0 & 4\\ 0 & -1 & 5\end{bmatrix}\begin{bmatrix}1 & 2 & -1\\ -1 & -1 & 1\\ -1 & -3 & 2\end{bmatrix}$$

$$=\begin{bmatrix}2 & 9 & -5\\ -2 & -8 & 6\\ -4 & -14 & 9\end{bmatrix}.$$

例 2.27　设 $A=\begin{bmatrix}1 & 2 & 3\\ 2 & 2 & 1\\ 3 & 4 & 3\end{bmatrix}$，$B=\begin{pmatrix}2 & 1\\ 5 & 3\end{pmatrix}$，$C=\begin{bmatrix}1 & 3\\ 2 & 0\\ 3 & 1\end{bmatrix}$，求矩阵 X 使得 $AXB=C$.

解　当 A,B 可逆时，用 A^{-1} 左乘 $AXB=C$，B^{-1} 右乘 $AXB=C$，有

$$A^{-1}AXBB^{-1}=A^{-1}CB^{-1}$$

即
$$X=A^{-1}CB^{-1}.$$

根据计算可知，$|A|=2\neq 0$，$|B|=1\neq 0$，所以 A,B 都可逆，且

$$A^{-1}=\begin{bmatrix}1 & 3 & -2\\ -3/2 & -3 & 5/2\\ 1 & 1 & -1\end{bmatrix},\quad B^{-1}=\begin{pmatrix}3 & -1\\ -5 & 2\end{pmatrix},$$

于是
$$X=A^{-1}CB^{-1}=\begin{bmatrix}1 & 3 & -2\\ -3/2 & -3 & 5/2\\ 1 & 1 & -1\end{bmatrix}\begin{bmatrix}1 & 3\\ 2 & 0\\ 3 & 1\end{bmatrix}\begin{pmatrix}3 & -1\\ -5 & 2\end{pmatrix}$$

$$=\begin{bmatrix}1 & 1\\ 0 & -2\\ 0 & 2\end{bmatrix}\begin{pmatrix}3 & -1\\ -5 & 2\end{pmatrix}=\begin{bmatrix}-2 & 1\\ 10 & -4\\ -10 & 4\end{bmatrix}.$$

2.4 分块矩阵

对于行数和列数较高的矩阵经常采用分块法，使大矩阵的运算化为小矩阵的运算.我们将矩阵 $\boldsymbol{A}$ 用若干条纵线和横线分成许多小矩阵，每一个小矩阵称为 $\boldsymbol{A}$ 的子块，以子块为元素的形式上的矩阵称为分块矩阵.

例如将 3×4 矩阵

$$\boldsymbol{A}=\begin{pmatrix} a_{11} & a_{12} & a_{13} & a_{14} \\ a_{21} & a_{22} & a_{23} & a_{24} \\ a_{31} & a_{32} & a_{33} & a_{34} \end{pmatrix}$$

分成子块的分法很多，下面举出三种分块形式：

$$(1)\left(\begin{array}{cc:cc} a_{11} & a_{12} & a_{13} & a_{14} \\ a_{21} & a_{22} & a_{23} & a_{24} \\ \hdashline a_{31} & a_{32} & a_{33} & a_{34} \end{array}\right),(2)\left(\begin{array}{c:ccc} a_{11} & a_{12} & a_{13} & a_{14} \\ a_{21} & a_{22} & a_{23} & a_{24} \\ \hdashline a_{31} & a_{32} & a_{33} & a_{34} \end{array}\right),(3)\left(\begin{array}{c:c:c:c} a_{11} & a_{12} & a_{13} & a_{14} \\ a_{21} & a_{22} & a_{23} & a_{24} \\ a_{31} & a_{32} & a_{33} & a_{34} \end{array}\right).$$

分法(1)可记为

$$\boldsymbol{A}=\begin{pmatrix} \boldsymbol{A}_{11} & \boldsymbol{A}_{12} \\ \boldsymbol{A}_{21} & \boldsymbol{A}_{22} \end{pmatrix},$$

其中

$$\boldsymbol{A}_{11}=\begin{pmatrix} a_{11} & a_{12} \\ a_{21} & a_{22} \end{pmatrix},\quad \boldsymbol{A}_{12}=\begin{pmatrix} a_{13} & a_{14} \\ a_{23} & a_{24} \end{pmatrix},$$

$$\boldsymbol{A}_{21}=(a_{31}\quad a_{32}),\quad \boldsymbol{A}_{22}=(a_{33}\quad a_{34}),$$

即 $\boldsymbol{A}_{11},\boldsymbol{A}_{12},\boldsymbol{A}_{21},\boldsymbol{A}_{22}$ 均为 $\boldsymbol{A}$ 的子块，而 $\boldsymbol{A}$ 在形式上成为以这些子块为元素的分块矩阵.分块(2)及(3)的子块及分块矩阵请读者自行写出.

本章在证明公式 $|\boldsymbol{AB}|=|\boldsymbol{A}||\boldsymbol{B}|$ 时出现的矩阵 $\begin{pmatrix} \boldsymbol{A} & \boldsymbol{O} \\ -\boldsymbol{E} & \boldsymbol{B} \end{pmatrix}$ 便是分块矩阵，在那里是把四个矩阵拼成一个大的矩阵，这与把大矩阵分成多个小矩阵是同一个概念的两个方面.

分块矩阵的运算规则与普通矩阵的运算规则相类似，分别说明如下：

(1) 设矩阵 $\boldsymbol{A}$ 与 $\boldsymbol{B}$ 的行数相同、列数相同，并采用相同的分块法，有

$$\boldsymbol{A}=\begin{pmatrix} \boldsymbol{A}_{11} & \cdots & \boldsymbol{A}_{1r} \\ \vdots & & \vdots \\ \boldsymbol{A}_{s1} & \cdots & \boldsymbol{A}_{sr} \end{pmatrix},\quad \boldsymbol{B}=\begin{pmatrix} \boldsymbol{B}_{11} & \cdots & \boldsymbol{B}_{1r} \\ \vdots & & \vdots \\ \boldsymbol{B}_{s1} & \cdots & \boldsymbol{B}_{sr} \end{pmatrix},$$

其中 $\boldsymbol{A}_{ij}$ 与 $\boldsymbol{B}_{ij}$ 的行数相同、列数相同，那么

$$\boldsymbol{A}+\boldsymbol{B}=\begin{pmatrix} \boldsymbol{A}_{11}+\boldsymbol{B}_{11} & \cdots & \boldsymbol{A}_{1r}+\boldsymbol{B}_{1r} \\ \vdots & & \vdots \\ \boldsymbol{A}_{s1}+\boldsymbol{B}_{s1} & \cdots & \boldsymbol{A}_{sr}+\boldsymbol{B}_{sr} \end{pmatrix}.$$

(2) 设 $\boldsymbol{A}=\begin{pmatrix}\boldsymbol{A}_{11} & \cdots & \boldsymbol{A}_{1r}\\ \vdots & & \vdots\\ \boldsymbol{A}_{s1} & \cdots & \boldsymbol{A}_{sr}\end{pmatrix}$,$\lambda$ 为数,那么

$$\lambda\boldsymbol{A}=\begin{pmatrix}\lambda\boldsymbol{A}_{11} & \cdots & \lambda\boldsymbol{A}_{1r}\\ \vdots & & \vdots\\ \lambda\boldsymbol{A}_{s1} & \cdots & \lambda\boldsymbol{A}_{sr}\end{pmatrix}.$$

(3) 设 $\boldsymbol{A}$ 为 $m\times l$ 矩阵,$\boldsymbol{B}$ 为 $l\times n$ 矩阵,分块成

$$\boldsymbol{A}=\begin{pmatrix}\boldsymbol{A}_{11} & \cdots & \boldsymbol{A}_{1t}\\ \vdots & & \vdots\\ \boldsymbol{A}_{s1} & \cdots & \boldsymbol{A}_{st}\end{pmatrix},\quad \boldsymbol{B}=\begin{pmatrix}\boldsymbol{B}_{11} & \cdots & \boldsymbol{B}_{1r}\\ \vdots & & \vdots\\ \boldsymbol{B}_{t1} & \cdots & \boldsymbol{B}_{tr}\end{pmatrix},$$

其中 $\boldsymbol{A}_{i1},\boldsymbol{A}_{i2},\cdots,\boldsymbol{A}_{it}$ 的列数分别等于 $\boldsymbol{B}_{1j},\boldsymbol{B}_{2j},\cdots,\boldsymbol{B}_{tj}$ 的行数,那么

$$\boldsymbol{C}=\begin{pmatrix}\boldsymbol{C}_{11} & \cdots & \boldsymbol{C}_{1r}\\ \vdots & & \vdots\\ \boldsymbol{C}_{s1} & \cdots & \boldsymbol{C}_{sr}\end{pmatrix},$$

其中
$$\boldsymbol{C}_{ij}=\sum_{k=1}^{t}\boldsymbol{A}_{ik}\boldsymbol{B}_{kj}\quad(i=1,\cdots,s;j=1,\cdots,r).$$

例 2.28　设 $\boldsymbol{A}=\begin{pmatrix}1&0&0&0\\0&1&0&0\\-1&2&1&0\\1&1&0&1\end{pmatrix}$,$\boldsymbol{B}=\begin{pmatrix}1&0&1&0\\-1&2&0&1\\1&0&4&1\\-1&-1&2&0\end{pmatrix}$,求 $\boldsymbol{AB}$.

解　把 $\boldsymbol{A},\boldsymbol{B}$ 分块成

$$\boldsymbol{A}=\left(\begin{array}{cc:cc}1&0&0&0\\0&1&0&0\\ \hdashline -1&2&1&0\\1&1&0&1\end{array}\right)=\begin{pmatrix}\boldsymbol{E}&\boldsymbol{O}\\ \boldsymbol{A}_1&\boldsymbol{E}\end{pmatrix},\quad \boldsymbol{B}=\left(\begin{array}{cc:cc}1&0&1&0\\-1&2&0&1\\ \hdashline 1&0&4&1\\-1&-1&2&0\end{array}\right)=\begin{pmatrix}\boldsymbol{B}_{11}&\boldsymbol{E}\\ \boldsymbol{B}_{21}&\boldsymbol{B}_{22}\end{pmatrix},$$

则
$$\boldsymbol{AB}=\begin{pmatrix}\boldsymbol{E}&\boldsymbol{O}\\ \boldsymbol{A}_1&\boldsymbol{E}\end{pmatrix}\begin{pmatrix}\boldsymbol{B}_{11}&\boldsymbol{E}\\ \boldsymbol{B}_{21}&\boldsymbol{B}_{22}\end{pmatrix}=\begin{pmatrix}\boldsymbol{B}_{11}&\boldsymbol{E}\\ \boldsymbol{A}_1\boldsymbol{B}_{11}+\boldsymbol{B}_{21}&\boldsymbol{A}_1+\boldsymbol{B}_{22}\end{pmatrix},$$

而
$$\boldsymbol{A}_1\boldsymbol{B}_{11}+\boldsymbol{B}_{21}=\begin{pmatrix}-1&2\\1&1\end{pmatrix}\begin{pmatrix}1&0\\-1&2\end{pmatrix}+\begin{pmatrix}1&0\\-1&-1\end{pmatrix}$$
$$=\begin{pmatrix}-3&4\\0&2\end{pmatrix}+\begin{pmatrix}1&0\\-1&-1\end{pmatrix}=\begin{pmatrix}-2&4\\-1&1\end{pmatrix},$$

$$\boldsymbol{A}_1+\boldsymbol{B}_{22}=\begin{pmatrix}-1&2\\1&1\end{pmatrix}+\begin{pmatrix}4&1\\2&0\end{pmatrix}=\begin{pmatrix}3&3\\3&1\end{pmatrix},$$

于是

$$\boldsymbol{AB}=\left(\begin{array}{cc:cc}1&0&1&0\\-1&2&0&1\\\hdashline-2&4&3&3\\-1&1&3&1\end{array}\right).$$

(4) 设 $\boldsymbol{A}=\begin{pmatrix}\boldsymbol{A}_{11}&\cdots&\boldsymbol{A}_{1r}\\\vdots&&\vdots\\\boldsymbol{A}_{s1}&\cdots&\boldsymbol{A}_{sr}\end{pmatrix}$,则 $\boldsymbol{A}^{\mathrm{T}}=\begin{pmatrix}\boldsymbol{A}_{11}^{\mathrm{T}}&\cdots&\boldsymbol{A}_{s1}^{\mathrm{T}}\\\vdots&&\vdots\\\boldsymbol{A}_{1r}^{\mathrm{T}}&\cdots&\boldsymbol{A}_{sr}^{\mathrm{T}}\end{pmatrix}$.

(5) 利用分块矩阵,可以求某些抽象矩阵的逆矩阵.

例 2.29 已知 $\boldsymbol{A}=\begin{pmatrix}\boldsymbol{B}&\boldsymbol{D}\\\boldsymbol{O}&\boldsymbol{C}\end{pmatrix}$,其中 $\boldsymbol{B}$ 和 $\boldsymbol{C}$ 都是可逆的子块,求 $\boldsymbol{A}^{-1}$.

解 设 $\boldsymbol{A}$ 的阶数为 n,$\boldsymbol{B}$ 的阶数为 s,$\boldsymbol{C}$ 的阶数为 t. 由于 $\boldsymbol{B}$ 和 $\boldsymbol{C}$ 都是可逆的子块,所以 $|\boldsymbol{B}|\neq0$ 且 $|\boldsymbol{C}|\neq0$,故 $|\boldsymbol{A}|=|\boldsymbol{B}|\,|\boldsymbol{C}|\neq0$,即 $\boldsymbol{A}$ 可逆,$\boldsymbol{A}^{-1}$存在. 把 $\boldsymbol{A}^{-1}$分块为

$$\boldsymbol{A}^{-1}=\begin{pmatrix}\boldsymbol{X}&\boldsymbol{Z}\\\boldsymbol{W}&\boldsymbol{Y}\end{pmatrix},$$

其中 $\boldsymbol{X}$ 是 s 阶方阵,$\boldsymbol{Y}$ 是 t 阶方阵.

于是有

$$\boldsymbol{AA}^{-1}=\begin{pmatrix}\boldsymbol{B}&\boldsymbol{D}\\\boldsymbol{O}&\boldsymbol{C}\end{pmatrix}\begin{pmatrix}\boldsymbol{X}&\boldsymbol{Z}\\\boldsymbol{W}&\boldsymbol{Y}\end{pmatrix}=\begin{pmatrix}\boldsymbol{BX}+\boldsymbol{DW}&\boldsymbol{BZ}+\boldsymbol{DY}\\\boldsymbol{CW}&\boldsymbol{CY}\end{pmatrix},$$

由于 $\boldsymbol{AA}^{-1}=\boldsymbol{E}_n$,故把 $\boldsymbol{E}_n$分块为 $\boldsymbol{E}_n=\begin{pmatrix}\boldsymbol{E}_s&\boldsymbol{O}\\\boldsymbol{O}&\boldsymbol{E}_t\end{pmatrix}$,从而

$$\begin{pmatrix}\boldsymbol{BX}+\boldsymbol{DW}&\boldsymbol{BZ}+\boldsymbol{DY}\\\boldsymbol{CW}&\boldsymbol{CY}\end{pmatrix}=\begin{pmatrix}\boldsymbol{E}_s&\boldsymbol{O}\\\boldsymbol{O}&\boldsymbol{E}_t\end{pmatrix},$$

可得

$$\begin{cases}\boldsymbol{BX}+\boldsymbol{DW}=\boldsymbol{E}_s\\\boldsymbol{BZ}+\boldsymbol{DY}=\boldsymbol{O}\\\boldsymbol{CW}=\boldsymbol{O}\\\boldsymbol{CY}=\boldsymbol{E}_t\end{cases}.$$

由已知条件,$\boldsymbol{B}$ 和 $\boldsymbol{C}$ 可逆,于是有

$$\begin{cases}\boldsymbol{X}=\boldsymbol{B}^{-1}\\\boldsymbol{Y}=\boldsymbol{C}^{-1}\\\boldsymbol{Z}=-\boldsymbol{B}^{-1}\boldsymbol{DC}^{-1}\\\boldsymbol{W}=\boldsymbol{O}\end{cases},$$

所以有

$$\boldsymbol{A}^{-1}=\begin{pmatrix}\boldsymbol{B}^{-1}&-\boldsymbol{B}^{-1}\boldsymbol{DC}^{-1}\\\boldsymbol{O}&\boldsymbol{C}^{-1}\end{pmatrix}.$$

特别的,若 $\boldsymbol{A}=\begin{pmatrix}\boldsymbol{A}_1&\boldsymbol{O}\\\boldsymbol{O}&\boldsymbol{A}_2\end{pmatrix}$,其中 $\boldsymbol{A}_1$ 和 $\boldsymbol{A}_2$ 为可逆矩阵,利用例 2.29 同样的算法,可以

得到 $\boldsymbol{A}^{-1}=\begin{pmatrix}\boldsymbol{A}_1^{-1} & \boldsymbol{O}\\ \boldsymbol{O} & \boldsymbol{A}_2^{-1}\end{pmatrix}$，相当于对主对角线上的子块 $\boldsymbol{A}_1$ 和 $\boldsymbol{A}_2$ 分别求逆. 形如 $\boldsymbol{A}=\begin{pmatrix}\boldsymbol{A}_1 & \boldsymbol{O}\\ \boldsymbol{O} & \boldsymbol{A}_2\end{pmatrix}$ 的分块矩阵非常特殊，我们对它进行特别的定义.

定义 2.14　设 $\boldsymbol{A}$ 为 n 阶矩阵，若 $\boldsymbol{A}$ 的分块矩阵只有在主对角线上有非零子块，其余的子块都为零矩阵，且在主对角线上的子块都是方阵，即 $\boldsymbol{A}=\begin{pmatrix}\boldsymbol{A}_1 & & & \boldsymbol{O}\\ & \boldsymbol{A}_2 & & \\ & & \ddots & \\ \boldsymbol{O} & & & \boldsymbol{A}_s\end{pmatrix}$，其中 $\boldsymbol{A}_i$ $(i=1,2,\cdots,s)$ 都是方阵，那么称 $\boldsymbol{A}$ 为分块对角阵.

分块对角阵具有下述性质：

(1) $|\boldsymbol{A}|=|\boldsymbol{A}_1||\boldsymbol{A}_2|\cdots|\boldsymbol{A}_s|$；

(2) 若 $\boldsymbol{A}_i(i=1,2,\cdots,s)$ 均可逆，则 $\boldsymbol{A}$ 可逆，且 $\boldsymbol{A}^{-1}=\begin{pmatrix}\boldsymbol{A}_1^{-1} & & & \boldsymbol{O}\\ & \boldsymbol{A}_2^{-1} & & \\ & & \ddots & \\ \boldsymbol{O} & & & \boldsymbol{A}_s^{-1}\end{pmatrix}$；

(3) 若 $\boldsymbol{A},\boldsymbol{B}$ 为同阶分块对角阵且具有相同的分块方法，则

$$\begin{pmatrix}\boldsymbol{A}_1 & \boldsymbol{O} & \cdots & \boldsymbol{O}\\ \boldsymbol{O} & \boldsymbol{A}_2 & \cdots & \boldsymbol{O}\\ \vdots & \vdots & & \vdots\\ \boldsymbol{O} & \boldsymbol{O} & \cdots & \boldsymbol{A}_s\end{pmatrix}\begin{pmatrix}\boldsymbol{B}_1 & \boldsymbol{O} & \cdots & \boldsymbol{O}\\ \boldsymbol{O} & \boldsymbol{B}_2 & \cdots & \boldsymbol{O}\\ \vdots & \vdots & & \vdots\\ \boldsymbol{O} & \boldsymbol{O} & \cdots & \boldsymbol{B}_s\end{pmatrix}=\begin{pmatrix}\boldsymbol{A}_1\boldsymbol{B}_1 & \boldsymbol{O} & \cdots & \boldsymbol{O}\\ \boldsymbol{O} & \boldsymbol{A}_2\boldsymbol{B}_2 & \cdots & \boldsymbol{O}\\ \vdots & \vdots & & \vdots\\ \boldsymbol{O} & \boldsymbol{O} & \cdots & \boldsymbol{A}_s\boldsymbol{B}_s\end{pmatrix}.$$

例 2.30　设 $\boldsymbol{A}=\begin{pmatrix}5 & 0 & 0\\ 0 & 3 & 1\\ 0 & 2 & 1\end{pmatrix}$，求 $\boldsymbol{A}^{-1}$.

解

$$\boldsymbol{A}=\left(\begin{array}{c:cc}5 & 0 & 0\\ \hdashline 0 & 3 & 1\\ 0 & 2 & 1\end{array}\right)=\begin{pmatrix}\boldsymbol{A}_1 & \boldsymbol{O}\\ \boldsymbol{O} & \boldsymbol{A}_2\end{pmatrix},$$

$$\boldsymbol{A}_1=(5),\quad \boldsymbol{A}_1^{-1}=\left(\frac{1}{5}\right),\quad \boldsymbol{A}_2=\begin{pmatrix}3 & 1\\ 2 & 1\end{pmatrix},\quad \boldsymbol{A}_2^{-1}=\begin{pmatrix}1 & -1\\ -2 & 3\end{pmatrix},$$

所以

$$\boldsymbol{A}^{-1}=\left(\begin{array}{c:cc}\frac{1}{5} & 0 & 0\\ \hdashline 0 & 1 & -1\\ 0 & -2 & 3\end{array}\right).$$

需要说明的是，当分块对角阵主对角线上的子块全是 1 阶方阵时，分块对角阵也就是对角矩阵. 因此，可以说，对角矩阵是特殊的分块对角阵. 如此，关于分块对角阵所有的性

质，对角矩阵都具有.

对矩阵分块时，有两种分块法应予以特别重视，这就是按行分块和按列分块.

$m\times n$ 矩阵 $\boldsymbol{A}$ 有 m 行元素，称为矩阵 $\boldsymbol{A}$ 的 m 个行向量. 若第 i 行元素记作

$$\boldsymbol{a}_i^{\mathrm{T}}=(a_{i1},a_{i1},\cdots a_{in}),$$

则矩阵 $\boldsymbol{A}$ 便记为

$$\boldsymbol{A}=\begin{pmatrix}\boldsymbol{a}_1^{\mathrm{T}}\\ \boldsymbol{a}_2^{\mathrm{T}}\\ \vdots\\ \boldsymbol{a}_m^{\mathrm{T}}\end{pmatrix}.$$

$m\times n$ 矩阵 $\boldsymbol{A}$ 有 n 列元素，称为矩阵 $\boldsymbol{A}$ 的 n 个列向量. 若第 j 列元素记作

$$\boldsymbol{a}_j=\begin{pmatrix}a_{1j}\\ a_{2j}\\ \vdots\\ a_{mj}\end{pmatrix},$$

则

$$\boldsymbol{A}=(\boldsymbol{a}_1,\boldsymbol{a}_2,\cdots,\boldsymbol{a}_n).$$

对于矩阵 $\boldsymbol{A}=(a_{ij})_{m\times s}$ 与矩阵 $\boldsymbol{B}=(b_{ij})_{s\times n}$ 的乘积矩阵 $\boldsymbol{AB}=\boldsymbol{C}=(c_{ij})_{m\times n}$，若把 $\boldsymbol{A}$ 按行分成 m 块，把 $\boldsymbol{B}$ 按列分成 n 块，便有

$$\boldsymbol{AB}=\begin{pmatrix}\boldsymbol{a}_1^{\mathrm{T}}\\ \boldsymbol{a}_2^{\mathrm{T}}\\ \vdots\\ \boldsymbol{a}_m^{\mathrm{T}}\end{pmatrix}(\boldsymbol{b}_1,\boldsymbol{b}_2,\cdots,\boldsymbol{b}_n)=\begin{pmatrix}\boldsymbol{a}_1^{\mathrm{T}}\boldsymbol{b}_1 & \boldsymbol{a}_1^{\mathrm{T}}\boldsymbol{b}_2 & \cdots & \boldsymbol{a}_1^{\mathrm{T}}\boldsymbol{b}_n\\ \boldsymbol{a}_2^{\mathrm{T}}\boldsymbol{b}_1 & \boldsymbol{a}_2^{\mathrm{T}}\boldsymbol{b}_2 & \cdots & \boldsymbol{a}_2^{\mathrm{T}}\boldsymbol{b}_n\\ \vdots & \vdots & & \vdots\\ \boldsymbol{a}_m^{\mathrm{T}}\boldsymbol{b}_1 & \boldsymbol{a}_m^{\mathrm{T}}\boldsymbol{b}_2 & \cdots & \boldsymbol{a}_m^{\mathrm{T}}\boldsymbol{b}_n\end{pmatrix}=(c_{ij})_{m\times n},$$

其中

$$c_{ij}=\boldsymbol{a}_i^{\mathrm{T}}\boldsymbol{b}_j=(a_{i1},a_{i2},\cdots,a_{is})\begin{pmatrix}b_{1j}\\ b_{2j}\\ \vdots\\ b_{sj}\end{pmatrix}=\sum_{k=1}^{s}a_{ik}b_{kj}.$$

由此可进一步领会矩阵与矩阵乘法的定义.

以对角阵 $\boldsymbol{\Lambda}_m$ 左乘矩阵 $\boldsymbol{A}_{m\times n}$ 时，把 $\boldsymbol{A}$ 按行分块，有

$$\boldsymbol{\Lambda}_m\boldsymbol{A}_{m\times n}=\begin{pmatrix}\lambda_1 & & & \\ & \lambda_2 & & \\ & & \ddots & \\ & & & \lambda_m\end{pmatrix}\begin{pmatrix}\boldsymbol{a}_1^{\mathrm{T}}\\ \boldsymbol{a}_2^{\mathrm{T}}\\ \vdots\\ \boldsymbol{a}_m^{\mathrm{T}}\end{pmatrix}=\begin{pmatrix}\lambda_1\boldsymbol{a}_1^{\mathrm{T}}\\ \lambda_2\boldsymbol{a}_2^{\mathrm{T}}\\ \vdots\\ \lambda_m\boldsymbol{a}_m^{\mathrm{T}}\end{pmatrix},$$

可见对角阵 $\boldsymbol{\Lambda}_m$ 左乘 $\boldsymbol{A}$ 的结果是 $\boldsymbol{A}$ 的每一行乘以 $\boldsymbol{\Lambda}$ 中与该行对应的对角元.

以对角阵 $\boldsymbol{\Lambda}_n$ 右乘矩阵 $\boldsymbol{A}_{m\times n}$ 时，把 $\boldsymbol{A}$ 按列分块，有

$$\boldsymbol{A}_{m\times n}\boldsymbol{\Lambda}_n=(\boldsymbol{a}_1,\boldsymbol{a}_2,\cdots,\boldsymbol{a}_n)\begin{pmatrix}\lambda_1 & & & \\ & \lambda_2 & & \\ & & \ddots & \\ & & & \lambda_n\end{pmatrix}=(\lambda_1\boldsymbol{a}_1,\lambda_2\boldsymbol{a}_2,\cdots,\lambda_n\boldsymbol{a}_n),$$

可见以对角阵 $\boldsymbol{\Lambda}$ 右乘 $\boldsymbol{A}$ 的结果是 $\boldsymbol{A}$ 的每一列乘以 $\boldsymbol{\Lambda}$ 中与该列对应的对角元.

例 2.31　证明 $\boldsymbol{A}=\boldsymbol{O}$ 的充分必要条件是方阵 $\boldsymbol{A}^{\mathrm{T}}\boldsymbol{A}=\boldsymbol{O}$.

证　必要性是显然的,这里只证明充分性.

设 $\boldsymbol{A}=(a_{ij})_{m\times n}$,把 $\boldsymbol{A}$ 用列向量表示为 $\boldsymbol{A}=(\boldsymbol{a}_1,\boldsymbol{a}_2,\cdots,\boldsymbol{a}_n)$,则

$$\boldsymbol{A}^{\mathrm{T}}\boldsymbol{A}=\begin{pmatrix}\boldsymbol{a}_1^{\mathrm{T}}\\ \boldsymbol{a}_2^{\mathrm{T}}\\ \vdots\\ \boldsymbol{a}_n^{\mathrm{T}}\end{pmatrix}(\boldsymbol{a}_1,\boldsymbol{a}_2,\cdots,\boldsymbol{a}_n)=\begin{pmatrix}\boldsymbol{a}_1^{\mathrm{T}}\boldsymbol{a}_1 & \boldsymbol{a}_1^{\mathrm{T}}\boldsymbol{a}_2 & \cdots & \boldsymbol{a}_1^{\mathrm{T}}\boldsymbol{a}_n\\ \boldsymbol{a}_2^{\mathrm{T}}\boldsymbol{a}_1 & \boldsymbol{a}_2^{\mathrm{T}}\boldsymbol{a}_2 & \cdots & \boldsymbol{a}_2^{\mathrm{T}}\boldsymbol{a}_n\\ \vdots & \vdots & & \vdots\\ \boldsymbol{a}_n^{\mathrm{T}}\boldsymbol{a}_1 & \boldsymbol{a}_n^{\mathrm{T}}\boldsymbol{a}_2 & \cdots & \boldsymbol{a}_n^{\mathrm{T}}\boldsymbol{a}_n\end{pmatrix},$$

即 $\boldsymbol{A}^{\mathrm{T}}\boldsymbol{A}$ 的(i,j)元为 $\boldsymbol{a}_i^{\mathrm{T}}\boldsymbol{a}_j$,因 $\boldsymbol{A}^{\mathrm{T}}\boldsymbol{A}=\boldsymbol{O}$,故

$$\boldsymbol{a}_i^{\mathrm{T}}\boldsymbol{a}_j=0\quad(i,j=1,2,\cdots,n).$$

特殊地,有

$$\boldsymbol{a}_j^{\mathrm{T}}\boldsymbol{a}_j=0\quad(j=1,2,\cdots,n),$$

而

$$\boldsymbol{a}_j^{\mathrm{T}}\boldsymbol{a}_j=(a_{1j},a_{2j},\cdots,a_{mj})\begin{pmatrix}a_{1j}\\ a_{2j}\\ \vdots\\ a_{mj}\end{pmatrix}=a_{1j}^2+a_{2j}^2+\cdots+a_{mj}^2,$$

由 $a_{1j}^2+a_{2j}^2+\cdots+a_{mj}^2=0$,(因 a_{ij} 为实数)得

$$a_{1j}=a_{2j}=\cdots=a_{mj}=0\quad(j=1,2,\cdots,n),$$

即

$$\boldsymbol{A}=\boldsymbol{O}.$$

本例阐明了矩阵 A 与方阵 $\boldsymbol{A}^{\mathrm{T}}\boldsymbol{A}$ 之间的一种关系. 特别的,当 $\boldsymbol{A}=\boldsymbol{a}$ 为列向量时,由于 $\boldsymbol{a}^{\mathrm{T}}\boldsymbol{a}$ 为 1×1 矩阵,即 $\boldsymbol{a}^{\mathrm{T}}\boldsymbol{a}$ 是一个数,这时,本例的结论可叙述为:列向量 $\boldsymbol{a}=\boldsymbol{0}$ 的充分必要条件是 $\boldsymbol{a}^{\mathrm{T}}\boldsymbol{a}=0$.

习题二

1. 写出下列从变量 y_1,y_2,y_3 到变量 x_1,x_2,x_3 的线性变换的系数矩阵:

(1) $\begin{cases}x_1=y_1\\ x_2=y_2\\ x_3=y_3\end{cases}$;　　(2) $\begin{cases}x_1=y_1+y_2\\ x_2=y_2+y_3\\ x_3=y_3+y_1\end{cases}$.

2. 根据下列线性变换的系数矩阵写出所对应的线性变换,并说明该线性变换在 xOy

平面上所表示的几何意义.

(1) $\begin{pmatrix}-1 & 0\\ 0 & -1\end{pmatrix}$;　　(2) $\begin{pmatrix}1 & 0\\ 0 & -1\end{pmatrix}$.

3. 已知矩阵 $\boldsymbol{A}=\begin{pmatrix}1 & 3\\ 2 & -1\end{pmatrix}$, $\boldsymbol{B}=\begin{pmatrix}3 & 0\\ 1 & 2\end{pmatrix}$, 求 $2\boldsymbol{A}$, $\boldsymbol{A}+\boldsymbol{B}$, $2\boldsymbol{A}-3\boldsymbol{B}$, $\boldsymbol{AB}$, $\boldsymbol{A}^3+2\boldsymbol{A}^2+\boldsymbol{A}-\boldsymbol{E}$.

4. 计算下列乘积:

(1) $\begin{pmatrix}4 & 3 & 1\\ 1 & -2 & 3\\ 5 & 7 & 0\end{pmatrix}\begin{pmatrix}7\\ 2\\ 1\end{pmatrix}$;　(2) $(1,2,3)\begin{pmatrix}3\\ 2\\ 1\end{pmatrix}$;

(3) $\begin{pmatrix}2\\ 1\\ 3\end{pmatrix}(-1,2)$;　　(4) $\begin{pmatrix}2 & 1 & 4 & 0\\ 1 & -1 & 3 & 4\end{pmatrix}\begin{pmatrix}1 & 3 & 1\\ 0 & -1 & 2\\ 1 & -3 & 1\\ 4 & 0 & -2\end{pmatrix}$.

5. 已知两个线性变换 $\begin{cases}x_1= & 2y_1+ & & +y_3\\ x_2= & -2y_1+3y_2+2y_3\\ x_3= & 4y_1+ & y_2+5y_3\end{cases}$, $\begin{cases}y_1=-3z_1+z_2\\ y_2=2z_1+z_3\\ y_3=-z_2+3z_3\end{cases}$, 求从 z_1,z_2,z_3 到 x_1,x_2,x_3 的线性变换.

6. 设 $\boldsymbol{A}=\begin{pmatrix}1 & 2\\ 1 & 3\end{pmatrix}$, $\boldsymbol{B}=\begin{pmatrix}1 & 0\\ 1 & 2\end{pmatrix}$, 问:

(1) $\boldsymbol{AB}=\boldsymbol{BA}$ 吗?

(2) $(\boldsymbol{A}+\boldsymbol{B})^2=\boldsymbol{A}^2+2\boldsymbol{AB}+\boldsymbol{B}^2$ 吗?

(3) $(\boldsymbol{A}+\boldsymbol{B})(\boldsymbol{A}-\boldsymbol{B})=\boldsymbol{A}^2-\boldsymbol{B}^2$ 吗?

7. 举反例说明下列命题是错误的:

(1) 若 $\boldsymbol{A}^2=\boldsymbol{O}$, 则 $\boldsymbol{A}=\boldsymbol{O}$;

(2) 若 $\boldsymbol{A}^2=\boldsymbol{A}$, 则 $\boldsymbol{A}=\boldsymbol{O}$ 或 $\boldsymbol{A}=\boldsymbol{E}$;

(3) 若 $\boldsymbol{AX}=\boldsymbol{AY}$, 且 $\boldsymbol{A}\neq\boldsymbol{O}$, 则 $\boldsymbol{X}=\boldsymbol{Y}$.

8. 用数学归纳法证明: 若 $\boldsymbol{A}=\begin{pmatrix}\lambda & 1 & 0\\ 0 & \lambda & 1\\ 0 & 0 & \lambda\end{pmatrix}$, 则 $\boldsymbol{A}^n=\begin{pmatrix}\lambda^n & n\lambda^{n-1} & \frac{n(n-1)}{2}\lambda^{n-2}\\ 0 & \lambda^n & n\lambda^{n-1}\\ 0 & 0 & \lambda^n\end{pmatrix}$.

9. 已知 $\boldsymbol{A}=\begin{pmatrix}-1 & 1 & 1\\ 1 & -1 & -1\\ 1 & -1 & -1\end{pmatrix}$, 求 $\boldsymbol{A}^{2017}$.

10. 设 $\boldsymbol{A}=\begin{pmatrix}1 & 1 & 1\\ 1 & 1 & -1\\ 1 & -1 & 1\end{pmatrix}$, $\boldsymbol{B}=\begin{pmatrix}1 & 2 & 3\\ -1 & -2 & 4\\ 0 & 5 & 1\end{pmatrix}$, 求 $3\boldsymbol{AB}-2\boldsymbol{A}$ 及 $\boldsymbol{A}^{\mathrm{T}}\boldsymbol{B}$.

11. 设 $\boldsymbol{A}$ 为 n 阶对称矩阵，$\boldsymbol{B}$ 为 n 阶反对称矩阵，证明：

(1) $\boldsymbol{B}^2$ 是对称矩阵；

(2) $\boldsymbol{AB}-\boldsymbol{BA}$ 是对称矩阵，$\boldsymbol{AB}+\boldsymbol{BA}$ 是反对称矩阵.

12. 设 $\boldsymbol{A},\boldsymbol{B}$ 为 n 阶方阵，证明：$\boldsymbol{AB}$ 是对称阵的充分必要条件是 $\boldsymbol{AB}=\boldsymbol{BA}$.

13. 求下列矩阵的逆阵：

(1) $\begin{pmatrix}1 & 2\\2 & 5\end{pmatrix}$；　(2) $\begin{pmatrix}\cos\theta & -\sin\theta\\ \sin\theta & \cos\theta\end{pmatrix}$；　(3) $\begin{pmatrix}1 & 2 & -1\\3 & 4 & -2\\5 & -4 & 1\end{pmatrix}$.

14. 设 $\boldsymbol{A}^k=\boldsymbol{O}$（$k$ 为正整数），求证：$(\boldsymbol{E}-\boldsymbol{A})^{-1}=\boldsymbol{E}+\boldsymbol{A}+\boldsymbol{A}^2+\cdots+\boldsymbol{A}^{k-1}$.

15. 设方阵 $\boldsymbol{A}$ 满足 $\boldsymbol{A}^2-\boldsymbol{A}-2\boldsymbol{E}=\boldsymbol{O}$，证明 $\boldsymbol{A}$ 及 $\boldsymbol{A}+2\boldsymbol{E}$ 都可逆，并求 $\boldsymbol{A}^{-1}$ 及 $(\boldsymbol{A}+2\boldsymbol{E})^{-1}$.

16. 设 $\boldsymbol{A}$ 为 3 阶方阵，且 $|\boldsymbol{A}|=5$，求：

(1) $|-2\boldsymbol{A}|$；　(2) $|\boldsymbol{A}^{-1}|$；　(3) $|(5\boldsymbol{A})^{-1}|$；

(4) $|\boldsymbol{A}^*|$；　(5) $\left|\frac{1}{5}\boldsymbol{A}^*-4\boldsymbol{A}^{-1}\right|$.

17. 设 $\boldsymbol{A}$ 为 $n(n\geqslant 2)$ 阶方阵，证明：

(1) $|\boldsymbol{A}^*|=|\boldsymbol{A}|^{n-1}$；

(2) 当 $\boldsymbol{A}$ 可逆时，$(\boldsymbol{A}^*)^*=|\boldsymbol{A}|^{n-2}\boldsymbol{A}$；

(3) $(k\boldsymbol{A})^*=k^{n-1}\boldsymbol{A}^*$，其中 k 为任意常数.

18. 解下列矩阵方程：

(1) $\begin{pmatrix}2 & 5\\1 & 3\end{pmatrix}\boldsymbol{X}=\begin{pmatrix}4 & -6\\2 & 1\end{pmatrix}$；

(2) $\boldsymbol{X}\begin{pmatrix}2 & 1 & -1\\2 & 1 & 0\\1 & -1 & 1\end{pmatrix}=\begin{pmatrix}1 & -1 & 3\\4 & 3 & 2\end{pmatrix}$；

(3) $\begin{pmatrix}1 & 4\\-1 & 2\end{pmatrix}\boldsymbol{X}\begin{pmatrix}2 & 0\\-1 & 1\end{pmatrix}=\begin{pmatrix}3 & 1\\0 & -1\end{pmatrix}$；

(4) $\begin{pmatrix}0 & 1 & 0\\1 & 0 & 0\\0 & 0 & 1\end{pmatrix}\boldsymbol{X}\begin{pmatrix}1 & 0 & 0\\0 & 0 & 1\\0 & 1 & 0\end{pmatrix}=\begin{pmatrix}1 & -4 & 3\\2 & 0 & -1\\1 & -2 & 0\end{pmatrix}$.

19. 设 $\boldsymbol{A}=\begin{pmatrix}0 & 3 & 3\\1 & 1 & 0\\-1 & 2 & 3\end{pmatrix}$，$\boldsymbol{AB}=\boldsymbol{A}+2\boldsymbol{B}$，求 $\boldsymbol{B}$.

20. 设 $\boldsymbol{A}=\begin{pmatrix}1 & 0 & 1\\0 & 2 & 0\\1 & 0 & 1\end{pmatrix}$，$\boldsymbol{AB}+\boldsymbol{E}=\boldsymbol{A}^2+\boldsymbol{B}$，求 $\boldsymbol{B}$.

21. 利用逆矩阵解下列线性方程组：

(1) $\begin{cases} x_1+2x_2+3x_3=1 \\ 2x_1+2x_2+5x_3=2 \\ 3x_1+5x_2+x_3=3 \end{cases}$；　(2) $\begin{cases} x_1-x_2-x_3=2 \\ 2x_1-2x_2-3x_3=1 \\ 3x_1+2x_2-5x_3=0 \end{cases}$.

22. 已知线性变换 $\begin{cases} x_1=2y_1+2y_2+y_3 \\ x_2=3y_1+y_2+5y_3 \\ x_3=3y_1+2y_2+3y_3 \end{cases}$，求从变量 x_1,x_2,x_3 到变量 y_1,y_2,y_3 的线性变换.

23. 利用分块矩阵计算 $\begin{pmatrix} 1 & 2 & 1 & 0 \\ 0 & 1 & 0 & 1 \\ 0 & 0 & 2 & 1 \\ 0 & 0 & 0 & 3 \end{pmatrix}\begin{pmatrix} 1 & 0 & 3 & 1 \\ 0 & 1 & 2 & -1 \\ 0 & 0 & -2 & 3 \\ 0 & 0 & 0 & -3 \end{pmatrix}$.

24. 设 n 阶矩阵 $\boldsymbol{A}$ 及 s 阶矩阵 $\boldsymbol{B}$ 都可逆，求

(1) $\begin{pmatrix} \boldsymbol{O} & \boldsymbol{A} \\ \boldsymbol{B} & \boldsymbol{O} \end{pmatrix}^{-1}$；　(2) $\begin{pmatrix} \boldsymbol{A} & \boldsymbol{O} \\ \boldsymbol{C} & \boldsymbol{B} \end{pmatrix}^{-1}$.

25. 利用分块矩阵求下列矩阵的逆矩阵：

(1) $\begin{pmatrix} 5 & 2 & 0 & 0 \\ 2 & 1 & 0 & 0 \\ 0 & 0 & 8 & 3 \\ 0 & 0 & 5 & 2 \end{pmatrix}$；　(2) $\begin{pmatrix} 1 & 0 & 0 & 0 \\ 1 & 2 & 0 & 0 \\ 2 & 1 & 3 & 0 \\ 1 & 2 & 1 & 4 \end{pmatrix}$.

第3章 矩阵的初等变换

本章首先通过消元法引入矩阵的初等变换，从而建立起矩阵的秩的概念，并利用矩阵的初等变换讨论矩阵的秩的性质；然后利用矩阵的秩讨论线性方程组无解、有唯一解或有无穷多解的充分必要条件，并介绍用初等变换解线性方程组的方法．

3.1 消元法与矩阵的初等变换

例 3.1 求解线性方程组

$$\begin{cases} 2x_1 - x_2 - x_3 + x_4 = 2 \cdots\cdots① \\ x_1 + x_2 - 2x_3 + x_4 = 4 \cdots\cdots② \\ 4x_1 - 6x_2 + 2x_3 - 2x_4 = 4 \cdots\cdots③ \\ 3x_1 + 6x_2 - 9x_3 + 7x_4 = 9 \cdots\cdots④ \end{cases} \tag{A}$$

解

$$(A) \xrightarrow[③\div 2]{①\leftrightarrow②} \begin{cases} x_1 + x_2 - 2x_3 + x_4 = 4 \cdots\cdots① \\ 2x_1 - x_2 - x_3 + x_4 = 2 \cdots\cdots② \\ 2x_1 - 3x_2 + x_3 - x_4 = 2 \cdots\cdots③ \\ 3x_1 + 6x_2 - 9x_3 + 7x_4 = 9 \cdots\cdots④ \end{cases} \tag{B_1}$$

$$\xrightarrow[④-3①]{\substack{②-③ \\ ③-2①}} \begin{cases} x_1 + x_2 - 2x_3 + x_4 = 4 \cdots\cdots① \\ 2x_2 - 2x_3 + 2x_4 = 0 \cdots\cdots② \\ -5x_2 + 5x_3 - 3x_4 = -6 \cdots\cdots③ \\ 3x_2 - 3x_3 + 4x_4 = -3 \cdots\cdots④ \end{cases} \tag{B_2}$$

$$\xrightarrow[\substack{③+5② \\ ④-3②}]{②\times\frac{1}{2}} \begin{cases} x_1 + x_2 - 2x_3 + x_4 = 4 \cdots\cdots① \\ x_2 - x_3 + x_4 = 0 \cdots\cdots② \\ 2x_4 = -6 \cdots\cdots③ \\ x_4 = -3 \cdots\cdots④ \end{cases} \tag{B_3}$$

$$\xrightarrow[④-2③]{③\leftrightarrow④}\begin{cases} x_1+x_2-2x_3+x_4= & 4\cdots\cdots① \\ \quad\ x_2-\ x_3+x_4= & 0\cdots\cdots② \\ \qquad\qquad\quad x_4= & -3\cdots\cdots③ \\ \qquad\qquad\quad 0= & 0\cdots\cdots④ \end{cases}. \qquad (B_4)$$

这里，(A)→(B_1)是为消 x_1 作准备. (B_1)→(B_2)是保留①中的 x_1，消去②、③、④中的 x_1，(B_2)→(B_3)是保留②中的 x_2 并把它的系数变为 1，然后消去③、④中的 x_2，在此同时恰好把 x_3 也消去了. (B_3)→(B_4)是消去 x_4，在此同时恰好把常数也消去了，得到恒等式 $0=0$(如果常数项不能消去，就将得到矛盾方程 $0=1$，则说明方程组无解). 至此消元完毕.

(B_4)是 4 个未知数 3 个有效方程的方程组，应有一个自由未知数，由于方程组(B_4)呈阶梯形，可把每个台阶的第一个未知数(即 x_1,x_2,x_4)选为非自由未知数，剩下的 x_3 选为自由未知数. 这样，就只需用“回代”的方法便能求出解：由③得 $x_4=-3$；将 $x_4=-3$ 代入②，得 $x_2=x_3+3$；将 $x_4=-3$，$x_2=x_3+3$ 代入①，得 $x_1=x_3+4$. 于是解得

$$\begin{cases} x_1=x_3+4 \\ x_2=x_3+3, \\ x_4=\quad -3 \end{cases}$$

其中 x_3 可任意取值. 或令 $x_3=c$，方程组的解可记作

$$x=\begin{pmatrix} x_1 \\ x_2 \\ x_3 \\ x_4 \end{pmatrix}=\begin{pmatrix} c+4 \\ c+3 \\ c \\ -3 \end{pmatrix}, \quad 即\ x=c\begin{pmatrix} 1 \\ 1 \\ 1 \\ 0 \end{pmatrix}+\begin{pmatrix} 4 \\ 3 \\ 0 \\ -3 \end{pmatrix},$$

其中 c 为任意常数.

上述例题说明了消元法求解线性方程组的基本步骤：首先是把方程组变形为容易求解的形式(阶梯形)，这个过程称为消元过程；其次根据新得到的方程组，从最后一个方程开始反复进行代入求解，直到解出全部的未知数，这个过程称为回代过程.

在上述消元过程中，始终把方程组看作一个整体，即不是着眼于某一个方程的变形，而是着眼于整个方程组变成另一个方程组. 其中用到三种类型的变换：

(1) 互换两个方程的次序($(i)\leftrightarrow(j)$)；

(2) 以不等于 0 的数乘以某个方程($(i)\times k$)；

(3) 一个方程加上另一个方程的 k 倍($(i)+k(j)$).

由于这三种变换都是可逆的，即

若(A)$\xrightarrow{(i)\leftrightarrow(j)}$(B)，则(B)$\xrightarrow{(i)\leftrightarrow(j)}$(A)；

若(A)$\xrightarrow{(i)\times k}$(B)，则(B)$\xrightarrow{(i)\times \frac{1}{k}}$(A)；

若(A)$\xrightarrow{(i)+k(j)}$(B),则(B)$\xrightarrow{(i)-k(j)}$(A).

因此变换前的方程组与变换后的方程组是同解的,这三种变换都是方程组的同解变换,所以最后求得的解是方程组的全部解.

在对线性方程组进行消元时通常有这样的约定:用上面方程中的未知数消去下面方程中的未知数;一个方程中,从左往右消去未知数.这样,最后总是可以把方程组化为一种特殊的形式:从上向下,每个方程中系数不为零的第一个未知数的下标是严格增大的.例如例 3.1 中最后解得的方程组

$$\begin{cases} x_1+x_2-2x_3+x_4=4 \\ \quad x_2-x_3+x_4=0 \\ \qquad\qquad x_4=-3 \\ \qquad\qquad 0=0 \end{cases},$$

这种形式称为方程组的阶梯形.显然,阶梯形方程组非常利于回代的过程.

在上述变换过程中,实际上只对方程组的系数和常数进行运算,未知数及"+"号和"="号并未参与运算.因此,可以说一个线性方程组由系数及常数唯一确定.约定矩阵 $\boldsymbol{B}$ 的每一行各表示一个方程,最后一列表示常数,其余列表示相应未知数的系数,于是线性方程组和矩阵 $\boldsymbol{B}$ 之间便建立了一一对应的关系,这样的矩阵 $\boldsymbol{B}$ 称为线性方程组的增广矩阵.例如,例 3.1 中的线性方程组

$$\begin{cases} 2x_1-x_2-x_3+x_4=2 \\ x_1+x_2-2x_3+x_4=4 \\ 4x_1-6x_2+2x_3-2x_4=4 \\ 3x_1+6x_2-9x_3+7x_4=9 \end{cases},$$

其增广矩阵为

$$\boldsymbol{B}=(\boldsymbol{A},\boldsymbol{b})=\begin{pmatrix} 2 & -1 & -1 & 1 & 2 \\ 1 & 1 & -2 & 1 & 4 \\ 4 & -6 & 2 & -2 & 4 \\ 3 & 6 & -9 & 7 & 9 \end{pmatrix}.$$

那么上述对方程组的变换完全可以转换为对增广矩阵 $\boldsymbol{B}$ 的变换.把方程组的上述三种同解变换移植到矩阵上,就得到矩阵的三种初等行变换.

定义 3.1　下面三种变换称为矩阵的初等行变换:

(1) 对调两行(对调第 i 行,第 j 行两行,记作 $r_i\leftrightarrow r_j$);

(2) 以数 $k\neq0$ 乘某一行中的所有元素(第 i 行乘 k,记作 $r_i\times k$);

(3) 把某一行所有元素的 k 倍加到另一行对应的元素上去(第 j 行的 k 倍加到第 i 行上,记作 r_i+kr_j).

把定义中的"行"换成"列",即得矩阵的初等列变换的定义(所用的记号是把"r"

换成“c”).

矩阵的初等行变换和初等列变换统称为矩阵的初等变换.

显然,三种初等变换都是可逆的,且其逆变换是同一类型的初等变换(以行变换为例,列变换与之相同):变换 $r_i \leftrightarrow r_j$ 的逆变换就是其本身;变换 $r_i \times k$ 的逆变换为 $r_i \times \left(\frac{1}{k}\right)$;变换 $r_i + kr_j$ 的逆变换为 $r_i + (-k)r_j$(或记作 $r_i - kr_j$).

定义 3.2 如果矩阵 $\boldsymbol{A}$ 经有限次初等行变换变成矩阵 $\boldsymbol{B}$,就称矩阵 $\boldsymbol{A}$ 与 $\boldsymbol{B}$ 行等价,记作 $\boldsymbol{A} \overset{r}{\sim} \boldsymbol{B}$;如果矩阵 $\boldsymbol{A}$ 经过有限次初等列变换变成矩阵 $\boldsymbol{B}$,就称矩阵 $\boldsymbol{A}$ 与 $\boldsymbol{B}$ 列等价,记作 $\boldsymbol{A} \overset{c}{\sim} \boldsymbol{B}$;如果矩阵 $\boldsymbol{A}$ 经过有限次初等变换变成矩阵 $\boldsymbol{B}$,就称矩阵 $\boldsymbol{A}$ 与矩阵 $\boldsymbol{B}$ 等价,记作 $\boldsymbol{A} \sim \boldsymbol{B}$.

性质 3.1 矩阵之间的等价关系具有下列性质:

(1) 反身性:$\boldsymbol{A} \sim \boldsymbol{A}$;

(2) 对称性:若 $\boldsymbol{A} \sim \boldsymbol{B}$,则 $\boldsymbol{B} \sim \boldsymbol{A}$;

(3) 传递性:若 $\boldsymbol{A} \sim \boldsymbol{B}, \boldsymbol{B} \sim \boldsymbol{C}$,则 $\boldsymbol{A} \sim \boldsymbol{C}$.

既然消元法中对方程组的三种变换与矩阵的三种初等行变换相对应,那么自然就可以通过对增广矩阵进行初等行变换来达到消元的目的.消元法以线性方程组的阶梯形为变形目标,那么对增广矩阵进行初等行变换也应该以阶梯形为变形目标.根据阶梯形线性方程组的特征,可定义矩阵的行阶梯形矩阵.

矩阵的行阶梯形矩阵的特点是:

(1) 可画出一条阶梯线,线下方的元素全为 0;

(2) 阶梯的每个台阶只有一行,台阶数即是非零行的行数;

(3) 阶梯线的竖线(每段竖线的高度为一行)后面的第一个元素为非零元,也就是非零行的第一个非零元.

如 $\begin{pmatrix} 1 & 1 & 0 & 1 \\ 0 & 2 & 1 & 1 \\ 0 & 0 & 1 & 3 \end{pmatrix}$ 和 $\begin{pmatrix} 1 & 2 & 0 & 3 \\ 0 & 0 & 3 & 1 \\ 0 & 0 & 0 & 0 \end{pmatrix}$ 都是行阶梯形矩阵,而

$$\begin{pmatrix} 1 & 2 & 3 & 4 \\ 0 & 1 & 1 & 0 \\ 0 & 2 & 1 & 1 \end{pmatrix}, \quad \begin{pmatrix} 0 & 0 & 1 & 4 \\ 0 & 1 & 2 & 1 \\ 0 & 0 & 0 & 0 \end{pmatrix}, \quad \begin{pmatrix} 1 & 0 & 1 & 4 \\ 0 & 0 & 2 & 1 \\ 0 & 1 & 3 & 0 \end{pmatrix}, \quad \begin{pmatrix} 1 & 1 & 0 & 1 \\ 0 & 0 & 0 & 0 \\ 0 & 1 & 1 & 1 \\ 0 & 0 & 2 & 1 \end{pmatrix}$$

都不是行阶梯形矩阵.

显然,以行阶梯形矩阵为增广矩阵的线性方程组一定也是阶梯形方程组.因此,只需要把增广矩阵用初等行变换化为行阶梯形矩阵,即可得到所求的阶梯形方程组,从而完成消元的过程.下面,用矩阵的初等行变换的方法重新求解例 3.1.

例 3.1′　求解线性方程组
$$\begin{cases}2x_1-x_2-x_3+x_4=2\\x_1+x_2-2x_3+x_4=4\\4x_1-6x_2+2x_3-2x_4=4\\3x_1+6x_2-9x_3+7x_4=9\end{cases}.$$

解　
$$\boldsymbol{B}=(\boldsymbol{A},\boldsymbol{b})=\begin{pmatrix}2&-1&-1&1&2\\1&1&-2&1&4\\4&-6&2&-2&4\\3&6&-9&7&9\end{pmatrix}$$

$$\underset{r_3\times\frac{1}{2}}{\overset{r_1\leftrightarrow r_2}{\sim}}\begin{pmatrix}1&1&-2&1&4\\2&-1&-1&1&2\\2&-3&1&-1&2\\3&6&-9&7&9\end{pmatrix}\underset{r_4-3r_1}{\overset{\substack{r_2-r_3\\r_3-2r_1}}{\sim}}\begin{pmatrix}1&1&-2&1&4\\0&2&-2&2&0\\0&-5&5&-3&-6\\0&3&-3&4&-3\end{pmatrix}$$

$$\underset{r_4-3r_2}{\overset{\substack{r_2\times\frac{1}{2}\\r_3+5r_2}}{\sim}}\begin{pmatrix}1&1&-2&1&4\\0&1&-1&1&0\\0&0&0&2&-6\\0&0&0&1&-3\end{pmatrix}\underset{r_4-2r_3}{\overset{r_3\leftrightarrow r_4}{\sim}}\begin{pmatrix}1&1&-2&1&4\\0&1&-1&1&0\\0&0&0&1&-3\\0&0&0&0&0\end{pmatrix},$$

由此得到阶梯形方程组
$$\begin{cases}x_1+x_2-2x_3+x_4=4\\x_2-x_3+x_4=0\\x_4=-3\\0=0\end{cases}.$$

再按照例 3.1 的方法，依次回代后，得到方程组的解为
$$x=\begin{pmatrix}x_1\\x_2\\x_3\\x_4\end{pmatrix}=\begin{pmatrix}x_3+4\\x_3+3\\x_3\\-3\end{pmatrix},\quad 其中\ x_3\ 可任意取值.$$

实际上，解得行阶梯形矩阵后，“回代”的过程也可以用矩阵的初等行变换来完成：
$$\begin{pmatrix}1&1&-2&1&4\\0&1&-1&1&0\\0&0&0&1&-3\\0&0&0&0&0\end{pmatrix}\underset{r_2-r_3}{\overset{r_1-r_2}{\sim}}\begin{pmatrix}1&0&-1&0&4\\0&1&-1&0&3\\0&0&0&1&-3\\0&0&0&0&0\end{pmatrix},$$

此时，对应的线性方程组为

$$\begin{cases} x_1 = x_3 + 4 \\ x_2 = x_3 + 3, \\ x_4 = \quad -3 \end{cases}$$

也就是该方程组的解.

很显然,继续对行阶梯形矩阵进行化简,避免了回代方程的麻烦.这时,矩阵 $\begin{pmatrix} 1 & 0 & -1 & 0 & 4 \\ 0 & 1 & -1 & 0 & 3 \\ 0 & 0 & 0 & 1 & -3 \\ 0 & 0 & 0 & 0 & 0 \end{pmatrix}$ 不仅是行阶梯形矩阵,还称为行最简形矩阵,它在行阶梯形矩阵的基础上,还具有以下两个特点:

(1) 非零行的第一个非零元为1;

(2) 非零行第一个非零元所在列的其他元素都为0.

一般的,对线性方程组进行求解,都要将增广矩阵化简到行阶梯形矩阵;为了减少"回代"过程,可增加初等行变换的次数,将矩阵化简到行最简形矩阵.

对于任何 $m \times n$ 矩阵 $\boldsymbol{A}$,总可经过有限次初等行变换把它变为行阶梯形矩阵和行最简形矩阵(存在性);一个矩阵的行最简形矩阵是唯一确定的,而行阶梯形矩阵并不唯一,但是其非零行的行数是唯一的(唯一性).

对行最简形矩阵再进行初等列变换,可以变成一种形状更加简单的矩阵,称为标准形矩阵.例如

$$\begin{pmatrix} 1 & 0 & -1 & 0 & 4 \\ 0 & 1 & -1 & 0 & 3 \\ 0 & 0 & 0 & 1 & -3 \\ 0 & 0 & 0 & 0 & 0 \end{pmatrix} \underset{c_5 - 4c_1 - 3c_2 + 3c_3}{\overset{\substack{c_3 \leftrightarrow c_4 \\ c_4 + c_1 + c_2}}{\sim}} \begin{pmatrix} 1 & 0 & 0 & 0 & 0 \\ 0 & 1 & 0 & 0 & 0 \\ 0 & 0 & 1 & 0 & 0 \\ 0 & 0 & 0 & 0 & 0 \end{pmatrix} = \boldsymbol{F},$$

矩阵 $\boldsymbol{F}$ 称为矩阵 $\boldsymbol{B}$ 的标准形,其特点是:$\boldsymbol{F}$ 的左上角是一个单位矩阵,其余元素全为0.

对于 $m \times n$ 矩阵 $\boldsymbol{A}$,总可经过初等变换(行变换和列变换)把它化为标准形

$$\boldsymbol{F} = \begin{pmatrix} \boldsymbol{E}_r & \boldsymbol{O} \\ \boldsymbol{O} & \boldsymbol{O} \end{pmatrix}_{m \times n}.$$

此标准形由 m,n,r 三个数完全确定,其中 r 就是行阶梯形矩阵中非零行的行数,m 是矩阵的行数,n 是矩阵的列数.所有与 $\boldsymbol{A}$ 等价的矩阵组成一个集合,标准形 $\boldsymbol{F}$ 是这个集合中形状最简单的矩阵.

例 3.2 已知 $\boldsymbol{A} = \begin{pmatrix} 1 & 1 & 2 & 1 \\ 2 & -1 & 2 & 4 \\ 1 & -2 & 0 & 3 \\ 4 & 1 & 6 & 2 \end{pmatrix}$,求矩阵 $\boldsymbol{A}$ 的标准形矩阵.

解 $\boldsymbol{A}\underset{r_4-4r_1}{\overset{r_2-2r_1}{\underset{r_3-r_1}{\sim}}}\begin{pmatrix}1&1&2&1\\0&-3&-2&2\\0&-3&-2&2\\0&-3&-2&-2\end{pmatrix}\underset{r_4-r_2}{\overset{r_3-r_2}{\sim}}\begin{pmatrix}1&1&2&1\\0&-3&-2&2\\0&0&0&0\\0&0&0&-4\end{pmatrix}$

$$\underset{r_2\div(-3)}{\overset{r_3\leftrightarrow r_4}{\sim}}\begin{pmatrix}1&1&2&1\\0&1&\frac{2}{3}&-\frac{2}{3}\\0&0&0&-4\\0&0&0&0\end{pmatrix}\underset{r_1-r_2}{\overset{r_3\div(-4)}{\sim}}\begin{pmatrix}1&0&\frac{4}{3}&\frac{5}{3}\\0&1&\frac{2}{3}&-\frac{2}{3}\\0&0&0&1\\0&0&0&0\end{pmatrix}$$

$$\underset{r_2+\frac{2}{3}r_3}{\overset{r_1-\frac{5}{3}r_3}{\sim}}\begin{pmatrix}1&0&\frac{4}{3}&0\\0&1&\frac{2}{3}&0\\0&0&0&1\\0&0&0&0\end{pmatrix}\overset{c_3\leftrightarrow c_4}{\sim}\begin{pmatrix}1&0&0&\frac{4}{3}\\0&1&0&\frac{2}{3}\\0&0&1&0\\0&0&0&0\end{pmatrix}$$

$$\underset{c_4-\frac{2}{3}c_2}{\overset{c_4-\frac{4}{3}c_1}{\sim}}\begin{pmatrix}1&0&0&0\\0&1&0&0\\0&0&1&0\\0&0&0&0\end{pmatrix}=\boldsymbol{F},$$

则 $\boldsymbol{F}$ 为矩阵 $\boldsymbol{A}$ 的标准形矩阵.

3.2　初等矩阵

例 3.3　已知 $\boldsymbol{A}=\begin{pmatrix}a_1&a_2&a_3\\b_1&b_2&b_3\\c_1&c_2&c_3\end{pmatrix}$，$\boldsymbol{P}_1=\begin{pmatrix}0&1&0\\1&0&0\\0&0&1\end{pmatrix}$，$\boldsymbol{P}_2=\begin{pmatrix}1&0&0\\0&2&0\\0&0&1\end{pmatrix}$，$\boldsymbol{P}_3=\begin{pmatrix}1&-2&0\\0&1&0\\0&0&1\end{pmatrix}$，分别计算 $\boldsymbol{P}_1,\boldsymbol{P}_2,\boldsymbol{P}_3$ 与 $\boldsymbol{A}$ 的乘积.

解
$$\boldsymbol{P}_1\boldsymbol{A}=\begin{pmatrix}b_1&b_2&b_3\\a_1&a_2&a_3\\c_1&c_2&c_3\end{pmatrix}=\boldsymbol{B}_1,\quad \boldsymbol{A}\boldsymbol{P}_1=\begin{pmatrix}a_2&a_1&a_3\\b_2&b_1&b_3\\c_2&c_1&c_3\end{pmatrix}=\boldsymbol{B}_2;$$

$$\boldsymbol{P}_2\boldsymbol{A}=\begin{pmatrix}a_1&a_2&a_3\\2b_1&2b_2&2b_3\\c_1&c_2&c_3\end{pmatrix}=\boldsymbol{B}_3,\quad \boldsymbol{A}\boldsymbol{P}_2=\begin{pmatrix}a_1&2a_2&a_3\\b_1&2b_2&b_3\\c_1&2c_2&c_3\end{pmatrix}=\boldsymbol{B}_4;$$

$$P_3A=\begin{pmatrix}a_1-2b_1 & a_2-2b_2 & a_3-2b_3\\ b_1 & b_2 & b_3\\ c_1 & c_2 & c_3\end{pmatrix}=B_5,\quad AP_3=\begin{pmatrix}a_1 & a_2-2a_1 & a_3\\ b_1 & b_2-2b_1 & b_3\\ c_1 & c_2-2c_1 & c_3\end{pmatrix}=B_6.$$

从结果中不难看出，B_1,B_3,B_5 可以由 A 经过一次初等行变换得到，而 B_2,B_4,B_6 可以由 A 经过一次初等列变换得到. 也就是说，用矩阵 P_1,P_2,P_3 与 A 相乘，其乘积结果相当于对 A 进行一次初等变换所得到的结果. 而矩阵 P_1,P_2,P_3 本身也可以由三阶的单位矩阵经过一次初等变换得到. 为了深入地研究这一问题，我们引入初等矩阵的概念.

定义 3.3 由单位阵 E 经过一次初等变换得到的矩阵称为初等矩阵.

三种初等变换对应有三种初等矩阵.

(1) 对调两行或者两列.

把单位矩阵中第 i,j 行两行对调（或第 i,j 列两列对调），得初等矩阵，记作 $E(i,j)$，有

$$E(i,j)=\begin{pmatrix}1 &&&&&&&&\\ &\ddots&&&&&&&\\ &&1&&&&&&\\ &&&0&\cdots&1&&&\\ &&&&1&&&&\\ &&&\vdots&\ddots&\vdots&&&\\ &&&&&1&&&\\ &&&1&\cdots&0&&&\\ &&&&&&1&&\\ &&&&&&&\ddots&\\ &&&&&&&&1\end{pmatrix}\begin{matrix}\\ \\ \\ \leftarrow 第\,i\,行\\ \\ \\ \\ \leftarrow 第\,j\,行\\ \\ \\ \\ \end{matrix}.$$

(2) 以数 $k\neq0$ 乘某行或某列.

以数 $k\neq0$ 乘以单位阵的第 i 行（或第 i 列），得初等矩阵，记作 $E(i(k))$，有

$$E(i(k))=\begin{pmatrix}1&&&&&&\\ &\ddots&&&&&\\ &&1&&&&\\ &&&k&&&\\ &&&&1&&\\ &&&&&\ddots&\\ &&&&&&1\end{pmatrix}\begin{matrix}\\ \\ \\ \leftarrow 第\,i\,行.\\ \\ \\ \\ \end{matrix}$$

(3) 以数 k 乘某行（列）加到另一行（列）上去.

以 k 乘 E 的第 j 行加到第 i 行上（或以 k 乘 E 的第 i 列加到第 j 列上），得初等矩阵，记作 $E(i,j(k))$，有

$$
\boldsymbol{E}(i,j(k))=\begin{pmatrix}1 & & & & & & \\ & \ddots & & & & & \\ & & 1 & \cdots & k & & \\ & & & \ddots & \vdots & & \\ & & & & 1 & & \\ & & & & & \ddots & \\ & & & & & & 1\end{pmatrix}\begin{matrix} \\ \\ \leftarrow 第\ i\ 行 \\ \\ \leftarrow 第\ j\ 行 \\ \\ \\ \end{matrix}.
$$

不难看出,例 3.3 中的 $\boldsymbol{P}_1,\boldsymbol{P}_2,\boldsymbol{P}_3$ 均为初等矩阵,且

$$\boldsymbol{E}\overset{r_1\leftrightarrow r_2}{\sim}\boldsymbol{P}_1 \text{ 或 } \boldsymbol{E}\overset{c_1\leftrightarrow c_2}{\sim}\boldsymbol{P}_1;$$

$$\boldsymbol{E}\overset{r_2\times 2}{\sim}\boldsymbol{P}_2 \text{ 或 } \boldsymbol{E}\overset{c_2\times 2}{\sim}\boldsymbol{P}_2;$$

$$\boldsymbol{E}\overset{r_1-2r_2}{\sim}\boldsymbol{P}_3 \text{或 } \boldsymbol{E}\overset{c_2-2c_1}{\sim}\boldsymbol{P}_3.$$

在例 3.3 中,用初等矩阵 $\boldsymbol{P}_1,\boldsymbol{P}_2,\boldsymbol{P}_3$ 去左乘矩阵 $\boldsymbol{A}$,其乘积结果相当于对矩阵 $\boldsymbol{A}$ 进行一次同样类型的初等行变换;用初等矩阵 $\boldsymbol{P}_1,\boldsymbol{P}_2,\boldsymbol{P}_3$ 去右乘矩阵 $\boldsymbol{A}$,其乘积结果相当于对矩阵 $\boldsymbol{A}$ 进行一次同样类型的初等列变换.这一规律在一般情况下也成立.

定理 3.1　设 $\boldsymbol{A}$ 是一个 $m\times n$ 矩阵,对 $\boldsymbol{A}$ 施行一次初等行变换,相当于在 $\boldsymbol{A}$ 的左边乘以相应的 m 阶初等矩阵;对 $\boldsymbol{A}$ 施行一次初等列变换,相当于在 $\boldsymbol{A}$ 的右边乘以相应的 n 阶初等矩阵.

设 $\boldsymbol{A}=(a_{ij})_{m\times n}$,取三个初等矩阵 $\boldsymbol{E}(i,j)$,$\boldsymbol{E}(i(k))$和 $\boldsymbol{E}(i,j(k))$,则有

$$
\boldsymbol{C}_1=\boldsymbol{E}(i,j)\boldsymbol{A}=\begin{pmatrix}a_{11} & a_{12} & \cdots & a_{1n}\\ \vdots & \vdots & & \vdots\\ a_{j1} & a_{j2} & \cdots & a_{jn}\\ \vdots & \vdots & & \vdots\\ a_{i1} & a_{i2} & \cdots & a_{in}\\ \vdots & \vdots & & \vdots\\ a_{m1} & a_{m2} & \cdots & a_{mn}\end{pmatrix}\begin{matrix} \\ \\ \leftarrow 第\ i\ 行 \\ \\ \leftarrow 第\ j\ 行 \\ \\ \\ \end{matrix},
$$

$$
\boldsymbol{C}_2=\boldsymbol{E}(i(k))\boldsymbol{A}=\begin{pmatrix}a_{11} & a_{12} & \cdots & a_{1n}\\ \vdots & \vdots & & \vdots\\ ka_{i1} & ka_{i2} & \cdots & ka_{in}\\ \vdots & \vdots & & \vdots\\ a_{m1} & a_{m2} & \cdots & a_{mn}\end{pmatrix}\begin{matrix} \\ \\ \leftarrow 第\ i\ 行, \\ \\ \\ \end{matrix}
$$

$$C_3=E(i,j(k))A=\begin{pmatrix} a_{11} & a_{12} & \cdots & a_{1n} \\ \vdots & \vdots & & \vdots \\ a_{i1}+ka_{j1} & a_{i2}+ka_{j2} & \cdots & a_{in}+ka_{jn} \\ \vdots & \vdots & & \vdots \\ a_{j1} & a_{j2} & \cdots & a_{jn} \\ \vdots & \vdots & & \vdots \\ a_{m1} & a_{m2} & \cdots & a_{mn} \end{pmatrix}\begin{matrix} \\ \\ \leftarrow 第\ i\ 行 \\ \\ \leftarrow 第\ j\ 行 \\ \\ \\ \end{matrix},$$

容易验证，$A\overset{r_i\leftrightarrow r_j}{\sim}C_1$；$A\overset{r_i\times k}{\sim}C_2$；$A\overset{r_i+kr_j}{\sim}C_3$.

同样的，可以验证，用初等矩阵右乘矩阵 A 相当于对矩阵 A 作相应的初等列变换.

例 3.4 已知 $A=\begin{pmatrix} a_1 & a_2 & a_3 \\ b_1 & b_2 & b_3 \\ c_1 & c_2 & c_3 \end{pmatrix}$，$B=\begin{pmatrix} b_1 & b_2 & b_3 \\ a_1 & a_2 & a_3 \\ c_1+2a_1 & c_2+2a_2 & c_3+2a_3 \end{pmatrix}$，$P=\begin{pmatrix} 0 & 1 & 0 \\ 1 & 0 & 0 \\ 0 & 0 & 1 \end{pmatrix}$，

$Q=\begin{pmatrix} 1 & 0 & 0 \\ 0 & 1 & 0 \\ 0 & 2 & 1 \end{pmatrix}$. 问矩阵 P 与 Q 如何与矩阵 A 相乘才能得到矩阵 B？

解 由题目已知条件可知，矩阵 P 和 Q 都是初等矩阵，因此根据定理 3.1 可知，将 P 和 Q 与矩阵 A 相乘，等同于对矩阵 A 进行初等变换. 所以，问题转换为，矩阵 A 经过什么样的初等变换能够变换为矩阵 B.

根据观察，可知矩阵 A 有两种主要的途径可以经过初等变换变为矩阵 B，即

$$A\overset{r_1\leftrightarrow r_2}{\sim}B_1\overset{r_3+2r_2}{\sim}B\ 或\ A\overset{r_3+2r_1}{\sim}B_2\overset{r_1\leftrightarrow r_2}{\sim}B,$$

在这两种途径中，矩阵 A 变换为矩阵 B 各使用了两次初等变换，且所使用的初等变换均为初等行变换，因此需要考虑矩阵 P 和 Q 是由单位矩阵 E 经过怎样的初等行变换变换而来的. 根据初等矩阵的定义可知：

$$E\overset{r_1\leftrightarrow r_2}{\sim}P, E\overset{r_3+2r_2}{\sim}Q,$$

对比两种途径中所使用的初等行变换类型，可知：

$$A\overset{r_1\leftrightarrow r_2}{\sim}PA\overset{r_3+2r_2}{\sim}QPA,$$

也就是 $QPA=B$.

从定理 3.1 可以知道，初等变换对应初等矩阵，由初等变换可逆可知初等矩阵也可逆，且初等变换的逆变换对应初等矩阵的逆矩阵. 也就是说，初等矩阵都是可逆的，且其逆矩阵是同一类型的初等矩阵：$E(i,j)^{-1}=E(i,j)$，$E(i(k))^{-1}=E\left(i\left(\frac{1}{k}\right)\right)$，$E(i,j(k))^{-1}=E(i,j(-k))$.

定理 3.2 方阵 A 可逆的充分必要条件是存在有限个初等矩阵 $P_1,P_2,\cdots,P_l$，使 $A=P_1P_2\cdots P_l$.

证　先证充分性. 设 $\boldsymbol{A}=\boldsymbol{P}_1\boldsymbol{P}_2\cdots\boldsymbol{P}_l$，由于初等矩阵可逆，有限个可逆矩阵的乘积亦可逆，所以 $\boldsymbol{A}$ 可逆.

再证必要性. 设 n 阶方阵 $\boldsymbol{A}$ 可逆，且 $\boldsymbol{A}$ 的标准形矩阵为 $\boldsymbol{F}$，由于 $\boldsymbol{F}\sim\boldsymbol{A}$，可知 $\boldsymbol{F}$ 经有限次初等变换可以变为 $\boldsymbol{A}$，即有初等矩阵 $\boldsymbol{P}_1,\boldsymbol{P}_2,\cdots,\boldsymbol{P}_l$ 使得

$$\boldsymbol{A}=\boldsymbol{P}_1\cdots\boldsymbol{P}_s\boldsymbol{F}\boldsymbol{P}_{s+1}\cdots\boldsymbol{P}_l,$$

由于 $\boldsymbol{A}$ 可逆，$\boldsymbol{P}_1,\boldsymbol{P}_2,\cdots,\boldsymbol{P}_l$ 也都可逆，故标准形矩阵 $\boldsymbol{F}$ 也可逆. 设 $\boldsymbol{F}$ 为

$$\boldsymbol{F}=\begin{pmatrix}\boldsymbol{E}_r & \boldsymbol{O}\\ \boldsymbol{O} & \boldsymbol{O}\end{pmatrix}_{n\times n},$$

若其中 $r<n$，则 $|\boldsymbol{F}|=0$，与 $\boldsymbol{F}$ 可逆矛盾，因此必有 $r=n$，也就是 $\boldsymbol{F}=\boldsymbol{E}$，从而 $\boldsymbol{A}=\boldsymbol{P}_1\cdots\boldsymbol{P}_s\boldsymbol{E}\boldsymbol{P}_{s+1}\cdots\boldsymbol{P}_l=\boldsymbol{P}_1\boldsymbol{P}_2\cdots\boldsymbol{P}_l$.

推论 1　方阵 $\boldsymbol{A}$ 可逆的充分必要条件是 $\boldsymbol{A}\overset{r}{\sim}\boldsymbol{E}$.

证　$\boldsymbol{A}$ 可逆 $\Leftrightarrow$ 存在可逆矩阵 $\boldsymbol{P}$ 使得 $\boldsymbol{PA}=\boldsymbol{E}$

$$\Leftrightarrow \boldsymbol{A}\overset{r}{\sim}\boldsymbol{E}.$$

推论 2　$m\times n$ 矩阵 $\boldsymbol{A}\sim\boldsymbol{B}$ 的充分必要条件是：存在 m 阶可逆矩阵 $\boldsymbol{P}$ 和 n 阶可逆矩阵 $\boldsymbol{Q}$ 使得 $\boldsymbol{PAQ}=\boldsymbol{B}$.

该推论由读者自行证明.

利用矩阵的初等变换，可以求解矩阵的逆矩阵，下面将给出这一求解方法.

设 $\boldsymbol{A}$ 是 n 阶可逆矩阵，则 $\boldsymbol{A}^{-1}$ 存在，由推论 1 可知存在有限个初等矩阵 $\boldsymbol{P}_1,\boldsymbol{P}_2,\cdots,\boldsymbol{P}_s$ 使

$$\boldsymbol{P}_1\boldsymbol{P}_2\cdots\boldsymbol{P}_s\boldsymbol{A}=\boldsymbol{E}, \tag{3.1}$$

用 $\boldsymbol{A}^{-1}$ 右乘式(3.1)两端，有

$$\boldsymbol{P}_1\boldsymbol{P}_2\cdots\boldsymbol{P}_sE=\boldsymbol{A}^{-1}, \tag{3.2}$$

式(3.1)表示用 s 次初等行变换可以把矩阵 $\boldsymbol{A}$ 变换为矩阵 $\boldsymbol{E}$，式(3.2)表示用上述同样的初等行变换可以把矩阵 $\boldsymbol{E}$ 变换为矩阵 $\boldsymbol{A}^{-1}$. 也就是说，将矩阵 $\boldsymbol{A}$ 和矩阵 $\boldsymbol{E}$ 同步地进行初等行变换，当把矩阵 $\boldsymbol{A}$ 变换为矩阵 $\boldsymbol{E}$ 时，矩阵 $\boldsymbol{E}$ 也就变换成了矩阵 $\boldsymbol{A}^{-1}$.

为了方便表示，我们把矩阵 $\boldsymbol{A}$ 与 n 阶单位矩阵 $\boldsymbol{E}$ 并列构成一个 $n\times 2n$ 的矩阵

$$(\boldsymbol{A},\boldsymbol{E}), \tag{3.3}$$

用初等行变换将其化为行最简形矩阵

$$(\boldsymbol{E},\boldsymbol{A}^{-1}), \tag{3.4}$$

即当式(3.3)中 $\boldsymbol{A}$ 所在的列化为式(3.4)中的 $\boldsymbol{E}$ 时，式(3.3)中 $\boldsymbol{E}$ 所在的列也就化为了式(3.4)中的 $\boldsymbol{A}^{-1}$，即得所求逆矩阵.

例 3.5　已知 $\boldsymbol{A}=\begin{pmatrix}1 & 2 & 3\\ 2 & 2 & 1\\ 3 & 4 & 3\end{pmatrix}$，求矩阵 $\boldsymbol{A}$ 的逆矩阵.

解 $(\boldsymbol{A},\boldsymbol{E})=\begin{pmatrix}1&2&3&1&0&0\\2&2&1&0&1&0\\3&4&3&0&0&1\end{pmatrix}\underset{r_3-3r_1}{\overset{r_2-2r_1}{\sim}}\begin{pmatrix}1&2&3&1&0&0\\0&-2&-5&-2&1&0\\0&-2&-6&-3&0&1\end{pmatrix}$

$$\underset{r_3-r_2}{\overset{r_1+r_2}{\sim}}\begin{pmatrix}1&0&-2&-1&1&0\\0&-2&-5&-2&1&0\\0&0&-1&-1&-1&1\end{pmatrix}$$

$$\underset{r_2-5r_3}{\overset{r_1-2r_3}{\sim}}\begin{pmatrix}1&0&0&1&3&-2\\0&-2&0&3&6&-5\\0&0&-1&-1&-1&1\end{pmatrix}$$

$$\underset{r_3\times(-1)}{\overset{r_2\times\left(-\frac{1}{2}\right)}{\sim}}\begin{pmatrix}1&0&0&1&3&-2\\0&1&0&-\dfrac{3}{2}&-3&\dfrac{5}{2}\\0&0&1&1&1&-1\end{pmatrix},$$

所以
$$\boldsymbol{A}^{-1}=\begin{pmatrix}1&3&-2\\-\dfrac{3}{2}&-3&\dfrac{5}{2}\\1&1&-1\end{pmatrix}.$$

例 3.6 求矩阵 $\boldsymbol{A}$ 的逆矩阵,其中

$$\boldsymbol{A}=\begin{pmatrix}0&0&1&0&0\\0&0&0&2&0\\0&0&0&0&3\\0&4&0&0&0\\5&0&0&0&0\end{pmatrix}.$$

解 $(\boldsymbol{A},\boldsymbol{E})=\begin{pmatrix}0&0&1&0&0&1&0&0&0&0\\0&0&0&2&0&0&1&0&0&0\\0&0&0&0&3&0&0&1&0&0\\0&4&0&0&0&0&0&0&1&0\\5&0&0&0&0&0&0&0&0&1\end{pmatrix}$

$$\underset{r_2\leftrightarrow r_4}{\overset{r_1\leftrightarrow r_5}{\sim}}\begin{pmatrix}5&0&0&0&0&0&0&0&0&1\\0&4&0&0&0&0&0&0&1&0\\0&0&0&0&3&0&0&1&0&0\\0&0&0&2&0&0&1&0&0&0\\0&0&1&0&0&1&0&0&0&0\end{pmatrix}$$

$$\xrightarrow{r_3 \leftrightarrow r_5} \begin{pmatrix} 5 & 0 & 0 & 0 & 0 & 0 & 0 & 0 & 0 & 1 \\ 0 & 4 & 0 & 0 & 0 & 0 & 0 & 0 & 1 & 0 \\ 0 & 0 & 1 & 0 & 0 & 1 & 0 & 0 & 0 & 0 \\ 0 & 0 & 0 & 2 & 0 & 0 & 1 & 0 & 0 & 0 \\ 0 & 0 & 0 & 0 & 3 & 0 & 0 & 1 & 0 & 0 \end{pmatrix}$$

$$\xrightarrow[r_4 \times \frac{1}{2}, r_5 \times \frac{1}{3}]{r_1 \times \frac{1}{5}, r_2 \times \frac{1}{4}} \begin{pmatrix} 1 & 0 & 0 & 0 & 0 & 0 & 0 & 0 & 0 & \frac{1}{5} \\ 0 & 1 & 0 & 0 & 0 & 0 & 0 & 0 & \frac{1}{4} & 0 \\ 0 & 0 & 1 & 0 & 0 & 1 & 0 & 0 & 0 & 0 \\ 0 & 0 & 0 & 1 & 0 & 0 & \frac{1}{2} & 0 & 0 & 0 \\ 0 & 0 & 0 & 0 & 1 & 0 & 0 & \frac{1}{3} & 0 & 0 \end{pmatrix},$$

所以

$$\boldsymbol{A}^{-1} = \begin{pmatrix} 0 & 0 & 0 & 0 & \frac{1}{5} \\ 0 & 0 & 0 & \frac{1}{4} & 0 \\ 1 & 0 & 0 & 0 & 0 \\ 0 & \frac{1}{2} & 0 & 0 & 0 \\ 0 & 0 & \frac{1}{3} & 0 & 0 \end{pmatrix}.$$

在第 2 章中，曾讨论过求解矩阵方程的问题. 在这里，形如 $\boldsymbol{AX}=\boldsymbol{B}$ 的矩阵方程也可以用矩阵的初等变换来求解.

考虑求解矩阵方程 $\boldsymbol{AX}=\boldsymbol{B}$，其中 $\boldsymbol{A}$ 为 n 阶矩阵，$\boldsymbol{B}$ 为 $n\times m$ 矩阵. 如果系数矩阵 $\boldsymbol{A}$ 可逆，则 $\boldsymbol{X}=\boldsymbol{A}^{-1}\boldsymbol{B}$. 而当 $\boldsymbol{A}$ 可逆时，可知存在有限多个初等矩阵 $\boldsymbol{P}_1,\boldsymbol{P}_2,\cdots,\boldsymbol{P}_s$ 使 $\boldsymbol{A}=\boldsymbol{P}_1\boldsymbol{P}_2\cdots\boldsymbol{P}_s$，从而 $\boldsymbol{A}^{-1}=\boldsymbol{P}_s^{-1}\cdots\boldsymbol{P}_2^{-1}\boldsymbol{P}_1^{-1}$. 于是

$$\boldsymbol{P}_s^{-1}\cdots\boldsymbol{P}_2^{-1}\boldsymbol{P}_1^{-1}\boldsymbol{A}=\boldsymbol{E}, \tag{3.5}$$

$$\boldsymbol{P}_s^{-1}\cdots\boldsymbol{P}_2^{-1}\boldsymbol{P}_1^{-1}\boldsymbol{B}=\boldsymbol{A}^{-1}\boldsymbol{B}, \tag{3.6}$$

式(3.5)表示用 s 次初等行变换可以把矩阵 $\boldsymbol{A}$ 变换为矩阵 $\boldsymbol{E}$，式(3.6)表示用上述同样的初等行变换可以把矩阵 $\boldsymbol{B}$ 变换为矩阵 $\boldsymbol{A}^{-1}\boldsymbol{B}$. 也就是说，将矩阵 $\boldsymbol{A}$ 和矩阵 $\boldsymbol{B}$ 同步地进行初等行变换，当把矩阵 $\boldsymbol{A}$ 变换为矩阵 $\boldsymbol{E}$ 时，矩阵 $\boldsymbol{B}$ 也就变换成了矩阵 $\boldsymbol{A}^{-1}\boldsymbol{B}$.

综上所述，对于 n 阶矩阵 $\boldsymbol{A}$ 和 $n\times m$ 矩阵 $\boldsymbol{B}$，把 $n\times(n+m)$ 矩阵 $(\boldsymbol{A},\boldsymbol{B})$ 化为行最简形矩阵，若 $(\boldsymbol{A},\boldsymbol{B})$ 的行最简形矩阵为 $(\boldsymbol{E},\boldsymbol{X})$，即 $(\boldsymbol{A},\boldsymbol{B})\sim(\boldsymbol{E},\boldsymbol{X})$，则 $\boldsymbol{A}$ 可逆，且 $\boldsymbol{X}=\boldsymbol{A}^{-1}\boldsymbol{B}$.

特别的，当 $\boldsymbol{B}=\boldsymbol{E}$ 时，若 $(\boldsymbol{A},\boldsymbol{E})\sim(\boldsymbol{E},\boldsymbol{X})$，则 $\boldsymbol{A}$ 可逆，且 $\boldsymbol{X}=\boldsymbol{A}^{-1}$，这便是之前所学的利用矩阵初等行变换求矩阵的逆矩阵的方法.

例 3.7 解矩阵方程：$\begin{pmatrix}1 & -5\\-1 & 4\end{pmatrix}X=\begin{pmatrix}3 & 2\\1 & 4\end{pmatrix}$.

解 用矩阵的初等变换的方法解矩阵方程：

$$(A,B)=\begin{pmatrix}1 & -5 & 3 & 2\\-1 & 4 & 1 & 4\end{pmatrix}\overset{r_2+r_1}{\sim}\begin{pmatrix}1 & -5 & 3 & 2\\0 & -1 & 4 & 6\end{pmatrix}$$

$$\overset{r_2\times(-1)}{\sim}\begin{pmatrix}1 & -5 & 3 & 2\\0 & 1 & -4 & -6\end{pmatrix}\overset{r_1+5r_2}{\sim}\begin{pmatrix}1 & 0 & -17 & -28\\0 & 1 & -4 & -6\end{pmatrix},$$

所以

$$X=\begin{pmatrix}-17 & -28\\-4 & -6\end{pmatrix}.$$

例 3.8 求解矩阵方程 $AX=A+X$，其中 $A=\begin{bmatrix}2 & 2 & 0\\2 & 1 & 3\\0 & 1 & 0\end{bmatrix}$.

解 把所给方程变形为

$$(A-E)X=A.$$

$$(A-E,A)=\begin{bmatrix}1 & 2 & 0 & 2 & 2 & 0\\2 & 0 & 3 & 2 & 1 & 3\\0 & 1 & -1 & 0 & 1 & 0\end{bmatrix}\underset{r_2\leftrightarrow r_3}{\overset{r_2-2r_1}{\sim}}\begin{bmatrix}1 & 2 & 0 & 2 & 2 & 0\\0 & 1 & -1 & 0 & 1 & 0\\0 & -4 & 3 & -2 & -3 & 3\end{bmatrix}$$

$$\underset{r_3\div(-1)}{\overset{r_3+4r_2}{\sim}}\begin{bmatrix}1 & 2 & 0 & 2 & 2 & 0\\0 & 1 & -1 & 0 & 1 & 0\\0 & 0 & 1 & 2 & -1 & -3\end{bmatrix}\underset{r_1-2r_2}{\overset{r_2+r_3}{\sim}}\begin{bmatrix}1 & 0 & 0 & -2 & 2 & 6\\0 & 1 & 0 & 2 & 0 & -3\\0 & 0 & 1 & 2 & -1 & -3\end{bmatrix},$$

可见，$A-E\sim E$，因此 $A-E$ 可逆，所以

$$X=(A-E)^{-1}A=\begin{bmatrix}-2 & 2 & 6\\2 & 0 & -3\\2 & -1 & -3\end{bmatrix}.$$

解矩阵方程时，首先应该把矩阵方程化为标准形式，然后对未知矩阵进行求解. 在很多情况下，标准形式中的系数矩阵都是可逆的.

以上介绍了利用矩阵的初等行变换的方法求解矩阵方程 $AX=B$ 的解 $X=A^{-1}B$，如果要求解矩阵方程 $YC=D$ 的解 $Y=DC^{-1}$，则需要对矩阵 $\begin{pmatrix}C\\D\end{pmatrix}$ 作初等列变换，使

$$\begin{pmatrix}C\\D\end{pmatrix}\overset{c}{\sim}\begin{pmatrix}E\\DC^{-1}\end{pmatrix},$$

从而得到 $Y=DC^{-1}$. 但是通常情况下我们习惯作初等行变换，那么可对矩阵方程 $YC=D$ 两端同时转置，有 $C^{\mathrm{T}}Y^{\mathrm{T}}=D^{\mathrm{T}}$，于是可以看作形如 $AX=B$ 的矩阵方程，对 $(C^{\mathrm{T}},D^{\mathrm{T}})$ 作初等行变换，使

$$(C^{\mathrm{T}},D^{\mathrm{T}})\sim(E,(C^{\mathrm{T}})^{-1}D^{\mathrm{T}}),$$

即可得 $\boldsymbol{Y}^{\mathrm{T}}=(\boldsymbol{C}^{\mathrm{T}})^{-1}\boldsymbol{D}^{\mathrm{T}}=(\boldsymbol{C}^{-1})^{\mathrm{T}}\boldsymbol{D}^{\mathrm{T}}=(\boldsymbol{D}\boldsymbol{C}^{-1})^{\mathrm{T}}$，从而求得 $\boldsymbol{Y}$.

例 3.9　设 $\boldsymbol{A}=\begin{pmatrix}2&-1&-2\\1&1&-2\\4&-6&2\end{pmatrix}$ 的行最简形矩阵为 $\boldsymbol{F}$，求 $\boldsymbol{F}$，并求一个可逆矩阵 $\boldsymbol{P}$，使 $\boldsymbol{PA}=\boldsymbol{F}$.

解　把 $\boldsymbol{A}$ 用初等行变换化成行最简形，即为 $\boldsymbol{F}$. 但需求出 $\boldsymbol{P}$，由于 $\boldsymbol{A}$ 并非一定可逆，故不能利用 $\boldsymbol{P}=\boldsymbol{F}\boldsymbol{A}^{-1}$ 直接求解. 考虑 $\boldsymbol{PA}=\boldsymbol{F}$ 以及 $\boldsymbol{PE}=\boldsymbol{P}$，即 $\boldsymbol{P}(\boldsymbol{A},\boldsymbol{E})=(\boldsymbol{F},\boldsymbol{P})$，也就是对 $(\boldsymbol{A},\boldsymbol{E})$ 进行初等行变换，当把矩阵 $\boldsymbol{A}$ 变成 $\boldsymbol{F}$ 的同时，$\boldsymbol{E}$ 的部分也就变成了可逆矩阵 $\boldsymbol{P}$.

按上段所述，对 $(\boldsymbol{A},\boldsymbol{E})$ 作初等行变换把 $\boldsymbol{A}$ 化成行最简形，便同时得到 $\boldsymbol{F}$ 和 $\boldsymbol{P}$. 运算如下：

$$(\boldsymbol{A},\boldsymbol{E})=\begin{pmatrix}2&-1&-1&1&0&0\\1&1&-2&0&1&0\\4&-6&2&0&0&1\end{pmatrix}\underset{r_2-2r_1}{\overset{\substack{r_1\leftrightarrow r_2\\ r_3-2r_2}}{\sim}}\begin{pmatrix}1&1&-2&0&1&0\\0&-3&3&1&-2&0\\0&-4&4&-2&0&1\end{pmatrix}$$

$$\underset{r_3+4r_2}{\overset{\substack{r_2-r_3\\ r_1-r_2}}{\sim}}\begin{pmatrix}1&0&-1&-3&3&1\\0&1&-1&3&-2&-1\\0&0&0&10&-8&-3\end{pmatrix},$$

故 $\boldsymbol{F}=\begin{pmatrix}1&0&-1\\0&1&-1\\0&0&0\end{pmatrix}$ 为 $\boldsymbol{A}$ 的行最简形，而使 $\boldsymbol{PA}=\boldsymbol{F}$ 的可逆矩阵 $\boldsymbol{P}=\begin{pmatrix}-3&3&1\\3&-2&-1\\10&-8&-3\end{pmatrix}$.

3.3　矩阵的秩

在 3.1 节中我们指出，对于 $m\times n$ 矩阵 $\boldsymbol{A}$，它的标准形

$$\boldsymbol{F}=\begin{pmatrix}\boldsymbol{E}_r&\boldsymbol{O}\\\boldsymbol{O}&\boldsymbol{O}\end{pmatrix}_{m\times n}$$

由 m,n,r 三个数完全确定，其中 r 就是 $\boldsymbol{A}$ 的行阶梯形矩阵中非零行的行数，这个数便是矩阵 $\boldsymbol{A}$ 的秩. 但由于这个数的唯一性尚未给出证明，因此我们用另一种说法给出矩阵的秩的定义.

定义 3.4　在 $m\times n$ 矩阵 $\boldsymbol{A}$ 中，任取 k 行 k 列（$k\leqslant m,k\leqslant n$），位于这些行列交叉处的 k^2 个元素，不改变它们在 $\boldsymbol{A}$ 中所处的位置次序而得的 k 阶行列式，称为矩阵 $\boldsymbol{A}$ 的 k 阶子式.

很显然，矩阵 $\boldsymbol{A}$ 的 k 阶子式共有 $\mathrm{C}_m^k\cdot\mathrm{C}_n^k$ 个.

定义 3.5　设在矩阵 $\boldsymbol{A}$ 中有一个不等于 0 的 r 阶子式 D，且所有 $r+1$ 阶子式（如果存在的话）全等于 0，那么 D 称为矩阵 $\boldsymbol{A}$ 的最高阶非零子式，数 r 称为矩阵 $\boldsymbol{A}$ 的秩，记作 $R(\boldsymbol{A})$. 并规定零矩阵的秩等于零.

由行列式的性质可知，在 $\boldsymbol{A}$ 中当所有 $r+1$ 阶子式全等于 0 时，所有高于 $r+1$ 阶的子式也全等于 0，因此把 r 阶非零子式称为最高阶非零子式，而 $\boldsymbol{A}$ 的秩 $R(\boldsymbol{A})$ 就是 $\boldsymbol{A}$ 的非零子式的最高阶数.

由于 $R(\boldsymbol{A})$ 是 $\boldsymbol{A}$ 的非零子式的最高阶数，因此，若矩阵 $\boldsymbol{A}$ 中有某个 s 阶子式不为 0，则 $R(\boldsymbol{A})\geqslant s$；若 $\boldsymbol{A}$ 中所有 t 阶子式全为 0，则 $R(\boldsymbol{A})<t$.

显然，若 $\boldsymbol{A}$ 为 $m\times n$ 矩阵，则 $0\leqslant R(\boldsymbol{A})\leqslant\min\{m,n\}$.

由于行列式与其转置行列式相等，因此 $\boldsymbol{A}^{\mathrm{T}}$ 的子式与 $\boldsymbol{A}$ 的子式对应相等，从而 $R(\boldsymbol{A}^{\mathrm{T}})=R(\boldsymbol{A})$.

对于 n 阶矩阵 $\boldsymbol{A}$，由于 $\boldsymbol{A}$ 的 n 阶子式只有一个 $|\boldsymbol{A}|$，故当 $|\boldsymbol{A}|\neq 0$ 时 $R(\boldsymbol{A})=n$，当 $|\boldsymbol{A}|=0$ 时 $R(\boldsymbol{A})<n$. 可见，可逆矩阵的秩等于矩阵的阶数，不可逆矩阵的秩小于矩阵的阶数. 因此，可逆矩阵又称满秩矩阵，不可逆矩阵（奇异矩阵）又称降秩矩阵.

例 3.10 求矩阵 $\boldsymbol{A}$ 和 $\boldsymbol{B}$ 的秩，其中

$$\boldsymbol{A}=\begin{pmatrix}1&2&3\\2&3&-5\\4&7&1\end{pmatrix},\quad \boldsymbol{B}=\begin{pmatrix}2&-1&0&3&-2\\0&3&1&-2&5\\0&0&0&4&-3\\0&0&0&0&0\end{pmatrix}.$$

解 在 $\boldsymbol{A}$ 中，容易看出一个 2 阶子式 $\begin{vmatrix}1&2\\2&3\end{vmatrix}\neq 0$，$\boldsymbol{A}$ 的 3 阶子式只有一个 $|\boldsymbol{A}|$，经计算可知 $|\boldsymbol{A}|=0$，因此 $R(\boldsymbol{A})=2$.

$\boldsymbol{B}$ 是一个行阶梯形矩阵，其非零行有 3 行，即知 $\boldsymbol{B}$ 的所有 4 阶子式全为零. 而以三个非零行的第一个非零元为对角元的 3 阶行列式

$$\begin{vmatrix}2&-1&3\\0&3&-2\\0&0&4\end{vmatrix}$$

是一个上三角形行列式，它显然不等于 0，因此 $R(\boldsymbol{B})=3$.

从本例可知，对于一般的矩阵，当行数与列数较高时，按定义求秩是很麻烦的. 然而对于行阶梯形矩阵，它的秩就等于非零行的行数，因此自然想到用初等变换把矩阵化为行阶梯形矩阵，但两个等价矩阵的秩是否相等呢？下面的定理对此作出肯定的回答.

定理 3.3 若 $\boldsymbol{A}\sim\boldsymbol{B}$，则 $R(\boldsymbol{A})=R(\boldsymbol{B})$.

证 先证明：若 $\boldsymbol{A}$ 经一次初等行变换变为 $\boldsymbol{B}$，则 $R(\boldsymbol{A})\leqslant R(\boldsymbol{B})$. 设 $R(\boldsymbol{A})=r$，且 $\boldsymbol{A}$ 的某个 r 阶子式 $D\neq 0$.

当 $\boldsymbol{A}\overset{r_i\leftrightarrow r_j}{\sim}\boldsymbol{B}$ 或 $\boldsymbol{A}\overset{r_i\times k}{\sim}\boldsymbol{B}$ 时，在 $\boldsymbol{B}$ 中总能找到与 D 相对应的 r 阶子式 D_1，由于 $D_1=D$ 或 $D_1=-D$ 或 $D_1=kD$，因此 $D_1\neq 0$，从而 $R(\boldsymbol{B})\geqslant r$.

当 $\boldsymbol{A}\overset{r_i+k_j}{\sim}\boldsymbol{B}$ 时，因为对于变换 $r_i\leftrightarrow r_j$ 上面已作讨论，所以只需考虑 $\boldsymbol{A}\overset{r_1+kr_2}{\sim}\boldsymbol{B}$ 这一特殊

情形. 分两种情形讨论：①$\boldsymbol{A}$ 的 r 阶非零子式 D 不包含 $\boldsymbol{A}$ 的第 1 行. 这时 D 也是 $\boldsymbol{B}$ 的 r 阶非零子式，故 $R(\boldsymbol{B})\geqslant r$；②$D$ 包含 $\boldsymbol{A}$ 的第 1 行，这时把 $\boldsymbol{B}$ 中与 D 对应的 r 阶子式 D，记作

$$D_1=\begin{vmatrix} r_1+kr_2 \\ r_p \\ \vdots \\ r_q \end{vmatrix}=\begin{vmatrix} r_1 \\ r_p \\ \vdots \\ r_q \end{vmatrix}+k\begin{vmatrix} r_2 \\ r_p \\ \vdots \\ r_q \end{vmatrix}=D+kD_2,$$

若 $p=2$，则 $D_1=D\neq 0$；若 $p\neq 2$，则 D_2 也是 $\boldsymbol{B}$ 的 r 阶子式，由 $D_1-kD_2=D\neq 0$，知 D_1 与 D_2 不同时为 0. 总之，$\boldsymbol{B}$ 中存在 r 阶非零子式 D_1 或 D_2，故 $R(\boldsymbol{B})\geqslant r$.

以上证明了若 $\boldsymbol{A}$ 经一次初等行变换变为 $\boldsymbol{B}$，则 $R(\boldsymbol{A})\leqslant R(\boldsymbol{B})$，由于 $\boldsymbol{B}$ 亦可经一次初等行变换变为 $\boldsymbol{A}$，故也有 $R(\boldsymbol{B})\leqslant R(\boldsymbol{A})$，因此 $R(\boldsymbol{A})=R(\boldsymbol{B})$.

经一次初等行变换矩阵的秩不变，即可知经有限次初等行变换矩阵的秩仍不变.

设 $\boldsymbol{A}$ 经初等列变换变为 $\boldsymbol{B}$，则 $\boldsymbol{A}^{\mathrm{T}}$ 经初等行变换变为 $\boldsymbol{B}^{\mathrm{T}}$，由前面证明知 $R(\boldsymbol{A}^{\mathrm{T}})=R(\boldsymbol{B}^{\mathrm{T}})$，又 $R(\boldsymbol{A})=R(\boldsymbol{A}^{\mathrm{T}})$，$R(\boldsymbol{B})=R(\boldsymbol{B}^{\mathrm{T}})$，因此 $R(\boldsymbol{A})=R(\boldsymbol{B})$.

总之，若 $\boldsymbol{A}$ 经有限次初等变换变为 $\boldsymbol{B}$（即 $\boldsymbol{A}\sim\boldsymbol{B}$），则 $R(\boldsymbol{A})=R(\boldsymbol{B})$.

由于 $\boldsymbol{A}\sim\boldsymbol{B}$ 的充分必要条件是有可逆矩阵 $\boldsymbol{P}$，$\boldsymbol{Q}$，使 $\boldsymbol{PAQ}=\boldsymbol{B}$，因此可得：

推论 若存在可逆矩阵 $\boldsymbol{P}$，$\boldsymbol{Q}$，使 $\boldsymbol{PAQ}=\boldsymbol{B}$，则 $R(\boldsymbol{A})=R(\boldsymbol{B})$.

根据定理 3.3，为求矩阵的秩，只要把矩阵用初等行变换变成行阶梯形矩阵，行阶梯形矩阵中非零行的行数即是该矩阵的秩.

例 3.11 设 $\boldsymbol{A}=\begin{pmatrix} 3 & 2 & 0 & 5 & 0 \\ 3 & -2 & 3 & 6 & -1 \\ 2 & 0 & 1 & 5 & -3 \\ 1 & 6 & -4 & -1 & 4 \end{pmatrix}$，求矩阵 $\boldsymbol{A}$ 的秩，并求矩阵 $\boldsymbol{A}$ 的一个最高阶非零子式.

解 $$\boldsymbol{A}=\begin{pmatrix} 3 & 2 & 0 & 5 & 0 \\ 3 & -2 & 3 & 6 & -1 \\ 2 & 0 & 1 & 5 & -3 \\ 1 & 6 & -4 & -1 & 4 \end{pmatrix}\underset{r_3-2r_1,r_4-3r_1}{\overset{r_1\leftrightarrow r_4,r_2-r_4}{\sim}}\begin{pmatrix} 1 & 6 & -4 & -1 & 4 \\ 0 & -4 & 3 & 1 & -1 \\ 0 & -12 & 9 & 7 & -11 \\ 0 & -16 & 12 & 8 & -12 \end{pmatrix}$$

$$\underset{r_4-4r_2}{\overset{r_3-3r_2}{\sim}}\begin{pmatrix} 1 & 6 & -4 & -1 & 4 \\ 0 & -4 & 3 & 1 & -1 \\ 0 & 0 & 0 & 4 & -8 \\ 0 & 0 & 0 & 4 & -8 \end{pmatrix}\overset{r_4-r_3}{\sim}\begin{pmatrix} 1 & 6 & -4 & -1 & 4 \\ 0 & -4 & 3 & 1 & -1 \\ 0 & 0 & 0 & 4 & -8 \\ 0 & 0 & 0 & 0 & 0 \end{pmatrix},$$

由于行阶梯形矩阵有 3 个非零行，故矩阵 $\boldsymbol{A}$ 的秩为 3，即 $R(\boldsymbol{A})=3$.

再求 $\boldsymbol{A}$ 的一个最高阶非零子式. 由于 $R(\boldsymbol{A})=3$，可知 $\boldsymbol{A}$ 的最高阶非零子式为 3 阶. $\boldsymbol{A}$ 的 3 阶子式共有 $\mathrm{C}_4^3\cdot\mathrm{C}_5^3=40$ 个，要从 40 个子式中找出一个非零子式，是比较麻烦的. 考察 $\boldsymbol{A}$ 的行阶梯形矩阵，记 $\boldsymbol{A}=(\boldsymbol{a}_1,\boldsymbol{a}_2,\boldsymbol{a}_3,\boldsymbol{a}_4,\boldsymbol{a}_5)$，则矩阵 $\boldsymbol{A}_0=(\boldsymbol{a}_1,\boldsymbol{a}_2,\boldsymbol{a}_4)$ 的行阶梯形矩

阵为

$$\begin{pmatrix}1 & 6 & -1\\0 & -4 & 1\\0 & 0 & 4\\0 & 0 & 0\end{pmatrix},$$

知 $R(\boldsymbol{A}_0)=3$，故 $\boldsymbol{A}_0$ 中必有 3 阶非零子式. $\boldsymbol{A}_0$ 的 3 阶子式有 4 个，在 $\boldsymbol{A}_0$ 的 4 个 3 阶子式中找一个非零子式比 $\boldsymbol{A}$ 中找非零子式要方便很多. 容易计算 $\boldsymbol{A}_0$ 的前三行构成的子式

$$\begin{vmatrix}3 & 2 & 5\\3 & -2 & 6\\2 & 0 & 5\end{vmatrix}=\begin{vmatrix}3 & 2 & 5\\6 & 0 & 11\\2 & 0 & 5\end{vmatrix}=-2\begin{vmatrix}6 & 11\\2 & 5\end{vmatrix}\neq 0,$$

可以验证，这个子式便是 $\boldsymbol{A}$ 的一个最高阶非零子式.

例 3.12 设

$$\boldsymbol{A}=\begin{pmatrix}1 & -2 & 2 & -1\\2 & -4 & 8 & 0\\-2 & 4 & -2 & 3\\3 & -6 & 0 & -6\end{pmatrix},\boldsymbol{b}=\begin{pmatrix}1\\2\\3\\4\end{pmatrix},$$

求矩阵 $\boldsymbol{A}$ 及矩阵 $\boldsymbol{B}=(\boldsymbol{A},\boldsymbol{b})$ 的秩.

解 对 $\boldsymbol{B}$ 作初等行变换变为行阶梯形矩阵，设 $\boldsymbol{B}$ 的行阶梯形矩阵为 $\widetilde{\boldsymbol{B}}=(\widetilde{\boldsymbol{A}},\widetilde{\boldsymbol{b}})$，则其中 $\widetilde{\boldsymbol{A}}$ 就是 $\boldsymbol{A}$ 的行阶梯形矩阵，因此从 $\widetilde{\boldsymbol{B}}=(\widetilde{\boldsymbol{A}},\widetilde{\boldsymbol{b}})$ 中可同时看出 $R(\boldsymbol{A})$ 及 $R(\boldsymbol{B})$.

$$\boldsymbol{B}=\begin{pmatrix}1 & -2 & 2 & -1 & 1\\2 & -4 & 8 & 0 & 2\\-2 & 4 & -2 & 3 & 3\\3 & -6 & 0 & -6 & 4\end{pmatrix}\xrightarrow[r_4-3r_1]{\substack{r_2-2r_1\\r_3+2r_1}}\begin{pmatrix}1 & -2 & 2 & -1 & 1\\0 & 0 & 4 & 2 & 0\\0 & 0 & 2 & 1 & 5\\0 & 0 & -6 & -3 & 1\end{pmatrix}$$

$$\xrightarrow[r_4+3r_2]{\substack{r_2\times\frac{1}{2}\\r_3-r_2}}\begin{pmatrix}1 & -2 & 2 & -1 & 1\\0 & 0 & 2 & 1 & 0\\0 & 0 & 0 & 0 & 5\\0 & 0 & 0 & 0 & 1\end{pmatrix}\xrightarrow[r_4-r_3]{r_3\times\frac{1}{5}}\begin{pmatrix}1 & -2 & 2 & -1 & 1\\0 & 0 & 2 & 1 & 0\\0 & 0 & 0 & 0 & 1\\0 & 0 & 0 & 0 & 0\end{pmatrix}$$

所以
$$R(\boldsymbol{A})=2,\quad R(\boldsymbol{B})=3.$$

从矩阵 $\boldsymbol{B}$ 的行阶梯形矩阵可知，本例中的 $\boldsymbol{A}$ 与 $\boldsymbol{b}$ 所对应的线性方程组 $\boldsymbol{Ax}=\boldsymbol{b}$ 是无解的，这是因为行阶梯形矩阵的第 3 行表示矛盾方程 $0=1$.

例 3.13 设 $\boldsymbol{A}=\begin{pmatrix}1 & 2 & -1 & 1\\3 & 2 & \lambda & -1\\5 & 6 & 3 & \mu\end{pmatrix}$，已知 $R(\boldsymbol{A})=2$，求 λ 与 μ.

解 $A \overset{r_2-3r_1}{\underset{r_3-5r_1}{\sim}} \begin{pmatrix} 1 & -1 & 1 & 2 \\ 0 & \lambda+3 & -4 & -4 \\ 0 & 8 & \mu-5 & -4 \end{pmatrix}$

$\overset{r_3-r_2}{\sim} \begin{pmatrix} 1 & -1 & 1 & 2 \\ 0 & \lambda+3 & -4 & -4 \\ 0 & 5-\lambda & \mu-1 & 0 \end{pmatrix}$,

因 $R(\boldsymbol{A})=2$,所以

$$\begin{cases} 5-\lambda=0 \\ \mu-1=0 \end{cases},\quad 即 \begin{cases} \lambda=5 \\ \mu=1 \end{cases}.$$

下面我们对矩阵的秩的性质进行讨论和归纳总结.

① $0 \leqslant R(\boldsymbol{A}_{m\times n}) \leqslant \min\{m,n\}$,$R(\boldsymbol{A})=0$ 当且仅当 $\boldsymbol{A}=\boldsymbol{O}$.

② $R(\boldsymbol{A})=R(\boldsymbol{A}^{\mathrm{T}})$.

③ $R(k\boldsymbol{A})=R(\boldsymbol{A}), k\neq 0$.

④ $\boldsymbol{A}\sim\boldsymbol{B}$,则 $R(\boldsymbol{A})\sim R(\boldsymbol{B})$.

⑤ 若 $\boldsymbol{P},\boldsymbol{Q}$ 可逆,则 $R(\boldsymbol{A})=R(\boldsymbol{PA})=R(\boldsymbol{AQ})=R(\boldsymbol{PAQ})$.

例 3.14 设 $\boldsymbol{A}$ 是 4×5 矩阵且 $R(\boldsymbol{A})=3$,$\boldsymbol{B}=\begin{pmatrix} 1 & 2 & 3 & 4 \\ 2 & 3 & 4 & 0 \\ 3 & 4 & 0 & 0 \\ 4 & 0 & 0 & 0 \end{pmatrix}$,求 $R(\boldsymbol{BA})$.

解 由 $|\boldsymbol{B}|=\begin{vmatrix} 1 & 2 & 3 & 4 \\ 2 & 3 & 4 & 0 \\ 3 & 4 & 0 & 0 \\ 4 & 0 & 0 & 0 \end{vmatrix}=256\neq 0$ 可知 $\boldsymbol{B}$ 是可逆矩阵,所以,$R(\boldsymbol{BA})=R(\boldsymbol{A})=3$.

⑥ $\max\{R(\boldsymbol{A}),R(\boldsymbol{B})\}\leqslant R(\boldsymbol{A},\boldsymbol{B})\leqslant R(\boldsymbol{A})+R(\boldsymbol{B})$. 特别的,当 $\boldsymbol{B}=\boldsymbol{b}$ 为非零列向量时,有 $R(\boldsymbol{A})\leqslant R(\boldsymbol{A},\boldsymbol{b})\leqslant R(\boldsymbol{A})+1$.

证 因为 $\boldsymbol{A}$ 的最高阶非零子式总是 $(\boldsymbol{A},\boldsymbol{B})$ 的非零子式,所以 $R(\boldsymbol{A})\leqslant R(\boldsymbol{A},\boldsymbol{B})$,$R(\boldsymbol{B})\leqslant R(\boldsymbol{A},\boldsymbol{B})$,两式合起来,即为

$$\max\{R(\boldsymbol{A}),R(\boldsymbol{B})\}\leqslant R(\boldsymbol{A},\boldsymbol{B}).$$

设 $R(\boldsymbol{A})=r$,$R(\boldsymbol{B})=t$. 把 $\boldsymbol{A}$ 和 $\boldsymbol{B}$ 分别作初等列变换化为列阶梯形矩阵 $\widetilde{\boldsymbol{A}}$ 和 $\widetilde{\boldsymbol{B}}$,则 $\widetilde{\boldsymbol{A}}$ 和 $\widetilde{\boldsymbol{B}}$ 中分别含 r 个和 t 个非零列,故可设

$$\boldsymbol{A}\overset{c}{\sim}\widetilde{\boldsymbol{A}}=(\widetilde{a}_1,\cdots,\widetilde{a}_r,0,\cdots,0),\quad \boldsymbol{B}\overset{c}{\sim}\widetilde{\boldsymbol{B}}=(\widetilde{b}_1,\cdots,\widetilde{b}_t,0,\cdots,0)$$

从而
$$(\boldsymbol{A},\boldsymbol{B})\overset{c}{\sim}(\widetilde{\boldsymbol{A}},\widetilde{\boldsymbol{B}}).$$

由于 $(\widetilde{\boldsymbol{A}},\widetilde{\boldsymbol{B}})$ 中只含 $r+t$ 个非零列,因此 $R(\widetilde{\boldsymbol{A}},\widetilde{\boldsymbol{B}})\leqslant r+t$,而 $R(\boldsymbol{A},\boldsymbol{B})=R(\widetilde{\boldsymbol{A}},\widetilde{\boldsymbol{B}})$ 故 $R(\boldsymbol{A},\boldsymbol{B})\leqslant r+$

t,即

$$R(\boldsymbol{A},\boldsymbol{B})\leqslant R(\boldsymbol{A})+R(\boldsymbol{B}).$$

⑦ $R(\boldsymbol{A}+\boldsymbol{B})\leqslant R(\boldsymbol{A})+R(\boldsymbol{B})$.

证 不妨设 $\boldsymbol{A},\boldsymbol{B}$ 为 $m\times n$ 矩阵. 对矩阵 $(\boldsymbol{A}+\boldsymbol{B},\boldsymbol{B})$ 作初等列变换

$$c_i-c_{n+i}(i=1,\cdots,n),\quad 即得(\boldsymbol{A}+\boldsymbol{B},\boldsymbol{B})\overset{c}{\sim}(\boldsymbol{A},\boldsymbol{B}),$$

于是
$$R(\boldsymbol{A}+\boldsymbol{B})\leqslant R(\boldsymbol{A}+\boldsymbol{B},\boldsymbol{B})=R(\boldsymbol{A},\boldsymbol{B})\leqslant R(\boldsymbol{A})+R(\boldsymbol{B}).$$

例 3.15 设 $\boldsymbol{A}$ 为 n 阶矩阵,证明 $R(\boldsymbol{A}+\boldsymbol{E})+R(\boldsymbol{A}-\boldsymbol{E})\geqslant n$.

证 因 $(\boldsymbol{A}+\boldsymbol{E})+(\boldsymbol{E}-\boldsymbol{A})=2\boldsymbol{E}$,由性质⑦,有

$$R(\boldsymbol{A}+\boldsymbol{E})+R(\boldsymbol{E}-\boldsymbol{A})\geqslant R(2\boldsymbol{E})=n,$$

而 $R(\boldsymbol{E}-\boldsymbol{A})=R(\boldsymbol{A}-\boldsymbol{E})$,所以

$$R(\boldsymbol{A}+\boldsymbol{E})+R(\boldsymbol{A}-\boldsymbol{E})\geqslant n.$$

⑧ $R(\boldsymbol{AB})\leqslant\min\{R(\boldsymbol{A}),R(\boldsymbol{B})\}$.(见本章定理 3.7)

⑨ 若 $\boldsymbol{A}_{m\times n}\boldsymbol{B}_{n\times l}=\boldsymbol{O}$,则 $R(\boldsymbol{A})+R(\boldsymbol{B})\leqslant n$.(见第 4 章例 4.17)

例 3.16 求证:若 $\boldsymbol{A}_{m\times n}\boldsymbol{B}_{n\times l}=\boldsymbol{C}$,且 $R(\boldsymbol{A})=n$,则 $R(\boldsymbol{B})=R(\boldsymbol{C})$.

证 由 $R(\boldsymbol{A})=n$,可知 $\boldsymbol{A}$ 的行最简形矩阵为 $\begin{pmatrix}\boldsymbol{E}_n\\ \boldsymbol{O}\end{pmatrix}_{m\times n}$,根据初等变换与初等矩阵的关系,可知存在 m 阶可逆矩阵 $\boldsymbol{P}$,使得

$$\boldsymbol{PA}=\begin{pmatrix}\boldsymbol{E}_n\\ \boldsymbol{O}\end{pmatrix}_{m\times n}.$$

于是
$$\boldsymbol{PC}=\boldsymbol{PAB}=\begin{pmatrix}\boldsymbol{E}_n\\ \boldsymbol{O}\end{pmatrix}\boldsymbol{B}=\begin{pmatrix}\boldsymbol{B}\\ \boldsymbol{O}\end{pmatrix}.$$

由矩阵的秩的性质可知,$R(\boldsymbol{C})=R(\boldsymbol{PC})$,而 $R\begin{pmatrix}\boldsymbol{B}\\ \boldsymbol{O}\end{pmatrix}=R(\boldsymbol{B})$,因此

$$R(\boldsymbol{C})=R(\boldsymbol{B}).$$

在上述的例题中,矩阵 $\boldsymbol{A}$ 的秩与其列数相同,这样的矩阵称为列满秩矩阵. 当 $\boldsymbol{A}$ 为方阵时,列满秩矩阵就是满秩矩阵,也就是可逆矩阵. 因此,本例的结论当 $\boldsymbol{A}$ 为方阵这一特殊情形时就是矩阵秩的性质⑤.

此外,本例还有一种特殊情况就是当 $\boldsymbol{C}=\boldsymbol{O}$ 时,此时有:

设 $\boldsymbol{AB}=\boldsymbol{O}$,若矩阵 $\boldsymbol{A}$ 为列满秩矩阵,则 $\boldsymbol{B}=\boldsymbol{O}$.

这是因为,根据本例的结论,此时有 $R(\boldsymbol{B})=0$,故 $\boldsymbol{B}=\boldsymbol{O}$. 该定理说明了 $\boldsymbol{AB}=\boldsymbol{O}$ 这种形式中消去 $\boldsymbol{A}$ 的条件.

3.4 线性方程组的解

根据矩阵的乘法,线性方程组(1.21)常记为 $\boldsymbol{Ax}=\boldsymbol{b}$,其中

$$\boldsymbol{A}=(a_{ij})=\begin{pmatrix} a_{11} & a_{12} & \cdots & a_{1n} \\ a_{21} & a_{22} & \cdots & a_{2n} \\ \vdots & \vdots & & \vdots \\ a_{m1} & a_{m2} & \cdots & a_{mn} \end{pmatrix},$$

称为该方程组的系数矩阵，

$$\boldsymbol{x}=\begin{pmatrix} x_1 \\ x_2 \\ \vdots \\ x_n \end{pmatrix},\quad \boldsymbol{b}=\begin{pmatrix} b_1 \\ b_2 \\ \vdots \\ b_m \end{pmatrix},$$

这种记法称为线性方程组的矩阵表达形式；同理，齐次线性方程组(1.22)的矩阵表达式记为 $\boldsymbol{Ax}=\boldsymbol{0}$.

利用系数矩阵 $\boldsymbol{A}$ 和增广矩阵 $\boldsymbol{B}=(\boldsymbol{A},\boldsymbol{b})$ 的秩，可以方便地讨论线性方程组是否有解以及有解时解是否唯一等问题.

定理 3.4　n 元线性方程组 $\boldsymbol{Ax}=\boldsymbol{b}$

(1) 无解的充分必要条件是 $R(\boldsymbol{A})<R(\boldsymbol{A},\boldsymbol{b})$；

(2) 有唯一解的充分必要条件是 $R(\boldsymbol{A})=R(\boldsymbol{A},\boldsymbol{b})=n$；

(3) 有无穷多解的充分必要条件是 $R(\boldsymbol{A})=R(\boldsymbol{A},\boldsymbol{b})<n$.

证　由于(1)、(2)、(3)条件的必要性分别是(2)(3)、(1)(3)、(1)(2)条件的充分性的逆否命题，因此这里只证明该定理的充分性.

设 $R(\boldsymbol{A})=r$，方程组的增广矩阵

$$(\boldsymbol{A},\boldsymbol{b})=\begin{pmatrix} a_{11} & a_{12} & \cdots & a_{1n} & b_1 \\ a_{21} & a_{22} & \cdots & a_{2n} & b_2 \\ \vdots & \vdots & & \vdots & \vdots \\ a_{m1} & a_{m2} & \cdots & a_{mn} & b_m \end{pmatrix},$$

用初等行变换化为行最简形矩阵 $(\widetilde{\boldsymbol{A}},\widetilde{\boldsymbol{b}})$，记为

$$(\widetilde{\boldsymbol{A}},\widetilde{\boldsymbol{b}})=\begin{pmatrix} 1 & 0 & \cdots & 0 & b_{11} & \cdots & b_{1,n-r} & d_1 \\ 0 & 1 & \cdots & 0 & b_{21} & \cdots & b_{2,n-r} & d_2 \\ \vdots & \vdots & & \vdots & \vdots & & \vdots & \vdots \\ 0 & 0 & \cdots & 1 & b_{r1} & \cdots & b_{r,n-r} & d_r \\ 0 & 0 & \cdots & 0 & 0 & \cdots & 0 & d_{r+1} \\ 0 & 0 & \cdots & 0 & 0 & \cdots & 0 & 0 \\ \vdots & \vdots & & \vdots & \vdots & & \vdots & \vdots \\ 0 & 0 & \cdots & 0 & 0 & \cdots & 0 & 0 \end{pmatrix}.$$

(1) 若 $R(\boldsymbol{A})<R(\boldsymbol{A},\boldsymbol{b})$，则 $(\widetilde{\boldsymbol{A}},\widetilde{\boldsymbol{b}})$ 中的 $d_{r+1}\neq 0$，不妨设 $d_{r+1}=1$，于是 $(\widetilde{\boldsymbol{A}},\widetilde{\boldsymbol{b}})$ 的第 $r+1$

行对应矛盾的方程 0=1,所以方程组无解.

(2) 若 $R(\mathbf{A})=R(\mathbf{A},\boldsymbol{b})=r=n$,则$(\widetilde{\mathbf{A}},\widetilde{\boldsymbol{b}})$中的 $d_{r+1}=0$,且 b_{ij} 均不出现,即

$$(\widetilde{\mathbf{A}},\widetilde{\boldsymbol{b}})=\begin{pmatrix}1&0&\cdots&0&d_1\\0&1&\cdots&0&d_2\\\vdots&\vdots&&\vdots&\vdots\\0&0&\cdots&1&d_n\\0&0&\cdots&0&0\\0&0&\cdots&0&0\\\vdots&\vdots&&\vdots&\vdots\\0&0&\cdots&0&0\end{pmatrix},$$

此时对应方程组

$$\begin{cases}x_1=d_1\\x_2=d_2\\\quad\vdots\\x_n=d_n\end{cases},$$

故方程组有唯一解.

(3) 若 $R(\mathbf{A})=R(\mathbf{A},\boldsymbol{b})=r<n$,则$(\widetilde{\mathbf{A}},\widetilde{\boldsymbol{b}})$中的 $d_{r+1}=0$,即

$$(\widetilde{\mathbf{A}},\widetilde{\boldsymbol{b}})=\begin{pmatrix}1&0&\cdots&0&b_{11}&\cdots&b_{1,n-r}&d_1\\0&1&\cdots&0&b_{21}&\cdots&b_{2,n-r}&d_2\\\vdots&\vdots&&\vdots&\vdots&&\vdots&\vdots\\0&0&\cdots&1&b_{r1}&\cdots&b_{r,n-r}&d_r\\0&0&\cdots&0&0&\cdots&0&0\\0&0&\cdots&0&0&\cdots&0&0\\\vdots&\vdots&&\vdots&\vdots&&\vdots&\vdots\\0&0&\cdots&0&0&\cdots&0&0\end{pmatrix},$$

此时对应方程组

$$\begin{cases}x_1=-b_{11}x_{r+1}-\cdots-b_{1,n-r}x_n+d_1\\x_2=-b_{21}x_{r+1}-\cdots-b_{2,n-r}x_n+d_2\\\quad\cdots\cdots\cdots\cdots\\x_r=-b_{r1}x_{r+1}-\cdots-b_{r,n-r}x_n+d_r\end{cases},$$

令自由未知数 $x_{r+1}=c_1,\cdots,x_n=c_{n-r}$,即得方程组含 $n-r$ 个参数的解

$$\begin{pmatrix} x_1 \\ \vdots \\ x_r \\ x_{r+1} \\ \vdots \\ x_n \end{pmatrix} = \begin{pmatrix} -b_{11}c_1 - \cdots - b_{1,n-r}c_{n-r} + d_1 \\ \vdots \\ -b_{r1}c_1 - \cdots - b_{r,n-r}c_{n-r} + d_r \\ c_1 \\ \vdots \\ c_{n-r} \end{pmatrix},$$

即

$$\begin{pmatrix} x_1 \\ \vdots \\ x_r \\ x_{r+1} \\ \vdots \\ x_n \end{pmatrix} = c_1 \begin{pmatrix} -b_{11} \\ \vdots \\ -b_{r1} \\ 1 \\ \vdots \\ 0 \end{pmatrix} + \cdots + c_{n-r} \begin{pmatrix} -b_{1,n-r} \\ \vdots \\ -b_{r,n-r} \\ 0 \\ \vdots \\ 1 \end{pmatrix} + \begin{pmatrix} d_1 \\ \vdots \\ d_r \\ 0 \\ \vdots \\ 0 \end{pmatrix}, \tag{3.7}$$

由于参数 $c_1,\cdots,c_{n-r}$ 可以任意取值，所以方程组有无穷多解.

当 $R(\boldsymbol{A})=R(\boldsymbol{A},\boldsymbol{b})=r<n$ 时，由于含 $n-r$ 个参数的解(3.7)可表示线性方程组(1.21)的任一解，因此解(3.7)称为线性方程组(1.21)的通解.

定理 3.4 的证明过程给出了求解线性方程组的步骤，归纳起来如下：

对于非齐次线性方程组，把它的增广矩阵 $\boldsymbol{B}$ 化成行阶梯形，从 $\boldsymbol{B}$ 的行阶梯形可同时看出 $R(\boldsymbol{A})$ 和 $R(\boldsymbol{B})$. 若 $R(\boldsymbol{A})<R(\boldsymbol{B})$，则方程组无解；若 $R(\boldsymbol{A})=R(\boldsymbol{B})$，则进一步把增广矩阵 $\boldsymbol{B}$ 化成行最简形，设 $R(\boldsymbol{A})=R(\boldsymbol{B})=r<n$，把行最简形中 r 个非零行的非零首元所对应的未知数取作非自由未知数，其余 $n-r$ 个未知数取作自由未知数，并令自由未知数分别等于 $c_1,c_2,\cdots,c_{n-r}$，由 $\boldsymbol{B}$ 的行最简形，即可写出含 $n-r$ 个参数的通解.

例 3.17　解线性方程组 $\begin{cases} 2x_1+2x_2+2x_3=4 \\ 2x_1+2x_2+3x_3=5 \\ 3x_1+4x_2+5x_3=7 \\ 7x_1+8x_2+10x_3=6 \end{cases}$.

解　$$\boldsymbol{B} = \begin{pmatrix} 2 & 2 & 2 & 4 \\ 2 & 2 & 3 & 5 \\ 3 & 4 & 5 & 7 \\ 7 & 8 & 10 & 6 \end{pmatrix} \overset{r_1 \times \frac{1}{2}}{\sim} \begin{pmatrix} 1 & 1 & 1 & 2 \\ 2 & 2 & 3 & 5 \\ 3 & 4 & 5 & 7 \\ 7 & 8 & 10 & 6 \end{pmatrix}$$

$$\underset{r_4-7r_1}{\overset{\substack{r_2-2r_1 \\ r_3-3r_1}}{\sim}} \begin{pmatrix} 1 & 1 & 1 & 2 \\ 0 & 0 & 1 & 1 \\ 0 & 1 & 2 & 1 \\ 0 & 1 & 3 & -8 \end{pmatrix} \overset{r_2 \leftrightarrow r_3}{\sim} \begin{pmatrix} 1 & 1 & 1 & 2 \\ 0 & 1 & 2 & 1 \\ 0 & 0 & 1 & 1 \\ 0 & 1 & 3 & -8 \end{pmatrix}$$

$$\overset{r_4-r_2}{\sim}\begin{pmatrix}1&1&1&2\\0&1&2&1\\0&0&1&1\\0&0&1&-9\end{pmatrix}\overset{r_4-r_3}{\sim}\begin{pmatrix}1&1&1&2\\0&1&2&1\\0&0&1&1\\0&0&0&-10\end{pmatrix}.$$

可见，$R(\boldsymbol{A})=3$，$R(\boldsymbol{B})=4$，故方程组无解.

例 3.18 解线性方程组$\begin{cases}x_1+x_2+x_3+x_4=2\\2x_1+3x_2+4x_3+5x_4=3.\\3x_1+4x_2+5x_3+6x_4=5\end{cases}$

解 将增广矩阵进行初等行变换：

$$\boldsymbol{B}=\begin{pmatrix}1&1&1&1&2\\2&3&4&5&3\\3&4&5&6&5\end{pmatrix}\underset{r_3-3r_1}{\overset{r_2-2r_1}{\sim}}\begin{pmatrix}1&1&1&1&2\\0&1&2&3&-1\\0&1&2&3&-1\end{pmatrix}$$

$$\overset{r_3-r_2}{\sim}\begin{pmatrix}1&1&1&1&2\\0&1&2&3&-1\\0&0&0&0&0\end{pmatrix}\overset{r_1-r_2}{\sim}\begin{pmatrix}1&0&-1&-2&3\\0&1&2&3&-1\\0&0&0&0&0\end{pmatrix},$$

此时对应阶梯形方程组为

$$\begin{cases}x_1-x_3-2x_4=3\\x_2+2x_3+3x_4=-1\end{cases},$$

由此即得

$$\begin{cases}x_1=x_3+2x_4+3\\x_2=-2x_3-3x_4-1\end{cases},$$

令 $x_3=c_1$，$x_4=c_2$，把上式写成参数形式，即

$$\begin{cases}x_1=c_1+2c_2+3\\x_2=-2c_1-3c_2-1\\x_3=c_1\\x_4=c_2\end{cases}，\quad 其中 c_1,c_2 为常数.$$

也就是

$$\boldsymbol{x}=\begin{pmatrix}x_1\\x_2\\x_3\\x_4\end{pmatrix}=c_1\begin{pmatrix}1\\-2\\1\\0\end{pmatrix}+c_2\begin{pmatrix}2\\-3\\0\\1\end{pmatrix}+\begin{pmatrix}3\\-1\\0\\0\end{pmatrix}，\quad 其中 c_1,c_2 为常数.$$

例 3.19 已知非齐次线性方程组$\begin{cases}(1+\lambda)x_1+x_2+x_3=0\\x_1+(1+\lambda)x_2+x_3=3\\x_1+x_2+(1+\lambda)x_3=\lambda\end{cases}$，讨论 λ 分别

取何值时,此方程组(1)有唯一解;(2)无解;(3)有无穷多个解?

解　对增广矩阵 $\boldsymbol{B}=(\boldsymbol{A},\boldsymbol{b})$进行初等行变换:

$$\boldsymbol{B}=\begin{pmatrix}1+\lambda & 1 & 1 & 0\\ 1 & 1+\lambda & 1 & 3\\ 1 & 1 & 1+\lambda & \lambda\end{pmatrix}\overset{r_1\leftrightarrow r_3}{\sim}\begin{pmatrix}1 & 1 & 1+\lambda & \lambda\\ 1 & 1+\lambda & 1 & 3\\ 1+\lambda & 1 & 1 & 0\end{pmatrix}$$

$$\underset{r_3-(1+\lambda)r_1}{\overset{r_2-r_1}{\sim}}\begin{pmatrix}1 & 1 & 1+\lambda & \lambda\\ 0 & \lambda & -\lambda & 3-\lambda\\ 0 & -\lambda & -\lambda(2+\lambda) & -\lambda(1+\lambda)\end{pmatrix}$$

$$\overset{r_3+r_2}{\sim}\begin{pmatrix}1 & 1 & 1+\lambda & \lambda\\ 0 & \lambda & -\lambda & 3-\lambda\\ 0 & 0 & -\lambda(3+\lambda) & (1-\lambda)(3+\lambda)\end{pmatrix},$$

(1) 当$-\lambda(3+\lambda)=0$ 且$(1-\lambda)(3+\lambda)\neq 0$,即 $R(\boldsymbol{A})<R(\boldsymbol{A},\boldsymbol{b})$时,方程组无解. 解得 $\lambda=0$.

(2) 当$-\lambda(3+\lambda)\neq 0$,即 $R(\boldsymbol{A})=R(\boldsymbol{A},\boldsymbol{b})=r=3$ 时,方程组有唯一解. 解得 $\lambda\neq 0$ 且 $\lambda\neq -3$.

(3) 当$-\lambda(3+\lambda)=0$ 且$(1-\lambda)(3+\lambda)=0$,即 $R(\boldsymbol{A})=R(\boldsymbol{A},\boldsymbol{b})=r<3$ 时,方程组有无穷多个解. 解得 $\lambda=-3$.

此时

$$\boldsymbol{B}\sim\begin{pmatrix}1 & 1 & -2 & -3\\ 0 & -3 & 3 & 6\\ 0 & 0 & 0 & 0\end{pmatrix}\sim\begin{pmatrix}1 & 0 & -1 & -1\\ 0 & 1 & -1 & -2\\ 0 & 0 & 0 & 0\end{pmatrix},$$

由此可得通解

$$\begin{cases}x_1=x_3-1\\ x_2=x_3-2\end{cases},\quad x_3\text{ 可任意取值},$$

即

$$\begin{pmatrix}x_1\\ x_2\\ x_3\end{pmatrix}=c\begin{pmatrix}1\\ 1\\ 1\end{pmatrix}+\begin{pmatrix}-1\\ -2\\ 0\end{pmatrix}\quad (c\in\mathbf{R}).$$

特别的,对于齐次线性方程组而言,由于其一定有解,因此只讨论其解的唯一性,即齐次线性方程组是否有非零解.

定理 3.5　n 元齐次线性方程组 $\boldsymbol{Ax}=\mathbf{0}$,

(1) 只有零解的充分必要条件是 $R(\boldsymbol{A})=n$;

(2) 有非零解的充分必要条件是 $R(\boldsymbol{A})<n$.

证　很显然,由于齐次线性方程组右端的常数全为零,所以其系数矩阵的秩与增广矩阵的秩一定相等,即 $R(\boldsymbol{A})=R(\boldsymbol{A},\boldsymbol{b})$. 所以,该定理(1)、(2)分别为定理 3.4(2)、(3)的特殊情形.

例 3.20 解线性方程组$\begin{cases} x_1+2x_2+2x_3+x_4=0 \\ 2x_1+x_2-2x_3-2x_4=0. \\ x_1-x_2-4x_3-3x_4=0 \end{cases}$

解 因齐次线性方程组的常数项全为0,故只需对系数矩阵 $\boldsymbol{A}$ 施行初等行变换:

$$\boldsymbol{A}=\begin{pmatrix} 1 & 2 & 2 & 1 \\ 2 & 1 & -2 & -2 \\ 1 & -1 & -4 & -3 \end{pmatrix} \underset{r_3-r_1}{\overset{r_2-2r_1}{\sim}} \begin{pmatrix} 1 & 2 & 2 & 1 \\ 0 & -3 & -6 & -4 \\ 0 & -3 & -6 & -4 \end{pmatrix}$$

$$\underset{r_2\div(-3)}{\overset{r_3-r_2}{\sim}} \begin{pmatrix} 1 & 2 & 2 & 1 \\ 0 & 1 & 2 & 4/3 \\ 0 & 0 & 0 & 0 \end{pmatrix} \overset{r_1-2r_2}{\sim} \begin{pmatrix} 1 & 0 & -2 & -5/3 \\ 0 & 1 & 2 & 4/3 \\ 0 & 0 & 0 & 0 \end{pmatrix},$$

由此得到阶梯形方程组

$$\begin{cases} x_1 \quad -2x_3-\dfrac{5}{3}x_4=0 \\ \quad x_2+2x_3+\dfrac{4}{3}x_4=0 \end{cases},$$

选 x_3,x_4 为自由未知数,则有

$$\begin{cases} x_1=2x_3+\dfrac{5}{3}x_4 \\ x_2=-2x_3-\dfrac{4}{3}x_4 \end{cases},$$

所以,原方程组的一般解为

$$\begin{cases} x_1=2x_3+\dfrac{5}{3}x_4 \\ x_2=-2x_3-\dfrac{4}{3}x_4 \\ x_3=x_3 \\ x_4=x_4 \end{cases},\text{即 } x=\begin{pmatrix} x_1 \\ x_2 \\ x_3 \\ x_4 \end{pmatrix}=x_3\begin{pmatrix} 2 \\ -2 \\ 1 \\ 0 \end{pmatrix}+x_4\begin{pmatrix} 5/3 \\ -4/3 \\ 0 \\ 1 \end{pmatrix},\text{其中 } x_3,x_4 \text{ 为任意常数.}$$

例 3.21 已知齐次线性方程组$\begin{cases} \lambda x_1+x_2+x_3=0 \\ x_1+\lambda x_2+x_3=0 \\ x_1+x_2+\lambda x_3=0 \end{cases}$,讨论 λ 取何值时,方程组有非零解或只有零解?

解 对系数矩阵 $\boldsymbol{A}$ 进行初等行变换:

$$\boldsymbol{A}=\begin{pmatrix} \lambda & 1 & 1 \\ 1 & \lambda & 1 \\ 1 & 1 & \lambda \end{pmatrix} \overset{r_1\leftrightarrow r_3}{\sim} \begin{pmatrix} 1 & 1 & \lambda \\ 1 & \lambda & 1 \\ \lambda & 1 & 1 \end{pmatrix} \underset{r_3-\lambda r_1}{\overset{r_2-r_1}{\sim}} \begin{pmatrix} 1 & 1 & \lambda \\ 0 & \lambda-1 & 1-\lambda \\ 0 & 1-\lambda & 1-\lambda^2 \end{pmatrix}$$

$$\stackrel{r_3+r_2}{\sim}\begin{pmatrix}1 & 1 & \lambda \\ 0 & \lambda-1 & 1-\lambda \\ 0 & 0 & 2-\lambda-\lambda^2\end{pmatrix}=\begin{pmatrix}1 & 1 & \lambda \\ 0 & \lambda-1 & 1-\lambda \\ 0 & 0 & (2+\lambda)(1-\lambda)\end{pmatrix},$$

(1) 当 $\lambda\neq1$ 且 $\lambda\neq-2$，即 $R(\boldsymbol{A})=3$ 时，方程组有唯一解，即只有零解.

(2) 当 $\lambda=1$ 或 $\lambda=-2$，即 $R(\boldsymbol{A})<3$ 时，方程组有无穷多解，即有非零解.

此时，若 $\lambda=1$，有

$$\boldsymbol{A}\sim\begin{pmatrix}1 & 1 & 1 \\ 0 & 0 & 0 \\ 0 & 0 & 0\end{pmatrix},$$

由此可得通解 $x_1=-x_2-x_3$，其中 x_2,x_3 可任意取值，即

$$\begin{pmatrix}x_1 \\ x_2 \\ x_3\end{pmatrix}=c_1\begin{pmatrix}-1 \\ 1 \\ 0\end{pmatrix}+c_2\begin{pmatrix}-1 \\ 0 \\ 1\end{pmatrix}\quad(c_1,c_2\in\mathbf{R});$$

若 $\lambda=-2$，有

$$\boldsymbol{A}\sim\begin{pmatrix}1 & 1 & -2 \\ 0 & -3 & 3 \\ 0 & 0 & 0\end{pmatrix}\sim\begin{pmatrix}1 & 0 & -1 \\ 0 & 1 & -1 \\ 0 & 0 & 0\end{pmatrix},$$

由此可得通解 $\begin{cases}x_1=x_3 \\ x_2=x_3\end{cases}$，其中 x_2,x_3 可任意取值，即

$$\begin{pmatrix}x_1 \\ x_2 \\ x_3\end{pmatrix}=c\begin{pmatrix}1 \\ 1 \\ 1\end{pmatrix}\quad(c\in\mathbf{R}).$$

为了下一章的讨论需要，下面把关于线性方程组解的讨论推广到矩阵方程.

定理 3.6　矩阵方程 $\boldsymbol{AX}=\boldsymbol{B}$ 有解的充分必要条件是 $R(\boldsymbol{A})=R(\boldsymbol{A},\boldsymbol{B})$.

证　设 $\boldsymbol{A}$ 为 $m\times n$ 矩阵，$\boldsymbol{B}$ 为 $m\times l$ 矩阵，则 $\boldsymbol{X}$ 为 $n\times l$ 矩阵. 把 $\boldsymbol{X}$ 和 $\boldsymbol{B}$ 按列分块，记为

$$\boldsymbol{X}=(\boldsymbol{x}_1,\boldsymbol{x}_2,\cdots,\boldsymbol{x}_l),\quad \boldsymbol{B}=(\boldsymbol{b}_1,\boldsymbol{b}_2,\cdots,\boldsymbol{b}_l),$$

则矩阵方程 $\boldsymbol{AX}=\boldsymbol{B}$ 等价于 l 个非齐次方程

$$\boldsymbol{A}\boldsymbol{x}_i=\boldsymbol{b}_i\quad(i=1,2,\cdots,l).$$

先证充分性. 若 $R(\boldsymbol{A})=R(\boldsymbol{A},\boldsymbol{B})$，由于

$$R(\boldsymbol{A})\leqslant R(\boldsymbol{A},\boldsymbol{b}_i)\leqslant R(\boldsymbol{A},\boldsymbol{B}),$$

所以 $R(\boldsymbol{A})=R(\boldsymbol{A},\boldsymbol{b}_i)$，可知 l 个非齐次方程 $\boldsymbol{A}\boldsymbol{x}_i=\boldsymbol{b}_i(i=1,2,\cdots,l)$ 都有解，于是矩阵方程 $\boldsymbol{AX}=\boldsymbol{B}$ 有解.

再证必要性. 若矩阵方程 $\boldsymbol{AX}=\boldsymbol{B}$ 有解，从而 l 个非齐次线性方程组 $\boldsymbol{A}\boldsymbol{x}_i=\boldsymbol{b}_i(i=1,2,\cdots,l)$ 都有解，设解为

$$x_i=\begin{pmatrix}\lambda_{1i}\\\lambda_{2i}\\\vdots\\\lambda_{ni}\end{pmatrix}\quad(i=1,2,\cdots,l).$$

记 $\boldsymbol{A}=(\boldsymbol{a}_1,\boldsymbol{a}_2,\cdots,\boldsymbol{a}_n)$，有

$$\lambda_{1i}\boldsymbol{a}_1+\lambda_{2i}\boldsymbol{a}_2+\cdots+\lambda_{ni}\boldsymbol{a}_n=\boldsymbol{b}_i,$$

对矩阵$(\boldsymbol{A},\boldsymbol{B})$作初等列变换

$$c_{n+i}-\lambda_{1i}c_1-\lambda_{2i}c_2-\cdots-\lambda_{ni}c_n\quad(i=1,2,\cdots,l),$$

便把$(\boldsymbol{A},\boldsymbol{B})$的第 $n+1$ 列，……，第 $n+l$ 列都变为 0，即

$$(\boldsymbol{A},\boldsymbol{B})\overset{c}{\sim}(\boldsymbol{A},\boldsymbol{O}),$$

因此 $R(\boldsymbol{A},\boldsymbol{B})=R(\boldsymbol{A})$.

定理 3.7 若 $\boldsymbol{AB}=\boldsymbol{C}$，则 $R(\boldsymbol{C})\leqslant\min\{R(\boldsymbol{A}),R(\boldsymbol{B})\}$.

证 因 $\boldsymbol{AB}=\boldsymbol{C}$，知矩阵方程 $\boldsymbol{AX}=\boldsymbol{C}$ 有解 $\boldsymbol{X}=\boldsymbol{B}$，于是有 $R(\boldsymbol{A})=R(\boldsymbol{A},\boldsymbol{C})$，而 $R(\boldsymbol{C})\leqslant R(\boldsymbol{A},\boldsymbol{C})$，因此 $R(\boldsymbol{C})\leqslant R(\boldsymbol{A})$.

又 $\boldsymbol{B}^{\mathrm{T}}\boldsymbol{A}^{\mathrm{T}}=\boldsymbol{C}^{\mathrm{T}}$，重复上述证明可得 $R(\boldsymbol{C}^{\mathrm{T}})\leqslant R(\boldsymbol{B}^{\mathrm{T}})$，即 $R(\boldsymbol{C})\leqslant R(\boldsymbol{B})$.

综上所述，$R(\boldsymbol{C})\leqslant\min\{R(\boldsymbol{A}),R(\boldsymbol{B})\}$.

定理 3.8 矩阵方程 $\boldsymbol{A}_{m\times n}\boldsymbol{X}_{n\times l}=\boldsymbol{O}$ 只有零解的充分必要条件是 $R(\boldsymbol{A})=n$.

实际上，$R(\boldsymbol{A})=n$ 时的矩阵 $\boldsymbol{A}$ 为列满秩矩阵. 该定理的证明请读者自行完成.

习题三

1. 用初等行变换把下列矩阵化为行最简形矩阵：

(1) $\begin{pmatrix}1&0&2&-1\\2&0&3&1\\3&0&4&3\end{pmatrix}$； (2) $\begin{pmatrix}0&2&-3&1\\0&3&-4&3\\0&4&-7&-1\end{pmatrix}$；

(3) $\begin{pmatrix}1&-1&3&-4&3\\3&-3&5&-4&1\\2&-2&3&-2&0\\3&-3&4&-2&-1\end{pmatrix}$； (4) $\begin{pmatrix}2&3&1&-3&-7\\1&2&0&-2&-4\\3&-2&8&3&0\\2&-3&7&4&3\end{pmatrix}$.

2. 已知 $\boldsymbol{A}=\begin{pmatrix}1&2&3&4\\2&3&4&5\\5&4&3&2\end{pmatrix}$，求一个可逆矩阵 $\boldsymbol{P}$，使 $\boldsymbol{PA}$ 为行最简形.

3. 已知 $\boldsymbol{A}=\begin{pmatrix}a_1&a_2&a_3\\b_1&b_2&b_3\\c_1&c_2&c_3\end{pmatrix}$，$\boldsymbol{B}=\begin{pmatrix}a_1&a_3&a_2\\b_1-2a_1&b_3-2a_3&b_2-2a_2\\c_1&c_3&c_2\end{pmatrix}$，$\boldsymbol{P}=\begin{pmatrix}1&0&0\\0&0&1\\0&1&0\end{pmatrix}$，$\boldsymbol{Q}=$

第4章 线性方程组

线性方程组的理论是线性代数的重点研究内容. 在上一章中,我们讨论了线性方程组的解的判别和求解. 在本章,我们将研究线性方程组的解的结构. 为此,我们将引入 n 元向量的概念,定义它的线性运算,研究向量的线性相关性,并最终解决线性方程组解的结构的问题.

4.1 向量组及其线性组合

4.1.1 向量的定义及运算

在解析几何中,有向线段也称为向量或者矢量,从代数的角度看,解析几何平面中的有向线段就是2元有序数组. 因此,借用解析几何中的叫法,把有序数组称为向量.

定义 4.1 n 个有次序的数 $a_1,a_2,\cdots,a_n$ 所组成的数组称为 n 维向量,这 n 个数称为该向量的 n 个分量,第 i 个数 a_i 称为第 i 个分量.

分量全为实数的向量称为实向量,分量为复数的向量称为复向量. 本书中除特别指明者外,一般只讨论实向量.

n 维向量可写成一行,也可写成一列,分别称为行向量和列向量,也就是行矩阵和列矩阵. 因此,n 维列向量

$$\boldsymbol{a}=\begin{pmatrix}a_1\\a_2\\\vdots\\a_n\end{pmatrix}$$

与 n 维行向量

$$\boldsymbol{a}^{\mathrm{T}}=(a_1,a_2,\cdots,a_n)$$

总是看作是两个不同的向量(实际上,根据定义 4.1,$\boldsymbol{a}$ 与 $\boldsymbol{a}^{\mathrm{T}}$ 应是同一个向量).

本书中,列向量用黑体小写字母 $\boldsymbol{a},\boldsymbol{b},\boldsymbol{\alpha},\boldsymbol{\beta}$ 等表示,行向量则用 $\boldsymbol{a}^{\mathrm{T}},\boldsymbol{b}^{\mathrm{T}},\boldsymbol{\alpha}^{\mathrm{T}},\boldsymbol{\beta}^{\mathrm{T}}$ 等表示,所讨论的向量在没有指明是行向量还是列向量时,都当作列向量. 通常,列向量还表示为 $\boldsymbol{a}=(a_1,a_2,\cdots,a_n)^{\mathrm{T}}$.

根据向量与矩阵之间的关系,规定向量的运算都按矩阵的运算规则进行.

定义 4.2　设 $\boldsymbol{a}=(a_1,a_2,\cdots,a_s)^{\mathrm{T}}$，$\boldsymbol{b}=(b_1,b_2,\cdots,b_t)^{\mathrm{T}}$. 若 $s=t$ 且 $a_i=b_i$，则称向量 $\boldsymbol{a}$ 与 $\boldsymbol{b}$ 相等，记为 $\boldsymbol{a}=\boldsymbol{b}$.

定义 4.3　设 $\boldsymbol{a}=(a_1,a_2,\cdots,a_n)^{\mathrm{T}}$，$\boldsymbol{b}=(b_1,b_2,\cdots,b_n)^{\mathrm{T}}$ 是两个 n 元向量，k 是任意常数，则两个向量的加法运算为 $\boldsymbol{a}+\boldsymbol{b}=(a_1+b_1,a_2+b_2,\cdots,a_n+b_n)^{\mathrm{T}}$；数 k 与向量 $\boldsymbol{a}$ 的数乘运算为 $k\boldsymbol{a}=(ka_1,ka_2,\cdots,ka_n)^{\mathrm{T}}$.

向量与向量的加法运算及数与向量的数乘运算统称为向量的线性运算.

例 4.1　设 n 维向量 $\boldsymbol{a}=(a_1,a_2,\cdots,a_n)^{\mathrm{T}}$，则

$$0\cdot\boldsymbol{a}=(0,0,\cdots,0)^{\mathrm{T}},$$

$$-1\cdot\boldsymbol{a}=(-a_1,-a_2,\cdots,-a_n)^{\mathrm{T}}.$$

称分量全为零的向量 $(0,0,\cdots,0)^{\mathrm{T}}$ 为零向量，记为 $\mathbf{0}$；称向量 $(-a_1,-a_2,\cdots,-a_n)^{\mathrm{T}}$ 为向量 $\boldsymbol{a}$ 的负向量，记为 $-\boldsymbol{a}$. 于是有：

$$0\cdot\boldsymbol{a}=\mathbf{0},\quad -1\cdot\boldsymbol{a}=-\boldsymbol{a}.$$

显然，对于任意的数 k，都有 $k\cdot\mathbf{0}=\mathbf{0}$.

利用负向量，可以引入向量的减法：

$$\boldsymbol{a}-\boldsymbol{b}=\boldsymbol{a}+(-\boldsymbol{b}).$$

例 4.2　在平面上建立直角坐标系 xOy，如图 4.1 所示. 设 $\boldsymbol{a}$ 是平面上任意一条有向线段，把 $\boldsymbol{a}$ 的起点平移到原点 O，则终点坐标 (a_1,a_2) 唯一确定. 这样，有向线段 $\boldsymbol{a}$ 唯一对应一个 2 元向量 (a_1,a_2). 设 $\boldsymbol{b}$ 是平面上另一有向线段，同理，$\boldsymbol{b}$ 唯一对应一个 2 元向量 (b_1,b_2).

有向线段 $\boldsymbol{a}$ 与 $\boldsymbol{b}$ 可按平行四边形对角线法则求和 $\boldsymbol{a}+\boldsymbol{b}$. 利用平面解析几何的知识容易知道：有向线段 $\boldsymbol{a}+\boldsymbol{b}$ 对应的 2 元向量恰好为 (a_1+b_1,a_2+b_2)，即向量 (a_1,a_2) 与 (b_1,b_2) 的和. 向量的数乘与有向线段与数的乘法也有类似的关系.

由此可见，向量的线性运算是几何运算的推广与延伸.

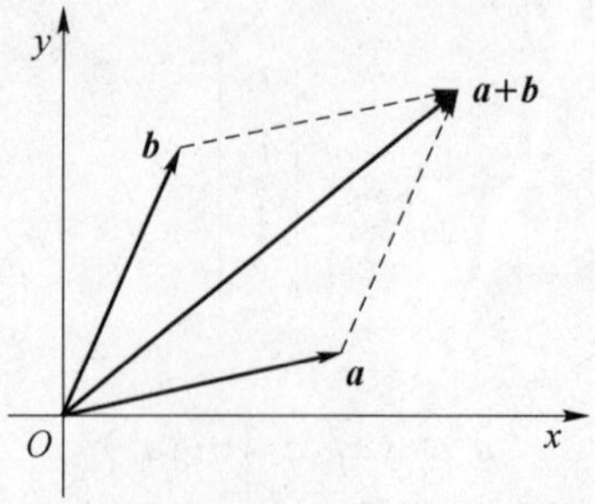

图 4.1

若干个同维数的列向量（或同维数的行向量）所组成的集合叫作向量组. 例如一个 $m\times n$ 矩阵的全体列向量是一个含 n 个 m 维列向量的向量组，它的全体行向量是一个含

m 个 n 维行向量的向量组.

下面我们先讨论只包含有限个向量的向量组，以后再把讨论的结果推广到包含无限多个向量的向量组.

矩阵的列向量组和行向量组都是只包含有限个向量的向量组；反之，一个包含有限个向量的向量组总可以构成一个矩阵. 例如：m 个 n 维列向量所组成的向量组 $\boldsymbol{A}:\boldsymbol{a}_1,\boldsymbol{a}_2,\cdots,\boldsymbol{a}_m$ 构成一个 $n\times m$ 矩阵

$$\boldsymbol{A}=(\boldsymbol{a}_1,\boldsymbol{a}_2,\cdots,\boldsymbol{a}_m);$$

m 个 n 维行向量所组成的向量组 $\boldsymbol{B}:\boldsymbol{\beta}_1^{\mathrm{T}},\boldsymbol{\beta}_2^{\mathrm{T}},\cdots\boldsymbol{\beta}_m^{\mathrm{T}}$，构成一个 $m\times n$ 矩阵

$$\boldsymbol{B}=\begin{pmatrix}\boldsymbol{\beta}_1^{\mathrm{T}}\\ \boldsymbol{\beta}_2^{\mathrm{T}}\\ \vdots\\ \boldsymbol{\beta}_m^{\mathrm{T}}\end{pmatrix}.$$

总之，包含有限个向量的有序向量组可以与矩阵一一对应.

4.1.2　向量的线性表示

定义 4.4　给定向量组 $\boldsymbol{A}:\boldsymbol{a}_1,\boldsymbol{a}_2,\cdots,\boldsymbol{a}_m$，对于任何一组实数 $k_1,k_2,\cdots,k_m$，表达式

$$k_1\boldsymbol{a}_1+k_2\boldsymbol{a}_2+\cdots+k_m\boldsymbol{a}_m$$

称为向量组 $\boldsymbol{A}$ 的一个线性组合，$k_1,k_2,\cdots,k_m$ 称为这个线性组合的系数.

给定向量组 $\boldsymbol{A}:\boldsymbol{a}_1,\boldsymbol{a}_2,\cdots,\boldsymbol{a}_m$ 和向量 $\boldsymbol{b}$，如果存在一组数 $k_1,k_2,\cdots,k_m$，使

$$\boldsymbol{b}=k_1\boldsymbol{a}_1+k_2\boldsymbol{a}_2+\cdots+k_m\boldsymbol{a}_m,$$

则向量 $\boldsymbol{b}$ 是向量组 $\boldsymbol{A}$ 的线性组合，这时称向量 $\boldsymbol{b}$ 能由向量组 $\boldsymbol{A}$ 线性表示.

例 4.3　已知向量 $\boldsymbol{a}_1=(1,1,1)^{\mathrm{T}},\boldsymbol{a}_2=(0,1,1)^{\mathrm{T}},\boldsymbol{a}_3=(0,0,1)^{\mathrm{T}},\boldsymbol{b}=(3,2,1)^{\mathrm{T}}$，问 $\boldsymbol{b}$ 能否由 $\boldsymbol{a}_1,\boldsymbol{a}_2,\boldsymbol{a}_3$ 线性表示？如果可以，求出线性表示的表达式.

解　设 $\boldsymbol{b}$ 能由 $\boldsymbol{a}_1,\boldsymbol{a}_2,\boldsymbol{a}_3$ 线性表示，且表示为

$$\boldsymbol{b}=x_1\boldsymbol{a}_1+x_2\boldsymbol{a}_2+x_3\boldsymbol{a}_3, \tag{4.1}$$

其中 x_1,x_2,x_3 为线性表示的系数. 将向量 $\boldsymbol{a}_1,\boldsymbol{a}_2,\boldsymbol{a}_3$ 与 $\boldsymbol{b}$ 的值代入式(4.1)，可得

$$x_1\begin{pmatrix}1\\1\\1\end{pmatrix}+x_2\begin{pmatrix}0\\1\\1\end{pmatrix}+x_3\begin{pmatrix}0\\0\\1\end{pmatrix}=\begin{pmatrix}3\\2\\1\end{pmatrix}, \tag{4.2}$$

即

$$\begin{cases}x_1 & =3\\ x_1+x_2 & =2.\\ x_1+x_2+x_3 & =1\end{cases} \tag{4.3}$$

很显然，式(4.1)成立的充分必要条件是线性方程组(4.3)有解，并且线性方程组(4.3)的每一个解都是(4.1)的一组系数. 容易解出方程组(4.3)的解为 $x_1=3,x_2=-1$，

$x_3=-1$. 所以 $\boldsymbol{b}$ 可以由 $\boldsymbol{a}_1,\boldsymbol{a}_2,\boldsymbol{a}_3$ 线性表示，且表达式为 $\boldsymbol{b}=3\boldsymbol{a}_1-\boldsymbol{a}_2-\boldsymbol{a}_3$.

在上述例题中，向量 $\boldsymbol{b}$ 能否由 $\boldsymbol{a}_1,\boldsymbol{a}_2,\boldsymbol{a}_3$ 线性表示的问题转换为对应的线性方程组 $\boldsymbol{Ax}=\boldsymbol{b}$ 是否有解的问题，这里矩阵 $\boldsymbol{A}$ 是由 $\boldsymbol{a}_1,\boldsymbol{a}_2,\boldsymbol{a}_3$ 为列的矩阵. 这个方法具有普遍性. 一般的，向量 $\boldsymbol{b}$ 能由向量组 $\boldsymbol{A}:\boldsymbol{a}_1,\boldsymbol{a}_2,\cdots,\boldsymbol{a}_m$ 线性表示，也就是方程组

$$x_1\boldsymbol{a}_1+x_2\boldsymbol{a}_2+\cdots+x_m\boldsymbol{a}_m=\boldsymbol{b}$$

有解. 由定理 3.4，立即可得：

定理 4.1 向量 $\boldsymbol{b}$ 能由向量组 $\boldsymbol{A}:\boldsymbol{a}_1,\boldsymbol{a}_2,\cdots,\boldsymbol{a}_m$ 线性表示的充分必要条件是矩阵 $\boldsymbol{A}=(\boldsymbol{a}_1,\boldsymbol{a}_2,\cdots,\boldsymbol{a}_m)$ 的秩等于矩阵 $\boldsymbol{B}=(\boldsymbol{a}_1,\boldsymbol{a}_2,\cdots,\boldsymbol{a}_m,\boldsymbol{b})$ 的秩.

例 4.4 已知 $\boldsymbol{a}_1=\begin{pmatrix}1\\1\\2\\2\end{pmatrix},\boldsymbol{a}_2=\begin{pmatrix}1\\2\\1\\3\end{pmatrix},\boldsymbol{a}_3=\begin{pmatrix}1\\-1\\4\\0\end{pmatrix},\boldsymbol{b}=\begin{pmatrix}1\\0\\3\\1\end{pmatrix}$，证明：向量 $\boldsymbol{b}$ 能由向量组 $\boldsymbol{a}_1,\boldsymbol{a}_2,\boldsymbol{a}_3$ 线性表示，并求出线性表示的表达式.

解 根据定理 4.1，需要证明矩阵 $\boldsymbol{A}=(\boldsymbol{a}_1,\boldsymbol{a}_2,\boldsymbol{a}_3)$ 与 $\boldsymbol{B}=(\boldsymbol{A},\boldsymbol{b})$ 的秩相等. 为此，把 $\boldsymbol{B}$ 化成行最简形：

$$\boldsymbol{B}=\begin{pmatrix}1&1&1&1\\1&2&-1&0\\2&1&4&3\\2&3&0&1\end{pmatrix}\xrightarrow[r_4-2r_1]{\substack{r_2-r_1\\r_3-2r_1}}\begin{pmatrix}1&1&1&1\\0&1&-2&-1\\0&-1&2&1\\0&1&-2&-1\end{pmatrix}\xrightarrow[r_4-r_2]{\substack{r_1-r_2\\r_3+r_2}}\begin{pmatrix}1&0&3&2\\0&1&-2&-1\\0&0&0&0\\0&0&0&0\end{pmatrix},$$

可见，$R(\boldsymbol{A})=R(\boldsymbol{B})$. 因此，向量 $\boldsymbol{b}$ 能由向量组 $\boldsymbol{a}_1,\boldsymbol{a}_2,\boldsymbol{a}_3$ 线性表示.

由上述行最简形矩阵，可得对应的阶梯形方程组为

$$\begin{cases}x_1\quad+3x_3=2,\\x_2-2x_3=-1\end{cases}$$

即

$$\begin{cases}x_1=-3x_3+2,\\x_2=2x_3-1\end{cases}$$

所以，方程组的解可以写为

$$\boldsymbol{x}=\begin{pmatrix}x_1\\x_2\\x_3\end{pmatrix}=\begin{pmatrix}-3x_3+2\\2x_3-1\\x_3\end{pmatrix},$$

从而得线性表示的表达式

$$\boldsymbol{b}=(-3x_3+2)\boldsymbol{a}_1+(2x_3-1)\boldsymbol{a}_2+x_3\boldsymbol{a}_3,$$

其中 x_3 可任意取值.

定义 4.5 设有两个向量组 $\boldsymbol{A}:\boldsymbol{a}_1,\boldsymbol{a}_2,\cdots,\boldsymbol{a}_m$ 及 $\boldsymbol{B}:\boldsymbol{b}_1,\boldsymbol{b}_2,\cdots,\boldsymbol{b}_s$，若向量组 $\boldsymbol{B}$ 中的每个向量都能由向量组 $\boldsymbol{A}$ 线性表示，则称向量组 $\boldsymbol{B}$ 能由向量组 $\boldsymbol{A}$ 线性表示. 若向量组 $\boldsymbol{A}$ 与向

量组 $\boldsymbol{B}$ 能相互线性表示，则称这两个向量组等价.

下面我们对向量组间的线性表示关系进行讨论.

把向量组 A 和 B 所构成的矩阵依次记作 $\boldsymbol{A}=(\boldsymbol{a}_1,\boldsymbol{a}_2,\cdots,\boldsymbol{a}_m)$ 和 $\boldsymbol{B}=(\boldsymbol{b}_1,\boldsymbol{b}_2,\cdots\boldsymbol{b}_s)$，$B$ 组能由 A 组线性表示，即对每个向量 $\boldsymbol{b}_j(j=1,2,\cdots,s)$ 存在数 $k_{1j},k_{2j},\cdots,k_{mj}$，使

$$\boldsymbol{b}_j=k_{1j}\boldsymbol{a}_1+k_{2j}\boldsymbol{a}_2+\cdots+k_{mj}\boldsymbol{a}_m=(\boldsymbol{a}_1,\boldsymbol{a}_2,\cdots,\boldsymbol{a}_m)\begin{pmatrix}k_{1j}\\k_{2j}\\\vdots\\k_{mj}\end{pmatrix},$$

从而

$$(\boldsymbol{b}_1,\boldsymbol{b}_2,\cdots,\boldsymbol{b}_s)=(\boldsymbol{a}_1,\boldsymbol{a}_2,\cdots,\boldsymbol{a}_m)\begin{pmatrix}k_{11}&k_{12}&\cdots&k_{1s}\\k_{21}&k_{22}&\cdots&k_{2s}\\\vdots&\vdots&&\vdots\\k_{m1}&k_{m2}&\cdots&k_{ms}\end{pmatrix}.$$

这里，矩阵 $\boldsymbol{K}_{m\times s}=(k_{ij})$ 称为这一线性表示的系数矩阵.

由此可知，若 $\boldsymbol{C}_{m\times n}=\boldsymbol{A}_{m\times l}\boldsymbol{B}_{l\times n}$，则矩阵 $\boldsymbol{C}$ 的列向量组能由矩阵 $\boldsymbol{A}$ 的列向量组线性表示，$\boldsymbol{B}$ 为这一表示的系数矩阵：

$$(\boldsymbol{c}_1,\boldsymbol{c}_2,\cdots,\boldsymbol{c}_n)=(\boldsymbol{a}_1,\boldsymbol{a}_2,\cdots,\boldsymbol{a}_l)\begin{pmatrix}b_{11}&b_{12}&\cdots&b_{1n}\\b_{21}&b_{22}&\cdots&b_{2n}\\\vdots&\vdots&&\vdots\\b_{l1}&b_{l2}&\cdots&b_{ln}\end{pmatrix};$$

同时，$\boldsymbol{C}$ 的行向量组能由 $\boldsymbol{B}$ 的行向量组线性表示，$\boldsymbol{A}$ 为这一表示的系数矩阵：

$$\begin{pmatrix}\boldsymbol{\gamma}_1^{\mathrm{T}}\\\boldsymbol{\gamma}_2^{\mathrm{T}}\\\vdots\\\boldsymbol{\gamma}_m^{\mathrm{T}}\end{pmatrix}=\begin{pmatrix}a_{11}&a_{12}&\cdots&a_{1l}\\a_{21}&a_{22}&\cdots&a_{2l}\\\vdots&\vdots&&\vdots\\a_{m1}&a_{m2}&\cdots&a_{ml}\end{pmatrix}\begin{pmatrix}\boldsymbol{\beta}_1^{\mathrm{T}}\\\boldsymbol{\beta}_2^{\mathrm{T}}\\\vdots\\\boldsymbol{\beta}_l^{\mathrm{T}}\end{pmatrix}.$$

设矩阵 $\boldsymbol{A}$ 与 $\boldsymbol{B}$ 行等价，即矩阵 $\boldsymbol{A}$ 经初等行变换变成矩阵 $\boldsymbol{B}$，则 $\boldsymbol{B}$ 的每个行向量都是 $\boldsymbol{A}$ 的行向量组的线性组合，即 $\boldsymbol{B}$ 的行向量组能由 $\boldsymbol{A}$ 的行向量组线性表示. 由于初等变换可逆，知矩阵 $\boldsymbol{B}$ 也可经初等行变换变为矩阵 $\boldsymbol{A}$，从而 $\boldsymbol{A}$ 的行向量组也能由 $\boldsymbol{B}$ 的行向量组线性表示. 于是 $\boldsymbol{A}$ 的行向量组与 $\boldsymbol{B}$ 的行向量组等价.

类似可知，若矩阵 $\boldsymbol{A}$ 与 $\boldsymbol{B}$ 列等价，则 $\boldsymbol{A}$ 的列向量组与 $\boldsymbol{B}$ 的列向量组等价.

根据定义 4.5，向量组 B：$\boldsymbol{b}_1,\boldsymbol{b}_2,\cdots,\boldsymbol{b}_s$ 能由向量组 A：$\boldsymbol{a}_1,\boldsymbol{a}_2,\cdots,\boldsymbol{a}_m$ 线性表示，其含义是存在矩阵 $\boldsymbol{K}_{m\times s}$，使 $(\boldsymbol{b}_1,\boldsymbol{b}_2,\cdots,\boldsymbol{b}_s)=(\boldsymbol{a}_1,\boldsymbol{a}_2,\cdots,\boldsymbol{a}_m)\boldsymbol{K}$，也就是矩阵方程 $(\boldsymbol{a}_1,\boldsymbol{a}_2,\cdots,\boldsymbol{a}_m)\boldsymbol{X}=(\boldsymbol{b}_1,\boldsymbol{b}_2,\cdots,\boldsymbol{b}_s)$ 有解. 由定理 3.6，立即可得：

定理 4.2　向量组 B：$\boldsymbol{b}_1,\boldsymbol{b}_2,\cdots,\boldsymbol{b}_s$ 能由 A：$\boldsymbol{a}_1,\boldsymbol{a}_2,\cdots,\boldsymbol{a}_m$ 线性表示的充分必要条件是矩阵 $\boldsymbol{A}=(\boldsymbol{a}_1,\boldsymbol{a}_2,\cdots,\boldsymbol{a}_m)$ 的秩等于矩阵 $(\boldsymbol{A},\boldsymbol{B})=(\boldsymbol{a}_1,\cdots,\boldsymbol{a}_m,\boldsymbol{b}_1,\cdots,\boldsymbol{b}_s)$ 的秩，即 $R(\boldsymbol{A})=$

$R(\boldsymbol{A},\boldsymbol{B})$.

推论 向量组 $\boldsymbol{A}:\boldsymbol{a}_1,\boldsymbol{a}_2,\cdots,\boldsymbol{a}_m$ 与向量组 $\boldsymbol{B}:\boldsymbol{b}_1,\boldsymbol{b}_2,\cdots,\boldsymbol{b}_s$ 等价的充分必要条件是

$$R(\boldsymbol{A})=R(\boldsymbol{B})=R(\boldsymbol{A},\boldsymbol{B}),$$

其中 $\boldsymbol{A}$ 和 $\boldsymbol{B}$ 是向量组 A 和 B 所构成的矩阵.

证 因 A 组与 B 组能相互线性表示,可知它们等价的充分必要条件是

$$R(\boldsymbol{A})=R(\boldsymbol{A},\boldsymbol{B}) \quad 且 \quad R(\boldsymbol{B})=R(\boldsymbol{B},\boldsymbol{A}),$$

而 $R(\boldsymbol{A},\boldsymbol{B})=R(\boldsymbol{B},\boldsymbol{A})$,合起来即得充分必要条件为 $R(\boldsymbol{A})=R(\boldsymbol{B})=R(\boldsymbol{A},\boldsymbol{B})$.

例 4.5 设 $\boldsymbol{a}_1=\begin{pmatrix}1\\-1\\1\\-1\end{pmatrix},\boldsymbol{a}_2=\begin{pmatrix}3\\1\\1\\3\end{pmatrix},\boldsymbol{b}_1=\begin{pmatrix}2\\0\\1\\1\end{pmatrix},\boldsymbol{b}_2=\begin{pmatrix}1\\1\\0\\2\end{pmatrix},\boldsymbol{b}_3=\begin{pmatrix}3\\-1\\2\\0\end{pmatrix}$,证明向量组 $\boldsymbol{a}_1,\boldsymbol{a}_2$ 与向量组 $\boldsymbol{b}_1,\boldsymbol{b}_2,\boldsymbol{b}_3$ 等价.

证 记 $\boldsymbol{A}=(\boldsymbol{a}_1,\boldsymbol{a}_2)$,$\boldsymbol{B}=(\boldsymbol{b}_1,\boldsymbol{b}_2,\boldsymbol{b}_3)$,根据推论,只要证 $R(\boldsymbol{A})=R(\boldsymbol{B})=R(\boldsymbol{A},\boldsymbol{B})$. 为此把矩阵 $(\boldsymbol{A},\boldsymbol{B})$ 化成行阶梯形:

$$(\boldsymbol{A},\boldsymbol{B})=\begin{pmatrix}1&3&2&1&3\\-1&1&0&1&-1\\1&1&1&0&2\\-1&3&1&2&0\end{pmatrix}\overset{r}{\sim}\begin{pmatrix}1&3&2&1&3\\0&4&2&2&2\\0&-2&-1&-1&-1\\0&6&3&3&3\end{pmatrix}\overset{r}{\sim}\begin{pmatrix}1&3&2&1&3\\0&2&1&1&1\\0&0&0&0&0\\0&0&0&0&0\end{pmatrix},$$

可见,$R(\boldsymbol{A})=2$,$R(\boldsymbol{A},\boldsymbol{B})=2$.

同样的,把 $\boldsymbol{B}$ 化成行阶梯形,有

$$\boldsymbol{B}\overset{r}{\sim}\begin{pmatrix}2&1&3\\1&1&1\\0&0&0\\0&0&0\end{pmatrix}\overset{r}{\sim}\begin{pmatrix}1&1&1\\2&1&3\\0&0&0\\0&0&0\end{pmatrix}\overset{r}{\sim}\begin{pmatrix}1&1&1\\0&-1&1\\0&0&0\\0&0&0\end{pmatrix},$$

可知 $R(\boldsymbol{B})=2$. 因此

$$R(\boldsymbol{A})=R(\boldsymbol{B})=R(\boldsymbol{A},\boldsymbol{B})=2,$$

所以,向量组 $\boldsymbol{a}_1,\boldsymbol{a}_2$ 与向量组 $\boldsymbol{b}_1,\boldsymbol{b}_2,\boldsymbol{b}_3$ 等价.

定理 4.3 设向量组 $\boldsymbol{B}:\boldsymbol{b}_1,\boldsymbol{b}_2,\cdots,\boldsymbol{b}_s$ 能由向量组 $\boldsymbol{A}:\boldsymbol{a}_1,\boldsymbol{a}_2,\cdots,\boldsymbol{a}_m$ 线性表示,则 $R(\boldsymbol{b}_1,\boldsymbol{b}_2,\cdots,\boldsymbol{b}_s)\leqslant R(\boldsymbol{a}_1,\boldsymbol{a}_2,\cdots,\boldsymbol{a}_m)$.

证法一 记 $\boldsymbol{A}=(\boldsymbol{a}_1,\boldsymbol{a}_2,\cdots,\boldsymbol{a}_m)$,$\boldsymbol{B}=(\boldsymbol{b}_1,\boldsymbol{b}_2,\cdots,\boldsymbol{b}_s)$. 按定理的条件,可知 $R(\boldsymbol{A})=R(\boldsymbol{A},\boldsymbol{B})$,而 $R(\boldsymbol{B})\leqslant R(\boldsymbol{A},\boldsymbol{B})$,因此

$$R(\boldsymbol{B})\leqslant R(\boldsymbol{A}).$$

证法二 按定理的条件,知存在矩阵 $\boldsymbol{K}$,使 $\boldsymbol{B}=\boldsymbol{AK}$,从而根据上章定理 3.7,有 $R(\boldsymbol{B})\leqslant R(\boldsymbol{A})$.

本章的定理 4.1、定理 4.2 和定理 4.3 分别与第 3 章中定理 3.4、定理 3.6、定理 3.7

对应，其基础是向量组与方程(组)、矩阵的对应关系. 在第 3 章中，我们把线性方程组写成矩阵形式，通过矩阵的运算求它的解，还用矩阵的秩给出了线性方程组无解、有解或有唯一解的充分必要条件；类似的，本章中将向量组的问题表述成矩阵形式，通过矩阵的运算得出结果. 这种用矩阵来表述问题，并通过矩阵的运算解决问题的方法，通常叫作矩阵方法，这正是线性代数的基本方法，在后续的章节中，该方法还将会被不断地使用.

4.2　向量组的线性相关性

定义 4.6　给定向量组 $\boldsymbol{A}$: $\boldsymbol{a}_1, \boldsymbol{a}_2, \cdots, \boldsymbol{a}_m$，如果存在不全为零的数 $k_1, k_2, \cdots, k_m$，使

$$k_1\boldsymbol{a}_1 + k_2\boldsymbol{a}_2 + \cdots + k_m\boldsymbol{a}_m = \boldsymbol{0}, \tag{4.4}$$

则称向量组 $\boldsymbol{A}$ 是线性相关的；否则称它线性无关.

根据定义 4.6，在验证向量组线性相关时，只需要一组不全为零的数使得式(4.4)成立即可.

说向量组 $\boldsymbol{a}_1, \boldsymbol{a}_2, \cdots, \boldsymbol{a}_m$ 线性相关，通常是指 $m \geqslant 2$ 的情形，但定义 4.6 也适用于 $m=1$ 的情形. 当 $m=1$ 时，向量组只包含一个向量，对于只含有一个向量 $\boldsymbol{a}$ 的向量组，当 $\boldsymbol{a}=\boldsymbol{0}$ 时是线性相关的，当 $\boldsymbol{a} \neq \boldsymbol{0}$ 时是线性无关的. 对于含 2 个向量 $\boldsymbol{a}_1, \boldsymbol{a}_2$ 的向量组，它线性相关的充分必要条件是 $\boldsymbol{a}_1, \boldsymbol{a}_2$ 的分量对应成比例，其几何意义是两个向量共线. 3 个向量线性相关的几何意义是 3 个向量至少是共面的.

例 4.6　已知 $\boldsymbol{a}_1 = \begin{pmatrix} 1 \\ 1 \\ 1 \end{pmatrix}$，$\boldsymbol{a}_2 = \begin{pmatrix} 0 \\ 2 \\ 5 \end{pmatrix}$，$\boldsymbol{a}_3 = \begin{pmatrix} 2 \\ 4 \\ 7 \end{pmatrix}$，试讨论向量组 $\boldsymbol{a}_1, \boldsymbol{a}_2, \boldsymbol{a}_3$ 的线性相关性.

解　要讨论向量组 $\boldsymbol{a}_1, \boldsymbol{a}_2, \boldsymbol{a}_3$ 的线性相关性，就是讨论是否存在不全为零的 x_1, x_2, x_3 使得等式

$$x_1\boldsymbol{a}_1 + x_2\boldsymbol{a}_2 + x_3\boldsymbol{a}_3 = \boldsymbol{0} \tag{4.5}$$

成立. 将向量的值代入式(4.5)，有

$$x_1 \begin{pmatrix} 1 \\ 1 \\ 1 \end{pmatrix} + x_2 \begin{pmatrix} 0 \\ 2 \\ 5 \end{pmatrix} + x_3 \begin{pmatrix} 2 \\ 4 \\ 7 \end{pmatrix} = \boldsymbol{0},$$

即

$$\begin{cases} x_1 \qquad\quad + 2x_3 = 0 \\ x_1 + 2x_2 + 4x_3 = 0. \\ x_1 + 5x_2 + 7x_3 = 0 \end{cases} \tag{4.6}$$

很显然，存在不全为零的 x_1, x_2, x_3 使得式(4.5)成立的充分必要条件是齐次线性方程组(4.6)有非零解. 对方程组(4.6)的系数矩阵施行初等行变换变成行阶梯形矩阵，即可得出矩阵 $(\boldsymbol{a}_1, \boldsymbol{a}_2, \boldsymbol{a}_3)$ 的秩，便能得出结论.

$$(\boldsymbol{a}_1,\boldsymbol{a}_2,\boldsymbol{a}_3)=\begin{pmatrix}1&0&2\\1&2&4\\1&5&7\end{pmatrix}\underset{r_3-r_1}{\overset{r_2-r_1}{\sim}}\begin{pmatrix}1&0&2\\0&2&2\\0&5&5\end{pmatrix}\overset{r_3-\frac{5}{2}r_2}{\sim}\begin{pmatrix}1&0&2\\0&2&2\\0&0&0\end{pmatrix},$$

可见 $R(\boldsymbol{a}_1,\boldsymbol{a}_2,\boldsymbol{a}_3)=2<3$，故方程组(4.6)有非零解，也就是存在不全为零的 x_1,x_2,x_3 使得等式(4.5)成立. 因此，向量组 $\boldsymbol{a}_1,\boldsymbol{a}_2,\boldsymbol{a}_3$ 线性相关.

在该例题中，向量组 $\boldsymbol{a}_1,\boldsymbol{a}_2,\boldsymbol{a}_3$ 线性相关与否的问题转换为对应的齐次线性方程组是否有非零解的问题. 当对应的齐次线性方程组有非零解时，向量组线性相关；反之，当对应的齐次线性方程组没有非零解(也就是只有零解)时，向量组线性无关. 这个方法同样具有普遍性.

定理 4.4 向量组 $\boldsymbol{a}_1,\boldsymbol{a}_2,\cdots,\boldsymbol{a}_m$ 线性相关的充分必要条件是它所构成的矩阵 $\boldsymbol{A}=(\boldsymbol{a}_1,\boldsymbol{a}_2,\cdots,\boldsymbol{a}_m)$ 的秩小于向量个数 m；向量组线性无关的充分必要条件是 $R(\boldsymbol{A})=m$.

例 4.7 n 阶单位矩阵 $\boldsymbol{E}=(\boldsymbol{e}_1,\boldsymbol{e}_2,\cdots,\boldsymbol{e}_n)$ 的列向量组叫作 n 维单位坐标向量组. 试讨论 n 维单位坐标向量组的线性相关性.

解 n 维单位坐标向量组构成的矩阵

$$\boldsymbol{E}=(\boldsymbol{e}_1,\boldsymbol{e}_2,\cdots,\boldsymbol{e}_n)$$

是 n 阶单位矩阵. 由于单位矩阵是可逆矩阵，所以 $R(\boldsymbol{E})=n$，即 $\boldsymbol{E}$ 的秩等于其列向量组中向量的个数，可知此向量组是线性无关的.

例 4.8 已知向量组 $\boldsymbol{a}_1,\boldsymbol{a}_2,\boldsymbol{a}_3$ 线性无关，$\boldsymbol{b}_1=\boldsymbol{a}_1+\boldsymbol{a}_2$，$\boldsymbol{b}_2=\boldsymbol{a}_2+\boldsymbol{a}_3$，$\boldsymbol{b}_3=\boldsymbol{a}_3+\boldsymbol{a}_1$，试证：向量组 $\boldsymbol{b}_1,\boldsymbol{b}_2,\boldsymbol{b}_3$ 线性无关.

证法一 令

$$x_1\boldsymbol{b}_1+x_2\boldsymbol{b}_2+x_3\boldsymbol{b}_3=\boldsymbol{0},$$

则有

$$x_1(\boldsymbol{a}_1+\boldsymbol{a}_2)+x_2(\boldsymbol{a}_2+\boldsymbol{a}_3)+x_3(\boldsymbol{a}_3+\boldsymbol{a}_1)=\boldsymbol{0},$$

即

$$(x_1+x_3)\boldsymbol{a}_1+(x_1+x_2)\boldsymbol{a}_2+(x_2+x_3)\boldsymbol{a}_3=\boldsymbol{0},$$

因为 $\boldsymbol{a}_1,\boldsymbol{a}_2,\boldsymbol{a}_3$ 线性无关，故由上式得

$$\begin{cases}x_1+x_3=0\\x_1+x_2=0,\\x_2+x_3=0\end{cases}$$

容易验证上述齐次线性方程组只有零解，即 $x_1=x_2=x_3=0$. 于是 $\boldsymbol{b}_1,\boldsymbol{b}_2,\boldsymbol{b}_3$ 线性无关.

证法二 根据已知条件，向量组 $\boldsymbol{b}_1,\boldsymbol{b}_2,\boldsymbol{b}_3$ 可以由向量组 $\boldsymbol{a}_1,\boldsymbol{a}_2,\boldsymbol{a}_3$ 线性表示，且表示形式为 $\boldsymbol{b}_1=\boldsymbol{a}_1+\boldsymbol{a}_2$，$\boldsymbol{b}_2=\boldsymbol{a}_2+\boldsymbol{a}_3$，$\boldsymbol{b}_3=\boldsymbol{a}_3+\boldsymbol{a}_1$，所以，

$$(\boldsymbol{b}_1,\boldsymbol{b}_2,\boldsymbol{b}_3)=(\boldsymbol{a}_1,\boldsymbol{a}_2,\boldsymbol{a}_3)\begin{pmatrix}1&0&1\\1&1&0\\0&1&1\end{pmatrix},$$

记作 $\boldsymbol{B}=\boldsymbol{AK}$. 容易验证，$\boldsymbol{K}$ 为可逆矩阵，根据矩阵秩的性质知 $R(\boldsymbol{B})=R(\boldsymbol{A})$.

因为 $\boldsymbol{A}$ 的列向量组线性无关，所以 $R(\boldsymbol{A})=3$，从而 $R(\boldsymbol{B})=3$，可知 $\boldsymbol{B}$ 的 3 个列向量 $\boldsymbol{b}_1,\boldsymbol{b}_2,\boldsymbol{b}_3$ 线性无关.

证法三　同样的，将$(\boldsymbol{b}_1,\boldsymbol{b}_2,\boldsymbol{b}_3)=(\boldsymbol{a}_1,\boldsymbol{a}_2,\boldsymbol{a}_3)\begin{pmatrix}1&0&1\\1&1&0\\0&1&1\end{pmatrix}$记作$\boldsymbol{B}=\boldsymbol{AK}$.

要讨论$\boldsymbol{b}_1,\boldsymbol{b}_2,\boldsymbol{b}_3$的线性相关性，不妨设$\boldsymbol{Bx}=\boldsymbol{0}$.

将$\boldsymbol{B}=\boldsymbol{AK}$代入$\boldsymbol{Bx}=\boldsymbol{0}$，得$(\boldsymbol{AK})\boldsymbol{x}=\boldsymbol{0}$，即$\boldsymbol{A}(\boldsymbol{Kx})=\boldsymbol{0}$. 因为矩阵$\boldsymbol{A}$的列向量组线性无关，根据向量组线性无关的定义，知$\boldsymbol{Kx}=\boldsymbol{0}$.

容易验证，$\boldsymbol{K}$为可逆矩阵，即$R(\boldsymbol{K})=3$，所以$\boldsymbol{Kx}=\boldsymbol{0}$只有零解$\boldsymbol{x}=\boldsymbol{0}$.

所以矩阵$\boldsymbol{B}$的列向量组$\boldsymbol{b}_1,\boldsymbol{b}_2,\boldsymbol{b}_3$线性无关.

本例给出 3 种证法，都是常见的方法. 其中证法一使用了线性相关性的定义，证法二和证法三都将已知条件表述成矩阵形式，分别利用矩阵的秩和齐次线性方程组是否有非零解来进行判定. 读者需要对向量、方程(组)和矩阵之间的相互转换熟练掌握.

下面，给出判定向量组线性相关性的一些基本结论.

定理 4.5　若向量组$\boldsymbol{A}:\boldsymbol{a}_1,\boldsymbol{a}_2,\cdots,\boldsymbol{a}_m$线性相关，则向量组$\boldsymbol{B}:\boldsymbol{a}_1,\boldsymbol{a}_2,\cdots,\boldsymbol{a}_m,\boldsymbol{a}_{m+1}$也线性相关；反之，若向量组$\boldsymbol{B}$线性无关，则向量组$\boldsymbol{A}$也线性无关.

这里只证明定理的前部分.

证　由于$\boldsymbol{a}_1,\boldsymbol{a}_2,\cdots,\boldsymbol{a}_m$线性相关，故存在一组不为全零的数$k_1,k_2,\cdots,k_m$，使得

$$k_1\boldsymbol{a}_1+k_2\boldsymbol{a}_2+\cdots+k_m\boldsymbol{a}_m=\boldsymbol{0},$$

从而有
$$k_1\boldsymbol{a}_1+k_2\boldsymbol{a}_2+\cdots+k_m\boldsymbol{a}_m+0\cdot\boldsymbol{a}_{m+1}=\boldsymbol{0},$$

由于$k_1,k_2,\cdots k_m,0$这$m+1$个数不全为零，故$\boldsymbol{a}_1,\boldsymbol{a}_2,\cdots,\boldsymbol{a}_m,\boldsymbol{a}_{m+1}$线性相关.

例 4.9　讨论由向量$\boldsymbol{\alpha}=(1,2,2,1)^{\mathrm{T}},\boldsymbol{\beta}=(2,4,4,2)^{\mathrm{T}},\boldsymbol{\gamma}=(0,2,5,1)^{\mathrm{T}}$所组成的向量组的线性相关性.

解　因$\boldsymbol{\alpha}=\dfrac{1}{2}\boldsymbol{\beta}$，所以$\boldsymbol{\alpha}$和$\boldsymbol{\beta}$线性相关，由上述定理可知，$\boldsymbol{\alpha},\boldsymbol{\beta},\boldsymbol{\gamma}$线性相关.

定理 4.6　向量组$\boldsymbol{A}:\boldsymbol{a}_1,\boldsymbol{a}_2,\cdots,\boldsymbol{a}_m(m\geqslant2)$线性相关的充分必要条件是在向量组$\boldsymbol{A}$中至少有一个向量能由其余$m-1$个向量组线性表示.

证　必要性：如果向量组$\boldsymbol{A}$线性相关，则有不全为 0 的数$k_1,k_2,\cdots,k_m$使$k_1\boldsymbol{a}_1+k_2\boldsymbol{a}_2+\cdots+k_m\boldsymbol{a}_m=\boldsymbol{0}$成立. 因$k_1,k_2,\cdots,k_m$不全为 0，不妨设$k_1\neq0$，于是便有

$$\boldsymbol{a}_1=\frac{-1}{k_1}(k_2\boldsymbol{a}_2+\cdots+k_m\boldsymbol{a}_m),$$

即$\boldsymbol{a}_1$能由$\boldsymbol{a}_2,\cdots,\boldsymbol{a}_m$线性表示.

充分性：如果向量组$\boldsymbol{A}$中有某个向量能由其余$m-1$个向量线性表示，不妨设$\boldsymbol{a}_m$能由$\boldsymbol{a}_1,\cdots,\boldsymbol{a}_{m-1}$线性表示，即有$\lambda_1,\cdots,\lambda_{m-1}$使$\boldsymbol{a}_m=\lambda_1\boldsymbol{a}_1+\cdots+\lambda_{m-1}\boldsymbol{a}_{m-1}$，于是

$$\lambda_1\boldsymbol{a}_1+\cdots+\lambda_{m-1}\boldsymbol{a}_{m-1}+(-1)\boldsymbol{a}_m=\boldsymbol{0},$$

因为$\lambda_1,\cdots,\lambda_{m-1},-1$这$m$个数不全为 0(至少$-1\neq0$)，所以向量组$\boldsymbol{A}$线性相关.

例 4.10　已知$e_1,e_2,\cdots,e_n$是一组n维的单位坐标向量，求证：对于任一n维向量$\boldsymbol{a}$，

向量组 $\boldsymbol{a},\boldsymbol{e}_1,\boldsymbol{e}_2,\cdots,\boldsymbol{e}_n$ 均线性相关.

证 设 $\boldsymbol{a}=(a_1,a_2,\cdots,a_n)$,则

$$\boldsymbol{a}=a_1\boldsymbol{e}_1+a_2\boldsymbol{e}_2+\cdots+a_n\boldsymbol{e}_n,$$

即 $\boldsymbol{a}$ 可以由 $\boldsymbol{e}_1,\boldsymbol{e}_2,\cdots,\boldsymbol{e}_n$ 线性表示.由上述可知,向量组 $\boldsymbol{a},\boldsymbol{e}_1,\boldsymbol{e}_2,\cdots,\boldsymbol{e}_n$ 线性相关.

定理 4.7 m 个 n 维向量组成的向量组,当维数 n 小于向量个数 m 时一定线性相关.特别的,$n+1$ 个 n 维向量一定线性相关.

证 m 个 n 维向量 $\boldsymbol{a}_1,\boldsymbol{a}_2,\cdots,\boldsymbol{a}_m$ 构成矩阵 $\boldsymbol{A}_{n\times m}=(\boldsymbol{a}_1,\boldsymbol{a}_2,\cdots,\boldsymbol{a}_m)$,有 $R(\boldsymbol{A})\leqslant n$.

当 $n<m$ 时,有 $R(\boldsymbol{A})<m$,故 m 个向量 $\boldsymbol{a}_1,\boldsymbol{a}_2,\cdots,\boldsymbol{a}_m$ 线性相关.

定理 4.8 设向量组 $\boldsymbol{A}:\boldsymbol{a}_1,\boldsymbol{a}_2,\cdots,\boldsymbol{a}_m$ 线性无关,而向量组 $\boldsymbol{B}:\boldsymbol{a}_1,\boldsymbol{a}_2,\cdots,\boldsymbol{a}_m,\boldsymbol{b}$ 线性相关,则向量 $\boldsymbol{b}$ 必能由向量组 $\boldsymbol{A}$ 线性表示,且表达式是唯一的.

证法一 由于 $\boldsymbol{B}:\boldsymbol{a}_1,\boldsymbol{a}_2,\cdots,\boldsymbol{a}_m,\boldsymbol{b}$ 线性相关,故存在一组不全为零的数 $k_1,k_2,\cdots,k_m,k_{m+1}$,使得

$$k_1\boldsymbol{a}_1+k_2\boldsymbol{a}_2+\cdots+k_m\boldsymbol{a}_m+k_{m+1}\boldsymbol{b}=\boldsymbol{0}.$$

假设 $k_{m+1}=0$,则 $k_1,k_2,\cdots,k_m$ 不全为零,且有

$$k_1\boldsymbol{a}_1+k_2\boldsymbol{a}_2+\cdots+k_m\boldsymbol{a}_m=\boldsymbol{0}.$$

这与 $\boldsymbol{a}_1,\boldsymbol{a}_2,\cdots,\boldsymbol{a}_m$ 线性无关矛盾,所以 $k_{m+1}\neq 0$,从而

$$\boldsymbol{b}=-\frac{k_1}{k_{m+1}}\boldsymbol{a}_1-\frac{k_2}{k_{m+1}}\boldsymbol{a}_2-\cdots-\frac{k_m}{k_{m+1}}\boldsymbol{a}_m,$$

即 $\boldsymbol{b}$ 可由 $\boldsymbol{a}_1,\boldsymbol{a}_2,\cdots,\boldsymbol{a}_m$ 线性表示.

假设 $\boldsymbol{b}$ 可由 $\boldsymbol{a}_1,\boldsymbol{a}_2,\cdots,\boldsymbol{a}_m$ 线性表示的表达式有两个

$$\boldsymbol{b}=\lambda_1\boldsymbol{a}_1+\lambda_2\boldsymbol{a}_2+\cdots+\lambda_m\boldsymbol{a}_m,$$

$$\boldsymbol{b}=\mu_1\boldsymbol{a}_1+\mu_2\boldsymbol{a}_2+\cdots+\mu_m\boldsymbol{a}_m,$$

两式相减得 $$(\lambda_1-\mu_1)\boldsymbol{a}_1+\cdots+(\lambda_m-\mu_m)\boldsymbol{a}_m=\boldsymbol{0},$$

由于 $\boldsymbol{a}_1,\boldsymbol{a}_2,\cdots,\boldsymbol{a}_m$ 线性无关,故 $\lambda_i=\mu_i$,

即 $\boldsymbol{b}$ 只能由 $\boldsymbol{a}_1,\boldsymbol{a}_2,\cdots,\boldsymbol{a}_m$ 唯一的线性表示.

证法二 记 $\boldsymbol{A}=(\boldsymbol{a}_1,\cdots,\boldsymbol{a}_m)$,$\boldsymbol{B}=(\boldsymbol{a}_1,\cdots,\boldsymbol{a}_m,\boldsymbol{b})$,有 $R(\boldsymbol{A})\leqslant R(\boldsymbol{B})$.

因 $\boldsymbol{A}$ 组线性无关,有 $R(\boldsymbol{A})=m$;因 $\boldsymbol{B}$ 组线性相关,有 $R(\boldsymbol{B})<m+1$,所以 $m\leqslant R(\boldsymbol{B})<m+1$,即有 $R(\boldsymbol{B})=m$.

由 $R(\boldsymbol{A})=R(\boldsymbol{B})=m$,根据定理 3.4,知方程组 $(\boldsymbol{a}_1,\cdots,\boldsymbol{a}_m)\boldsymbol{x}=\boldsymbol{b}$ 有唯一解,即向量 $\boldsymbol{b}$ 能由向量组 $\boldsymbol{A}$ 线性表示,且表示式是唯一的.

例 4.11 设向量组 $\boldsymbol{a}_1,\boldsymbol{a}_2,\boldsymbol{a}_3$ 线性相关,向量组 $\boldsymbol{a}_2,\boldsymbol{a}_3,\boldsymbol{a}_4$ 线性无关,证明:

(1) $\boldsymbol{a}_1$ 能由 $\boldsymbol{a}_2,\boldsymbol{a}_3$ 线性表示;

(2) $\boldsymbol{a}_4$ 不能由 $\boldsymbol{a}_1,\boldsymbol{a}_2,\boldsymbol{a}_3$ 线性表示.

证 (1) 因 $\boldsymbol{a}_2,\boldsymbol{a}_3,\boldsymbol{a}_4$ 线性无关,可知 $\boldsymbol{a}_2,\boldsymbol{a}_3$ 线性无关,而 $\boldsymbol{a}_1,\boldsymbol{a}_2,\boldsymbol{a}_3$ 线性相关,所以 $\boldsymbol{a}_1$ 能由 $\boldsymbol{a}_2,\boldsymbol{a}_3$ 线性表示.

(2) 用反证法,假设 $\boldsymbol{a}_4$ 能由 $\boldsymbol{a}_1,\boldsymbol{a}_2,\boldsymbol{a}_3$ 表示,而由(1)知 $\boldsymbol{a}_1$ 能由 $\boldsymbol{a}_2,\boldsymbol{a}_3$ 表示,因此 $\boldsymbol{a}_4$ 能由 $\boldsymbol{a}_2,\boldsymbol{a}_3$ 线性表示,从而可知 $\boldsymbol{a}_2,\boldsymbol{a}_3,\boldsymbol{a}_4$ 线性相关,与已知条件矛盾.所以,$\boldsymbol{a}_4$ 不能由 $\boldsymbol{a}_1,\boldsymbol{a}_2,\boldsymbol{a}_3$ 线性表示.

定理 4.9　设有两个向量组 $\boldsymbol{A}:\boldsymbol{a}_j=(a_{1j},a_{2j},\cdots,a_{nj})^{\mathrm{T}}(j=1,2,\cdots,m)$;$\boldsymbol{B}:\boldsymbol{b}_j=(a_{p_1j},a_{p_2j},\cdots,a_{p_nj})^{\mathrm{T}}(j=1,2,\cdots,m)$,其中 $p_1,p_2,\cdots,p_n$ 是自然数 $1,2,\cdots,n$ 的某个确定的排列,则向量组 $\boldsymbol{A}$ 与向量组 $\boldsymbol{B}$ 的线性相关性相同.

证　向量组 $\boldsymbol{A}$ 线性相关的充要条件是方程组

$$x_1\boldsymbol{a}_1+x_2\boldsymbol{a}_2+\cdots+x_m\boldsymbol{a}_m=\boldsymbol{0}$$

即
$$x_1\begin{pmatrix}a_{11}\\a_{21}\\\vdots\\a_{n1}\end{pmatrix}+x_2\begin{pmatrix}a_{12}\\a_{22}\\\vdots\\a_{n2}\end{pmatrix}+\cdots+x_m\begin{pmatrix}a_{1m}\\a_{2m}\\\vdots\\a_{nm}\end{pmatrix}=\begin{pmatrix}0\\0\\\vdots\\0\end{pmatrix}$$
有非零解.

而向量组 $\boldsymbol{B}$ 线性相关的充要条件是方程组

$$x_1\boldsymbol{b}_1+x_2\boldsymbol{b}_2+\cdots+x_m\boldsymbol{b}_m=\boldsymbol{0}$$

即
$$x_1\begin{pmatrix}a_{p_11}\\a_{p_21}\\\vdots\\a_{p_n1}\end{pmatrix}+x_2\begin{pmatrix}a_{p_12}\\a_{p_22}\\\vdots\\a_{p_n2}\end{pmatrix}+\cdots+x_m\begin{pmatrix}a_{p_1m}\\a_{p_2m}\\\vdots\\a_{p_nm}\end{pmatrix}=\begin{pmatrix}0\\0\\\vdots\\0\end{pmatrix}$$
有非零解.

其中 $p_1,p_2,\cdots,p_n$ 是自然数 $1,2,\cdots,n$ 的某个确定的排列,因此两个方程组只是方程的次序不同,为同解方程组.故 $\boldsymbol{A}$ 和 $\boldsymbol{B}$ 具有相同的线性相关性.

定理 4.10　设有两个向量组 $\boldsymbol{A}:\boldsymbol{a}_j=(a_{1j},a_{2j},\cdots,a_{nj})^{\mathrm{T}}(j=1,2,\cdots,m)$;$\boldsymbol{B}:\boldsymbol{b}_j=(a_{1j},a_{2j},\cdots,a_{nj},a_{n+1,j})^{\mathrm{T}}(j=1,2,\cdots,m)$;即 $\boldsymbol{b}_j$ 是由 $\boldsymbol{a}_j$ 加上一个分量得到的.若向量组 $\boldsymbol{A}$ 线性无关,则向量组 $\boldsymbol{B}$ 也线性无关.

证　证明其逆否命题,即若向量组 $\boldsymbol{B}$ 线性相关,则向量组 $\boldsymbol{A}$ 线性相关.

设向量组 $\boldsymbol{B}$ 线性相关,则存在一组不全为零的数 $k_1,k_2,\cdots,k_m$ 使得

$$k_1\boldsymbol{b}_1+k_2\boldsymbol{b}_2+\cdots+k_m\boldsymbol{b}_m=\boldsymbol{0},$$

即
$$k_1\begin{pmatrix}a_{11}\\\vdots\\a_{n1}\\a_{n+1,1}\end{pmatrix}+k_2\begin{pmatrix}a_{12}\\\vdots\\a_{n2}\\a_{n+1,2}\end{pmatrix}+\cdots+k_m\begin{pmatrix}a_{1m}\\\vdots\\a_{nm}\\a_{n+1,m}\end{pmatrix}=\begin{pmatrix}0\\\vdots\\0\\0\end{pmatrix},$$

取前 n 个等式,即 $k_1\boldsymbol{a}_1+k_2\boldsymbol{a}_2+\cdots+k_m\boldsymbol{a}_m=\boldsymbol{0}$,从而向量组 $\boldsymbol{A}$ 线性相关.

4.3 向量组的秩

在讨论向量组的线性表示和线性相关性时,矩阵的秩在其中起了十分重要的作用.为了使讨论进一步深入,下面把秩的概念引入到向量组.

定义 4.7 设有向量组 $\boldsymbol{A}$,如果从 $\boldsymbol{A}$ 中能选出 r 个向量 $\boldsymbol{a}_1,\boldsymbol{a}_2,\cdots,\boldsymbol{a}_r$,满足

(1) 向量组 $\boldsymbol{A}_0:\boldsymbol{a}_1,\boldsymbol{a}_2,\cdots,\boldsymbol{a}_r$ 线性无关;

(2) 向量组 $\boldsymbol{A}$ 中任意 $r+1$ 个向量(如果 $\boldsymbol{A}$ 中有 $r+1$ 个向量的话)都线性相关,那么称向量组 $\boldsymbol{A}_0$ 是向量组 $\boldsymbol{A}$ 的一个最大线性无关向量组(简称最大无关组);最大无关组所含向量个数 r 称为向量组 $\boldsymbol{A}$ 的秩,记作 R_A.

只含零向量的向量组没有最大无关组,规定它的秩为 0.

例 4.12 全体 n 维向量构成的向量组记作 $\mathbf{R}^n$,求 $\mathbf{R}^n$ 的一个最大无关组及 $\mathbf{R}^n$ 的秩.

解 在例 4.7 中,我们证明了 n 维单位坐标向量构成的向量组 $\boldsymbol{E}:\boldsymbol{e}_1,\boldsymbol{e}_2,\cdots,\boldsymbol{e}_n$($n$ 个向量)是线性无关的;根据定理 4.7,$n+1$ 个 n 维向量均线性相关.因此,根据定义,向量组 $\boldsymbol{E}$ 是 $\mathbf{R}^n$ 的一个最大无关组,且 $\mathbf{R}^n$ 的秩等于 n.

显然,$\mathbf{R}^n$ 的最大无关组不唯一,任何 n 个线性无关的 n 维向量都是 $\mathbf{R}^n$ 的最大无关组.一般的,向量组的最大无关组不唯一,且原向量组与最大无关组之间是等价的.

性质 4.1 向量组与其任一最大无关组等价.

证 设向量组 $\boldsymbol{a}_1,\boldsymbol{a}_2,\cdots,\boldsymbol{a}_m$ 的秩为 r,任取其一个最大无关组 $\boldsymbol{a}_{i_1},\boldsymbol{a}_{i_2},\cdots,\boldsymbol{a}_{i_r}$,由于 $\boldsymbol{a}_{i_1},\boldsymbol{a}_{i_2},\cdots,\boldsymbol{a}_{i_r}$ 是 $\boldsymbol{a}_1,\boldsymbol{a}_2,\cdots,\boldsymbol{a}_m$ 的一个部分组,所以 $\boldsymbol{a}_{i_1},\boldsymbol{a}_{i_2},\cdots,\boldsymbol{a}_{i_r}$ 一定可以由 $\boldsymbol{a}_1,\boldsymbol{a}_2,\cdots,\boldsymbol{a}_m$ 线性表示.下面证明 $\boldsymbol{a}_1,\boldsymbol{a}_2,\cdots,\boldsymbol{a}_m$ 可以由 $\boldsymbol{a}_{i_1},\boldsymbol{a}_{i_2},\cdots,\boldsymbol{a}_{i_r}$ 线性表示.

任取 $\boldsymbol{a}_j(1\leqslant j\leqslant m)$,若 $\boldsymbol{a}_j\in\{\boldsymbol{a}_{i_1},\boldsymbol{a}_{i_2},\cdots,\boldsymbol{a}_{i_r}\}$,则 $\boldsymbol{a}_j$ 可以由 $\boldsymbol{a}_{i_1},\boldsymbol{a}_{i_2},\cdots,\boldsymbol{a}_{i_r}$ 线性表示;若 $\boldsymbol{a}_j\notin\{\boldsymbol{a}_{i_1},\boldsymbol{a}_{i_2},\cdots,\boldsymbol{a}_{i_r}\}$,则由 $\boldsymbol{a}_1,\boldsymbol{a}_2,\cdots,\boldsymbol{a}_m$ 的秩为 r 可知,$\boldsymbol{a}_j,\boldsymbol{a}_{i_1},\boldsymbol{a}_{i_2},\cdots,\boldsymbol{a}_{i_r}$ 线性相关,由定理 4.8 可知,$\boldsymbol{a}_j$ 可以由 $\boldsymbol{a}_{i_1},\boldsymbol{a}_{i_2},\cdots,\boldsymbol{a}_{i_r}$ 线性表示.于是 $\boldsymbol{a}_1,\boldsymbol{a}_2,\cdots,\boldsymbol{a}_m$ 可以由 $\boldsymbol{a}_{i_1},\boldsymbol{a}_{i_2},\cdots,\boldsymbol{a}_{i_r}$ 线性表示.

综上所述,向量组 $\boldsymbol{a}_1,\boldsymbol{a}_2,\cdots,\boldsymbol{a}_m$ 和 $\boldsymbol{a}_{i_1},\boldsymbol{a}_{i_2},\cdots,\boldsymbol{a}_{i_r}$ 可以相互线性表示,所以向量组 $\boldsymbol{a}_1,\boldsymbol{a}_2,\cdots,\boldsymbol{a}_m$ 和 $\boldsymbol{a}_{i_1},\boldsymbol{a}_{i_2},\cdots,\boldsymbol{a}_{i_r}$ 等价.

定理 4.3′ 设向量组 $\boldsymbol{B}:\boldsymbol{b}_1,\boldsymbol{b}_2,\cdots,\boldsymbol{b}_s$ 能由向量组 $\boldsymbol{A}:\boldsymbol{a}_1,\boldsymbol{a}_2,\cdots,\boldsymbol{a}_m$ 线性表示,则 $R(\boldsymbol{b}_1,\boldsymbol{b}_2,\cdots,\boldsymbol{b}_s)\leqslant R(\boldsymbol{a}_1,\boldsymbol{a}_2,\cdots,\boldsymbol{a}_m)$.

证 设 $\boldsymbol{a}_{i_1},\boldsymbol{a}_{i_2},\cdots,\boldsymbol{a}_{i_r}$ 是向量组 $\boldsymbol{a}_1,\boldsymbol{a}_2,\cdots,\boldsymbol{a}_m$ 的最大无关组,则 $\boldsymbol{a}_1,\boldsymbol{a}_2,\cdots,\boldsymbol{a}_m$ 可由 $\boldsymbol{a}_{i_1},\boldsymbol{a}_{i_2},\cdots,\boldsymbol{a}_{i_r}$ 线性表示.

同样的,设 $\boldsymbol{b}_{i_1},\boldsymbol{b}_{i_2},\cdots,\boldsymbol{b}_{i_p}$ 是 $\boldsymbol{b}_1,\boldsymbol{b}_2,\cdots,\boldsymbol{b}_s$ 的最大无关组,则 $\boldsymbol{b}_{i_1},\boldsymbol{b}_{i_2},\cdots,\boldsymbol{b}_{i_p}$ 可由 $\boldsymbol{b}_1,\boldsymbol{b}_2,\cdots,\boldsymbol{b}_s$ 线性表示.

根据已知条件,向量组 $\boldsymbol{b}_1,\boldsymbol{b}_2,\cdots,\boldsymbol{b}_s$ 能由向量组 $\boldsymbol{a}_1,\boldsymbol{a}_2,\cdots,\boldsymbol{a}_m$ 线性表示,由线性表示的传递性可知,$\boldsymbol{b}_{i_1},\boldsymbol{b}_{i_2},\cdots,\boldsymbol{b}_{i_p}$ 可由 $\boldsymbol{a}_{i_1},\boldsymbol{a}_{i_2},\cdots,\boldsymbol{a}_{i_r}$ 线性表示,即存在系数矩阵 $\boldsymbol{K}$ 使得

$$(\boldsymbol{b}_{i_1},\boldsymbol{b}_{i_2},\cdots,\boldsymbol{b}_{i_p})=(\boldsymbol{a}_{i_1},\boldsymbol{a}_{i_2},\cdots,\boldsymbol{a}_{i_r})\begin{pmatrix}k_{11} & \cdots & k_{1p}\\ \vdots & & \vdots\\ k_{r1} & \cdots & k_{rp}\end{pmatrix}_{r\times p}.$$

用反证法. 假设 $p>r$，则 $R(\boldsymbol{K})\leqslant r<p$，所以齐次方程 $\boldsymbol{K}_{r\times p}\boldsymbol{x}=\boldsymbol{0}$ 有非零解，从而齐次方程 $(\boldsymbol{a}_{i_1},\boldsymbol{a}_{i_2},\cdots,\boldsymbol{a}_{i_r})\boldsymbol{K}\boldsymbol{x}=\boldsymbol{0}$，即 $(\boldsymbol{b}_{i_1},\boldsymbol{b}_{i_2},\cdots,\boldsymbol{b}_{i_p})\boldsymbol{x}=\boldsymbol{0}$ 有非零解，因此 $\boldsymbol{b}_{i_1},\boldsymbol{b}_{i_2},\cdots,\boldsymbol{b}_{i_p}$ 线性相关，这与其是向量组 $\boldsymbol{b}_1,\boldsymbol{b}_2,\cdots,\boldsymbol{b}_s$ 的最大无关组矛盾.

所以 $p\leqslant r$，也就是 $R(\boldsymbol{b}_1,\boldsymbol{b}_2,\cdots,\boldsymbol{b}_s)\leqslant R(\boldsymbol{a}_1,\boldsymbol{a}_2,\cdots,\boldsymbol{a}_m)$.

定义 4.7′　设向量组 $\boldsymbol{A}_0:\boldsymbol{a}_1,\boldsymbol{a}_2,\cdots,\boldsymbol{a}_r$ 是向量组 $\boldsymbol{A}$ 的一个部分组，且满足：

(1) 向量组 $\boldsymbol{A}_0$ 线性无关；

(2) 向量组 $\boldsymbol{A}$ 的任一向量都能由向量组 $\boldsymbol{A}_0$ 线性表示，那么向量组 $\boldsymbol{A}_0$ 便是向量组 $\boldsymbol{A}$ 的最大无关组.

证　只要证向量组 $\boldsymbol{A}$ 中任意 $r+1$ 个向量线性相关.

设 $\boldsymbol{b}_1,\boldsymbol{b}_2,\cdots,\boldsymbol{b}_{r+1}$ 是 $\boldsymbol{A}$ 中任意 $r+1$ 个向量，由条件(2)知这 $r+1$ 个向量能由向量组 $\boldsymbol{A}_0$ 线性表示，从而根据定理 4.3′，有

$$R(\boldsymbol{b}_1,\boldsymbol{b}_2,\cdots,\boldsymbol{b}_{r+1})\leqslant R(\boldsymbol{a}_1,\boldsymbol{a}_2,\cdots,\boldsymbol{a}_r)=r<r+1,$$

可知 $\boldsymbol{b}_1,\boldsymbol{b}_2,\cdots,\boldsymbol{b}_{r+1}$ 线性相关.

因此向量组 $\boldsymbol{A}_0$ 满足定义 4.7 所规定的最大无关组的条件.

定义 4.7′也称为最大无关组的等价定义.

向量组的秩是反映向量组的线性相关性的重要指标. 在本章我们已经学习了向量组和矩阵之间的对应关系，这里我们将通过与矩阵的秩的联系，得到求解向量组的秩的一种实用方法.

定理 4.11　行阶梯形矩阵的秩等于其行向量组的秩.

证　任取一个秩为 r 的 $m\times n$ 行阶梯形矩阵 $\boldsymbol{B}$. 为了方便讨论，不妨设

$$\boldsymbol{B}=\begin{pmatrix}b_{11} & b_{12} & \cdots & b_{1r} & \cdots & b_{1n}\\ 0 & b_{22} & \cdots & b_{2r} & \cdots & b_{2n}\\ \vdots & \vdots & & \vdots & & \vdots\\ 0 & 0 & \cdots & b_{rr} & \cdots & b_{rn}\\ 0 & 0 & \cdots & 0 & \cdots & 0\\ \vdots & \vdots & & \vdots & & \vdots\\ 0 & 0 & \cdots & 0 & \cdots & 0\end{pmatrix},$$

令 $\boldsymbol{a}_1^{\mathrm{T}}=(b_{11},b_{12},\cdots,b_{1n})$，$\boldsymbol{a}_2^{\mathrm{T}}=(0,b_{22},\cdots,b_{2n})$，$\cdots$，$\boldsymbol{a}_r^{\mathrm{T}}=(0,\cdots,0,b_{rr},\cdots,b_{rn})$，$\boldsymbol{a}_{r+1}^{\mathrm{T}}=\cdots=\boldsymbol{a}_m^{\mathrm{T}}=\boldsymbol{0}$.

容易验证，$\boldsymbol{a}_1^{\mathrm{T}},\boldsymbol{a}_2^{\mathrm{T}},\cdots,\boldsymbol{a}_r^{\mathrm{T}}$ 线性无关，且 $\boldsymbol{a}_1^{\mathrm{T}},\boldsymbol{a}_2^{\mathrm{T}},\cdots,\boldsymbol{a}_m^{\mathrm{T}}$ 中任意 $r+1$ 个向量都线性相关. 所以 $\boldsymbol{a}_1^{\mathrm{T}},\boldsymbol{a}_2^{\mathrm{T}},\cdots,\boldsymbol{a}_r^{\mathrm{T}}$ 是 $\boldsymbol{a}_1^{\mathrm{T}},\boldsymbol{a}_2^{\mathrm{T}},\cdots,\boldsymbol{a}_m^{\mathrm{T}}$ 的最大无关组. 由此可知，$\boldsymbol{B}$ 的行向量组的秩为 r.

定理 4.12　矩阵的初等行变换不改变行向量组的秩.

证 只需证明作一次初等行变换不改变矩阵行向量组的秩即可.

设 $\boldsymbol{A}$ 为 $m\times n$ 矩阵, $\boldsymbol{a}_1^{\mathrm{T}},\boldsymbol{a}_2^{\mathrm{T}},\cdots,\boldsymbol{a}_m^{\mathrm{T}}$ 是 $\boldsymbol{A}$ 的行向量组. 对 $\boldsymbol{A}$ 作一次初等行变换得到 $\boldsymbol{B}$, 设 $\boldsymbol{B}$ 的行向量组为 $\boldsymbol{b}_1^{\mathrm{T}},\boldsymbol{b}_2^{\mathrm{T}},\cdots,\boldsymbol{b}_m^{\mathrm{T}}$.

容易证明,不管对 $\boldsymbol{A}$ 作哪种初等行变换,均有 $\boldsymbol{b}_1^{\mathrm{T}},\boldsymbol{b}_2^{\mathrm{T}},\cdots,\boldsymbol{b}_m^{\mathrm{T}}$ 可以由 $\boldsymbol{a}_1^{\mathrm{T}},\boldsymbol{a}_2^{\mathrm{T}},\cdots,\boldsymbol{a}_m^{\mathrm{T}}$ 线性表示,根据定理 4.3 可知, $R(\boldsymbol{b}_1^{\mathrm{T}},\boldsymbol{b}_2^{\mathrm{T}},\cdots,\boldsymbol{b}_m^{\mathrm{T}})\leqslant R(\boldsymbol{a}_1^{\mathrm{T}},\boldsymbol{a}_2^{\mathrm{T}},\cdots,\boldsymbol{a}_m^{\mathrm{T}})$.

由于初等行变换是可逆的,所以对 $\boldsymbol{B}$ 作一次初等行变换可以还原为 $\boldsymbol{A}$. 利用上述结果,同样可得 $R(\boldsymbol{a}_1^{\mathrm{T}},\boldsymbol{a}_2^{\mathrm{T}},\cdots,\boldsymbol{a}_m^{\mathrm{T}})\leqslant R(\boldsymbol{b}_1^{\mathrm{T}},\boldsymbol{b}_2^{\mathrm{T}},\cdots,\boldsymbol{b}_m^{\mathrm{T}})$.

于是, $R(\boldsymbol{b}_1^{\mathrm{T}},\boldsymbol{b}_2^{\mathrm{T}},\cdots,\boldsymbol{b}_m^{\mathrm{T}})=R(\boldsymbol{a}_1^{\mathrm{T}},\boldsymbol{a}_2^{\mathrm{T}},\cdots,\boldsymbol{a}_m^{\mathrm{T}})$, 所以初等行变换不会改变矩阵行向量组的秩.

根据上述两个定理,可得:

定理 4.13 矩阵的秩等于它的列向量组的秩,也等于它的行向量组的秩.

证 任取矩阵 $\boldsymbol{A}$, 把它用初等行变换化为行阶梯形矩阵 $\boldsymbol{B}$, 则 $R(\boldsymbol{A})=R(\boldsymbol{B})$. 由定理 4.12, $\boldsymbol{A}$ 的行向量组的秩与 $\boldsymbol{B}$ 的行向量组的秩相同;再根据定理 4.11, $\boldsymbol{B}$ 的行向量组的秩等于 $\boldsymbol{B}$ 的秩. 综上所述, $\boldsymbol{A}$ 的秩等于 $\boldsymbol{A}$ 的行向量组的秩.

由于 $\boldsymbol{A}$ 的列向量组是 $\boldsymbol{A}^{\mathrm{T}}$ 的行向量组,且 $R(\boldsymbol{A}^{\mathrm{T}})=R(\boldsymbol{A})$, 所以 $\boldsymbol{A}$ 的列向量组的秩也等于 $\boldsymbol{A}$ 的秩.

根据这个定理,我们可以方便地利用矩阵的秩来计算向量组的秩.

例 4.13 求向量组 $\boldsymbol{a}_1^{\mathrm{T}}=(-1,-4,5,0)$, $\boldsymbol{a}_2^{\mathrm{T}}=(3,1,7,11)$, $\boldsymbol{a}_3^{\mathrm{T}}=(2,3,0,5)$ 的秩并判断其线性相关性.

解 以 $\boldsymbol{a}_1^{\mathrm{T}},\boldsymbol{a}_2^{\mathrm{T}},\boldsymbol{a}_3^{\mathrm{T}}$ 为行向量构造矩阵 $\boldsymbol{A}$ 并对其进行初等行变换:

$$\boldsymbol{A}=\begin{pmatrix}\boldsymbol{a}_1^{\mathrm{T}}\\ \boldsymbol{a}_2^{\mathrm{T}}\\ \boldsymbol{a}_3^{\mathrm{T}}\end{pmatrix}=\begin{pmatrix}-1&-4&5&0\\3&1&7&11\\2&3&0&5\end{pmatrix}\underset{r_3+2r_1}{\overset{r_2+3r_1}{\sim}}\begin{pmatrix}-1&-4&5&0\\0&-11&22&11\\0&-5&10&5\end{pmatrix}\underset{r_3-5r_2}{\overset{r_2\div 11}{\sim}}\begin{pmatrix}-1&-4&5&0\\0&-1&2&1\\0&0&0&0\end{pmatrix},$$

所以 $R(\boldsymbol{A})=2$, 由此可知向量组的秩为 2 且线性相关.

下面我们给出求向量组的最大无关组的方法.

设 $\boldsymbol{a}_1,\boldsymbol{a}_2,\cdots,\boldsymbol{a}_m$ 是一组 n 元列向量,以它们构造矩阵 $\boldsymbol{A}=(\boldsymbol{a}_1,\boldsymbol{a}_2,\cdots,\boldsymbol{a}_m)$.

把 $\boldsymbol{A}$ 用初等行变换化为行阶梯形矩阵 $\boldsymbol{B}$:

$$\boldsymbol{B}=\begin{pmatrix}0&\cdots&0&b_{1j_1}&\cdots&b_{1j_2}&\cdots&b_{1j_r}&\cdots&b_{1m}\\0&\cdots&0&0&\cdots&b_{2j_2}&\cdots&b_{2j_r}&\cdots&b_{2m}\\\vdots&&\vdots&\vdots&&\vdots&&\vdots&&\vdots\\0&\cdots&0&0&\cdots&0&\cdots&b_{rj_r}&\cdots&b_{rm}\\0&\cdots&0&0&\cdots&0&\cdots&0&\cdots&0\\\vdots&&\vdots&\vdots&&\vdots&&\vdots&&\vdots\\0&\cdots&0&0&\cdots&0&\cdots&0&\cdots&0\end{pmatrix},$$

其中 $b_{1j_1}, b_{2j_2}, \cdots, b_{rj_r}$ 是 $\boldsymbol{B}$ 的非零行的第一个非零元. 容易看出,$\boldsymbol{a}_1, \boldsymbol{a}_2, \cdots, \boldsymbol{a}_m$ 的秩为 r. 下面只需证明 $\boldsymbol{a}_{j_1}, \boldsymbol{a}_{j_2}, \cdots, \boldsymbol{a}_{j_r}$ 线性无关,即可说明 $\boldsymbol{a}_{j_1}, \boldsymbol{a}_{j_2}, \cdots, \boldsymbol{a}_{j_r}$ 是 $\boldsymbol{a}_1, \boldsymbol{a}_2, \cdots, \boldsymbol{a}_m$ 的最大无关组.

以 $\boldsymbol{a}_{j_1}, \boldsymbol{a}_{j_2}, \cdots, \boldsymbol{a}_{j_r}$ 为列向量构造矩阵 $\boldsymbol{A}_1$,则在与上述同样的初等行变换下,$\boldsymbol{A}_1$ 化为行阶梯形矩阵 $\boldsymbol{B}_1$:

$$\boldsymbol{B}_1=\begin{pmatrix} b_{1j_1} & b_{1j_2} & \cdots & b_{1j_r} \\ 0 & b_{2j_2} & \cdots & b_{2j_r} \\ \vdots & \vdots & & \vdots \\ 0 & 0 & \cdots & b_{rj_r} \\ 0 & 0 & \cdots & 0 \\ \vdots & \vdots & & \vdots \\ 0 & 0 & \cdots & 0 \end{pmatrix},$$

其中 $\boldsymbol{B}_1$ 的非零行的第一个非零元也是 $b_{1j_1}, b_{2j_2}, \cdots, b_{rj_r}$. 由此可知向量组 $\boldsymbol{a}_{j_1}, \boldsymbol{a}_{j_2}, \cdots, \boldsymbol{a}_{j_r}$ 的秩为 r,所以 $\boldsymbol{a}_{j_1}, \boldsymbol{a}_{j_2}, \cdots, \boldsymbol{a}_{j_r}$ 线性无关.

所以,$\boldsymbol{a}_{j_1}, \boldsymbol{a}_{j_2}, \cdots, \boldsymbol{a}_{j_r}$ 是 $\boldsymbol{a}_1, \boldsymbol{a}_2, \cdots, \boldsymbol{a}_m$ 的最大无关组.

综上,把矩阵 $\mathbf{A}$ 化为行阶梯形矩阵,行阶梯形矩阵中非零行的第一个非零元所在的列便是矩阵 $\mathbf{A}$ 的列向量组的最大无关组.

例 4.14　设矩阵 $\mathbf{A}=\begin{pmatrix} 2 & -1 & -1 & 1 & 2 \\ 1 & 1 & -2 & 1 & 4 \\ 4 & -6 & 2 & -2 & 4 \\ 3 & 6 & -9 & 7 & 9 \end{pmatrix}$,求矩阵 $\mathbf{A}$ 的列向量组的一个最大无关组,并把不属于最大无关组的列向量用最大无关组线性表示.

解　记 $\mathbf{A}=(\boldsymbol{a}_1, \boldsymbol{a}_2, \boldsymbol{a}_3, \boldsymbol{a}_4, \boldsymbol{a}_5)$,对 $\mathbf{A}$ 施行初等行变换变为行阶梯形矩阵

$$\mathbf{A}\overset{r}{\sim}\begin{pmatrix} 1 & 1 & -2 & 1 & 4 \\ 0 & 1 & -1 & 1 & 0 \\ 0 & 0 & 0 & 1 & -3 \\ 0 & 0 & 0 & 0 & 0 \end{pmatrix}=\boldsymbol{B},$$

可知 $R(\mathbf{A})=3$,故列向量组的秩为 3. 又因为 $\boldsymbol{B}$ 的非零行的第一个非零元在第 1、2、4 列,所以 $\boldsymbol{a}_1, \boldsymbol{a}_2, \boldsymbol{a}_4$ 为列向量组的一个最大无关组.

为把 $\boldsymbol{a}_3, \boldsymbol{a}_5$ 用 $\boldsymbol{a}_1, \boldsymbol{a}_2, \boldsymbol{a}_4$ 线性表示,把 $\mathbf{A}$ 再变成行最简形矩阵

$$\mathbf{A}\overset{r}{\sim}\begin{pmatrix} 1 & 0 & -1 & 0 & 4 \\ 0 & 1 & -1 & 0 & 3 \\ 0 & 0 & 0 & 1 & -3 \\ 0 & 0 & 0 & 0 & 0 \end{pmatrix}=\widetilde{\boldsymbol{B}},$$

把上述行最简形矩阵记作 $\boldsymbol{B}=(\boldsymbol{b}_1,\boldsymbol{b}_2,\boldsymbol{b}_3,\boldsymbol{b}_4,\boldsymbol{b}_5)$，由于方程 $\boldsymbol{Ax}=\boldsymbol{0}$ 与 $\widetilde{\boldsymbol{B}}\boldsymbol{x}=\boldsymbol{0}$ 同解，即方程 $x_1\boldsymbol{a}_1+x_2\boldsymbol{a}_2+x_3\boldsymbol{a}_3+x_4\boldsymbol{a}_4+x_5\boldsymbol{a}_5=\boldsymbol{0}$ 与 $x_1\boldsymbol{b}_1+x_2\boldsymbol{b}_2+x_3\boldsymbol{b}_3+x_4\boldsymbol{b}_4+x_5\boldsymbol{b}_5=\boldsymbol{0}$ 同解，因此向量 $\boldsymbol{a}_1,\boldsymbol{a}_2,\boldsymbol{a}_3,\boldsymbol{a}_4,\boldsymbol{a}_5$ 之间的线性组合关系与向量 $\boldsymbol{b}_1,\boldsymbol{b}_2,\boldsymbol{b}_3,\boldsymbol{b}_4,\boldsymbol{b}_5$ 之间的线性组合关系是相同的. 现在

$$\boldsymbol{b}_3=\begin{pmatrix}-1\\-1\\0\\0\end{pmatrix}=(-1)\begin{pmatrix}1\\0\\0\\0\end{pmatrix}+(-1)\begin{pmatrix}0\\1\\0\\0\end{pmatrix}=-\boldsymbol{b}_1-\boldsymbol{b}_2,$$

$$\boldsymbol{b}_5=4\boldsymbol{b}_1+3\boldsymbol{b}_2-3\boldsymbol{b}_4,$$

因此

$$\boldsymbol{a}_3=-\boldsymbol{a}_1-\boldsymbol{a}_2,$$

$$\boldsymbol{a}_5=4\boldsymbol{a}_1+3\boldsymbol{a}_2-3\boldsymbol{a}_4.$$

4.4 齐次方程组的解的结构

在第 3 章，我们已经对线性方程组的解的判定以及求解进行了讨论. 从本节开始，我们将利用向量组线性相关的理论来讨论线性方程组的解的结构.

设 $\boldsymbol{A}$ 是 $m\times n$ 矩阵，对 $\boldsymbol{A}$ 按列分块 $\boldsymbol{A}=(\boldsymbol{a}_1,\boldsymbol{a}_2,\cdots,\boldsymbol{a}_n)$，则齐次线性方程组 $\boldsymbol{Ax}=\boldsymbol{0}$ 可表示为

$$x_1\boldsymbol{a}_1+x_2\boldsymbol{a}_2+\cdots+x_n\boldsymbol{a}_n=\boldsymbol{0}, \tag{4.7}$$

称式(4.7)为齐次线性方程组的向量表达式. 为了研究线性方程组的解的结构，我们把 n 元线性方程组的一个解看成一个 n 元列向量，称之为解向量.

本节将先对齐次线性方程组解的结构进行讨论.

性质 4.2 若 $\boldsymbol{\xi}_1,\boldsymbol{\xi}_2$ 为齐次线性方程组 $\boldsymbol{Ax}=\boldsymbol{0}$ 的两个解向量，k 为任意常数，则有：

(1) $\boldsymbol{\xi}_1+\boldsymbol{\xi}_2$ 是该方程组的解向量；

(2) $k\boldsymbol{\xi}_1$ 也是该方程组的解向量.

证 (1) 因 $\boldsymbol{A\xi}_1=\boldsymbol{0},\boldsymbol{A\xi}_2=\boldsymbol{0}$，故

$$\boldsymbol{A}(\boldsymbol{\xi}_1+\boldsymbol{\xi}_2)=\boldsymbol{A\xi}_1+\boldsymbol{A\xi}_2=\boldsymbol{0}+\boldsymbol{0}=\boldsymbol{0},$$

所以 $\boldsymbol{\xi}_1+\boldsymbol{\xi}_2$ 是 $\boldsymbol{Ax}=\boldsymbol{0}$ 的解.

(2)
$$\boldsymbol{A}(k\boldsymbol{\xi}_1)=k(\boldsymbol{A\xi}_1)=k\cdot\boldsymbol{0}=\boldsymbol{0},$$

所以 $k\boldsymbol{\xi}_1$ 也是 $\boldsymbol{Ax}=\boldsymbol{0}$ 的解.

上述两个结论可以归纳为：若 $\boldsymbol{\xi}_1,\boldsymbol{\xi}_2$ 为齐次线性方程组 $\boldsymbol{Ax}=\boldsymbol{0}$ 的两个解向量，则 $\boldsymbol{\xi}_1,\boldsymbol{\xi}_2$ 的任意线性组合 $k_1\boldsymbol{\xi}_1+k_2\boldsymbol{\xi}_2$ 也是 $\boldsymbol{Ax}=\boldsymbol{0}$ 的解向量. 并且，这个结论可以推广到任意有限个解向量的情况.

在上一节，我们引入了向量组的最大无关组的概念，并对其进行了讨论. 通过其等价定义，我们发现，最大无关组在一定程度上反映了向量组的结构. 接下来，我们把最大无关组的概念推广到齐次线性方程组的解集中.

定义 4.8　设 $\boldsymbol{\eta}_1,\boldsymbol{\eta}_2,\cdots,\boldsymbol{\eta}_t$ 是齐次线性方程组 $\boldsymbol{Ax}=\boldsymbol{0}$ 的 t 个解向量，若它们满足：

(1) $\boldsymbol{\eta}_1,\boldsymbol{\eta}_2,\cdots,\boldsymbol{\eta}_t$ 线性无关，

(2) $\boldsymbol{Ax}=\boldsymbol{0}$ 的任一解向量都可由 $\boldsymbol{\eta}_1,\boldsymbol{\eta}_2,\cdots,\boldsymbol{\eta}_t$ 线性表示，

则称 $\boldsymbol{\eta}_1,\boldsymbol{\eta}_2,\cdots,\boldsymbol{\eta}_t$ 是齐次线性方程组 $\boldsymbol{Ax}=\boldsymbol{0}$ 的一个基础解系.

由定义 4.7′和定义 4.8 不难看出，齐次线性方程组的解集的最大无关组也就是该齐次线性方程组的基础解系，因此基础解系包含的解向量个数是唯一确定的.

如果 $\boldsymbol{\eta}_1,\boldsymbol{\eta}_2,\cdots,\boldsymbol{\eta}_t$ 为齐次线性方程组 $\boldsymbol{Ax}=\boldsymbol{0}$ 的一组基础解系，那么，$\boldsymbol{Ax}=\boldsymbol{0}$ 的解的集合可表示为

$$\{\boldsymbol{x}=k_1\boldsymbol{\eta}_1+k_2\boldsymbol{\eta}_2+\cdots+k_t\boldsymbol{\eta}_t \mid k_1,k_2,\cdots,k_t \text{ 是任意常数}\},$$

即 $\boldsymbol{Ax}=\boldsymbol{0}$ 的通解可以表示为

$$\boldsymbol{x}=k_1\boldsymbol{\eta}_1+k_2\boldsymbol{\eta}_2+\cdots+k_t\boldsymbol{\eta}_t,\quad \text{其中 } k_1,k_2,\cdots,k_t \text{ 是任意常数}.$$

以上的讨论已经清楚地说明了齐次线性方程组 $\boldsymbol{Ax}=\boldsymbol{0}$ 的解的结构. 接下来，我们将讨论，如何寻找到齐次线性方程组的基础解系.

定理 4.14　设 $\boldsymbol{A}$ 是 $m\times n$ 矩阵. 若 $R(\boldsymbol{A})=r<n$，则 n 元齐次线性方程组 $\boldsymbol{Ax}=\boldsymbol{0}$ 的基础解系包含 $n-r$ 个解向量.

证　把系数矩阵 $\boldsymbol{A}$ 用初等行变换化为行最简形矩阵 $\boldsymbol{B}$，不失一般性，可设 $\boldsymbol{A}$ 的前 r 个列向量线性无关，则

$$\boldsymbol{B}=\begin{pmatrix} 1 & \cdots & 0 & b_{11} & \cdots & b_{1,n-r} \\ \vdots & & \vdots & \vdots & & \vdots \\ 0 & \cdots & 1 & b_{r1} & \cdots & b_{r,n-r} \\ 0 & \cdots & 0 & 0 & \cdots & 0 \\ \vdots & & \vdots & \vdots & & \vdots \\ 0 & \cdots & 0 & 0 & \cdots & 0 \end{pmatrix},$$

其对应的方程组为

$$\begin{cases} x_1 \qquad\qquad +b_{11}x_{r+1}+\cdots+b_{1,n-r}x_n=0 \\ \qquad\qquad \cdots\cdots\cdots \\ \qquad\quad x_r+b_{r1}x_{r+1}+\cdots+b_{r,n-r}x_n=0 \end{cases},$$

把 $x_{r+1},\cdots,x_n$ 作为自由未知数，则有

$$\begin{cases} x_1=-b_{11}x_{r+1}-\cdots-b_{1,n-r}x_n \\ \qquad\quad \cdots\cdots\cdots \\ x_r=-b_{r1}x_{r+1}-\cdots-b_{r,n-r}x_n \end{cases}, \tag{4.8}$$

让自由未知数 $x_{r+1},\cdots,x_n$ 分别取下列 $n-r$ 组数：

$$\begin{pmatrix} x_{r+1} \\ x_{r+2} \\ \vdots \\ x_n \end{pmatrix} = \begin{pmatrix} 1 \\ 0 \\ \vdots \\ 0 \end{pmatrix}, \begin{pmatrix} 0 \\ 1 \\ \vdots \\ 0 \end{pmatrix}, \cdots, \begin{pmatrix} 0 \\ 0 \\ \vdots \\ 1 \end{pmatrix},$$

代入式(4.8),依次得

$$\begin{pmatrix} x_1 \\ \vdots \\ x_r \end{pmatrix} = \begin{pmatrix} -b_{11} \\ \vdots \\ -b_{r1} \end{pmatrix}, \begin{pmatrix} -b_{12} \\ \vdots \\ -b_{r2} \end{pmatrix}, \cdots, \begin{pmatrix} -b_{1,n-r} \\ \vdots \\ -b_{r,n-r} \end{pmatrix},$$

从而求得原方程组的 $n-r$ 个解向量

$$\boldsymbol{\xi}_1 = \begin{pmatrix} -b_{11} \\ \vdots \\ -b_{r1} \\ 1 \\ 0 \\ \vdots \\ 0 \end{pmatrix}, \boldsymbol{\xi}_2 = \begin{pmatrix} -b_{12} \\ \vdots \\ -b_{r2} \\ 0 \\ 1 \\ \vdots \\ 0 \end{pmatrix}, \cdots, \boldsymbol{\xi}_{n-r} = \begin{pmatrix} -b_{1,n-r} \\ \vdots \\ -b_{r,n-r} \\ 0 \\ 0 \\ \vdots \\ 1 \end{pmatrix}.$$

下面证明 $\boldsymbol{\xi}_1,\boldsymbol{\xi}_2,\cdots,\boldsymbol{\xi}_{n-r}$ 就是齐次线性方程组 $\boldsymbol{Ax}=\boldsymbol{0}$ 的基础解系.

(1) $\boldsymbol{\xi}_1,\boldsymbol{\xi}_2,\cdots,\boldsymbol{\xi}_{n-r}$ 线性无关.

由于 $n-r$ 个 $n-r$ 维向量

$$\begin{pmatrix} 1 \\ 0 \\ \vdots \\ 0 \end{pmatrix}, \begin{pmatrix} 0 \\ 1 \\ \vdots \\ 0 \end{pmatrix}, \cdots, \begin{pmatrix} 0 \\ 0 \\ \vdots \\ 1 \end{pmatrix}$$

线性无关,根据定理 4.10 可知,$n-r$ 个 n 维向量 $\boldsymbol{\xi}_1,\boldsymbol{\xi}_2,\cdots,\boldsymbol{\xi}_{n-r}$ 也线性无关.

(2) $\boldsymbol{Ax}=\boldsymbol{0}$ 的任一解向量均可由 $\boldsymbol{\xi}_1,\boldsymbol{\xi}_2,\cdots,\boldsymbol{\xi}_{n-r}$ 线性表示.

任取 $\boldsymbol{Ax}=\boldsymbol{0}$ 的一个解向量为 $\boldsymbol{\xi}_0=(\lambda_1,\cdots,\lambda_r,\lambda_{r+1},\cdots,\lambda_n)^{\mathrm{T}}$,

令 $\boldsymbol{\xi}^*=\boldsymbol{\xi}_0-\lambda_{r+1}\boldsymbol{\xi}_1-\lambda_{r+2}\boldsymbol{\xi}_2-\cdots-\lambda_n\boldsymbol{\xi}_{n-r}=(\lambda_1^*,\lambda_2^*,\cdots,\lambda_r^*,0,\cdots,0)^{\mathrm{T}}$,

则 $\boldsymbol{\xi}^*$ 也是 $\boldsymbol{Ax}=\boldsymbol{0}$ 的解向量. 把 $\boldsymbol{\xi}^*$ 代入同解方程组(4.8),得

$$\begin{cases} \lambda_1^*=0 \\ \quad\vdots \\ \lambda_r^*=0 \end{cases}.$$

于是 $\boldsymbol{\xi}^*=\boldsymbol{0}$,即 $\boldsymbol{\xi}_0-\lambda_{r+1}\boldsymbol{\xi}_1-\lambda_{r+2}\boldsymbol{\xi}_2-\cdots-\lambda_n\boldsymbol{\xi}_{n-r}=\boldsymbol{\xi}^*=\boldsymbol{0}$.

整理可得 $\boldsymbol{\xi}_0=\lambda_{r+1}\boldsymbol{\xi}_1+\lambda_{r+2}\boldsymbol{\xi}_2+\cdots+\lambda_n\boldsymbol{\xi}_{n-r}$,所以 $\boldsymbol{\xi}_0$ 可由 $\boldsymbol{\xi}_1,\boldsymbol{\xi}_2,\cdots,\boldsymbol{\xi}_{n-r}$ 线性表示.

定理 4.14 说明,当齐次线性方程组系数矩阵的秩 $R(\boldsymbol{A})=r<n$ 时,齐次线性方程组

的基础解系含 $n-r$ 个向量,也就是其解集的秩为 $n-r$. 此外,该定理还提供了一种求解基础解系的方法.需要说明的是,由最大无关组的性质可知,齐次线性方程组的任何 $n-r$ 个线性无关的解都可构成它的基础解系,并由此可知齐次线性方程组的基础解系并不是唯一的,它的通解的形式也不是唯一的.

此外,当齐次线性方程组系数矩阵的秩 $R(\boldsymbol{A})=n$ 时,齐次线性方程组只有零解,没有基础解系.

例 4.15　求齐次线性方程组 $\begin{cases} x_1+x_2-x_3-x_4=0 \\ 2x_1-5x_2+3x_3+2x_4=0 \\ 7x_1-7x_2+3x_3+x_4=0 \end{cases}$ 的基础解系与通解.

解　对系数矩阵 $\boldsymbol{A}$ 作初等行变换,变为行最简形矩阵,有

$$\boldsymbol{A}=\begin{pmatrix} 1 & 1 & -1 & -1 \\ 2 & -5 & 3 & 2 \\ 7 & -7 & 3 & 1 \end{pmatrix} \underset{r_3-7r_1}{\overset{r_2-2r_1}{\sim}} \begin{pmatrix} 1 & 1 & -1 & -1 \\ 0 & -7 & 5 & 4 \\ 0 & -14 & 10 & 8 \end{pmatrix}$$

$$\overset{r_3-2r_2}{\sim} \begin{pmatrix} 1 & 1 & -1 & -1 \\ 0 & -7 & 5 & 4 \\ 0 & 0 & 0 & 0 \end{pmatrix} \underset{r_1-r_2}{\overset{r_2\div(-7)}{\sim}} \begin{pmatrix} 1 & 0 & -\frac{2}{7} & -\frac{3}{7} \\ 0 & 1 & -\frac{5}{7} & -\frac{4}{7} \\ 0 & 0 & 0 & 0 \end{pmatrix},$$

便得

$$\begin{cases} x_1=\frac{2}{7}x_3+\frac{3}{7}x_4 \\ x_2=\frac{5}{7}x_3+\frac{4}{7}x_4 \end{cases}. \tag{4.9}$$

令 $\begin{pmatrix} x_3 \\ x_4 \end{pmatrix}=\begin{pmatrix} 1 \\ 0 \end{pmatrix}$ 及 $\begin{pmatrix} 0 \\ 1 \end{pmatrix}$,则对应有 $\begin{pmatrix} x_1 \\ x_2 \end{pmatrix}=\begin{pmatrix} \frac{2}{7} \\ \frac{5}{7} \end{pmatrix}$ 及 $\begin{pmatrix} \frac{3}{7} \\ \frac{4}{7} \end{pmatrix}$,即得基础解系

$$\boldsymbol{\xi}_1=\begin{pmatrix} \frac{2}{7} \\ \frac{2}{7} \\ 1 \\ 0 \end{pmatrix}, \quad \boldsymbol{\xi}_2=\begin{pmatrix} \frac{3}{7} \\ \frac{4}{7} \\ 0 \\ 1 \end{pmatrix},$$

并由此写出通解

$$\begin{pmatrix} x_1 \\ x_2 \\ x_3 \\ x_4 \end{pmatrix} = c_1 \begin{pmatrix} \frac{2}{7} \\ \frac{2}{7} \\ 1 \\ 0 \end{pmatrix} + c_2 \begin{pmatrix} \frac{3}{7} \\ \frac{4}{7} \\ 0 \\ 1 \end{pmatrix} \quad (c_1, c_2 \in \mathbf{R}).$$

根据式(4.9),如果取

$$\begin{pmatrix} x_3 \\ x_4 \end{pmatrix} = \begin{pmatrix} 1 \\ 1 \end{pmatrix} \quad 及 \quad \begin{pmatrix} 1 \\ -1 \end{pmatrix},$$

对应得

$$\begin{pmatrix} x_1 \\ x_2 \end{pmatrix} = \begin{pmatrix} \frac{5}{7} \\ \frac{9}{7} \end{pmatrix} \begin{pmatrix} -\frac{1}{7} \\ \frac{1}{7} \end{pmatrix},$$

即得不同的基础解系

$$\boldsymbol{\eta}_1 = \begin{pmatrix} \frac{5}{7} \\ \frac{9}{7} \\ 1 \\ 1 \end{pmatrix}, \quad \boldsymbol{\eta}_2 = \begin{pmatrix} -\frac{1}{7} \\ \frac{1}{7} \\ 1 \\ -1 \end{pmatrix},$$

从而得通解

$$\begin{pmatrix} x_1 \\ x_2 \\ x_3 \\ x_4 \end{pmatrix} = k_1 \begin{pmatrix} \frac{5}{7} \\ \frac{9}{7} \\ 1 \\ 1 \end{pmatrix} + k_2 \begin{pmatrix} -\frac{1}{7} \\ \frac{1}{7} \\ 1 \\ -1 \end{pmatrix} \quad (k_1, k_2 \in \mathbf{R}).$$

显然 $\boldsymbol{\xi}_1, \boldsymbol{\xi}_2$ 与 $\boldsymbol{\eta}_1, \boldsymbol{\eta}_2$ 是等价的,两个通解虽然形式不一样,但都含两个任意常数,且都可表示方程组的任一解.

例 4.16 已知 $\boldsymbol{x}_1, \boldsymbol{x}_2, \boldsymbol{x}_3$ 是齐次线性方程组 $\boldsymbol{Ax}=\boldsymbol{0}$ 的一个基础解系,试说明以下三组向量中哪一组也是其基础解系.

(1) $\boldsymbol{x}_1-\boldsymbol{x}_2, \boldsymbol{x}_2-\boldsymbol{x}_3, \boldsymbol{x}_3-\boldsymbol{x}_1$;

(2) $\boldsymbol{x}_1+\boldsymbol{x}_2, \boldsymbol{x}_2-\boldsymbol{x}_3$;

(3) $\boldsymbol{x}_1+\boldsymbol{x}_2, \boldsymbol{x}_2+\boldsymbol{x}_3, \boldsymbol{x}_3+\boldsymbol{x}_1$.

解 (1) 由于$(\boldsymbol{x}_1-\boldsymbol{x}_2)+(\boldsymbol{x}_2-\boldsymbol{x}_3)+(\boldsymbol{x}_3-\boldsymbol{x}_1)=\boldsymbol{0}$,可知 $\boldsymbol{x}_1-\boldsymbol{x}_2, \boldsymbol{x}_2-\boldsymbol{x}_3, \boldsymbol{x}_3-\boldsymbol{x}_1$ 线性相关,不符合基础解系线性无关的条件,因此(1)组向量不是基础解系.

(2) 由于(2)组只含有 2 个向量,与已知条件中基础解系包含 3 个解向量的条件不符，因此(2)组向量不是基础解系.

(3) 首先，根据性质 4.2，这 3 个向量均为解向量. 其次，根据例 4.8 的结论，这三个向量线性无关. 因此，可以判定，(3)组向量是 $\boldsymbol{Ax}=\boldsymbol{0}$ 的基础解系.

定理 4.14 不仅是求解齐次线性方程组的理论基础，在讨论向量组线性相关性及矩阵的秩的时候也很有用.

例 4.17　设 $\boldsymbol{A}_{m\times n}\boldsymbol{B}_{n\times l}=\boldsymbol{O}$，证明 $R(\boldsymbol{A})+R(\boldsymbol{B})\leqslant n$.

证　记
$$\boldsymbol{B}=(\boldsymbol{b}_1,\boldsymbol{b}_2,\cdots,\boldsymbol{b}_l),$$
则
$$\boldsymbol{A}(\boldsymbol{b}_1,\boldsymbol{b}_2,\cdots,\boldsymbol{b}_l)=(\boldsymbol{0},\boldsymbol{0},\cdots,\boldsymbol{0}),$$
即
$$\boldsymbol{Ab}_i=\boldsymbol{0}\quad(i=1,2,\cdots,l),$$
上式表明矩阵 $\boldsymbol{B}$ 的 l 个列向量都是齐次线性方程组 $\boldsymbol{Ax}=\boldsymbol{0}$ 的解.

记方程 $\boldsymbol{Ax}=\boldsymbol{0}$ 的解集为 S，由于 $\boldsymbol{b}_i\in S$，故 $\boldsymbol{b}_1,\boldsymbol{b}_2,\cdots,\boldsymbol{b}_l$ 可以由 S 线性表示，所以 $R(\boldsymbol{b}_1,\boldsymbol{b}_2,\cdots,\boldsymbol{b}_l)\leqslant R_S$，即 $R(\boldsymbol{B})\leqslant R_S$. 而由定理 4.14 知，若 $R(\boldsymbol{A})=r$，则 $R_S=n-r$，即 $R(\boldsymbol{A})+R_S=n$，故 $R(\boldsymbol{A})+R(\boldsymbol{B})\leqslant R(\boldsymbol{A})+R_S=n$.

例 4.18　设 $\boldsymbol{A}^2=\boldsymbol{A},\boldsymbol{A}\neq\boldsymbol{E}$，证明：$|\boldsymbol{A}|=0$.

证法一　由 $\boldsymbol{A}^2=\boldsymbol{A}$，得 $\boldsymbol{A}(\boldsymbol{A}-\boldsymbol{E})=\boldsymbol{O}$，可知矩阵 $\boldsymbol{A}-\boldsymbol{E}$ 的每一个列向量都是齐次线性方程组 $\boldsymbol{Ax}=\boldsymbol{0}$ 的解.

由于 $\boldsymbol{A}\neq\boldsymbol{E}$，即 $(\boldsymbol{A}-\boldsymbol{E})\neq\boldsymbol{O}$，于是 $\boldsymbol{Ax}=\boldsymbol{0}$ 有非零解.

根据定理 3.5 可知，$R(\boldsymbol{A})<n$，即 $|\boldsymbol{A}|=0$.

证法二　同样的，由 $\boldsymbol{A}^2=\boldsymbol{A}$，得 $\boldsymbol{A}(\boldsymbol{A}-\boldsymbol{E})=\boldsymbol{O}$，则
$$R(\boldsymbol{A})+R(\boldsymbol{A}-\boldsymbol{E})\leqslant n.$$
由 $\boldsymbol{A}\neq\boldsymbol{E}$，有 $(\boldsymbol{A}-\boldsymbol{E})\neq\boldsymbol{O}$，即　$R(\boldsymbol{A}-\boldsymbol{E})>0$，

所以 $R(\boldsymbol{A})<n$，即 $|\boldsymbol{A}|=0$.

例 4.19　设 n 元齐次线性方程组 $\boldsymbol{Ax}=\boldsymbol{0}$ 与 $\boldsymbol{Bx}=\boldsymbol{0}$ 同解，证明：$R(\boldsymbol{A})=R(\boldsymbol{B})$.

证　由于方程组 $\boldsymbol{Ax}=\boldsymbol{0}$ 与 $\boldsymbol{Bx}=\boldsymbol{0}$ 有相同的解集，设为 S，则由定理 4.14 可知有 $R(\boldsymbol{A})=n-R_S$，$R(\boldsymbol{B})=n-R_S$，因此 $R(\boldsymbol{A})=R(\boldsymbol{B})$.

例 4.19 的结论表明，当矩阵 $\boldsymbol{A}$ 与 $\boldsymbol{B}$ 的列数相等时，要证 $R(\boldsymbol{A})=R(\boldsymbol{B})$，只需证明齐次线性方程组 $\boldsymbol{Ax}=\boldsymbol{0}$ 与 $\boldsymbol{Bx}=\boldsymbol{0}$ 同解.

例 4.20　试证：$R(\boldsymbol{A}^{\mathrm{T}}\boldsymbol{A})=R(\boldsymbol{A})$.

证　由于矩阵 $\boldsymbol{A}^{\mathrm{T}}\boldsymbol{A}$ 与 $\boldsymbol{A}$ 具有相同的列数，因此根据例 4.19 的结论，想要证明 $R(\boldsymbol{A}^{\mathrm{T}}\boldsymbol{A})=R(\boldsymbol{A})$，只需要证明齐次线性方程组 $(\boldsymbol{A}^{\mathrm{T}}\boldsymbol{A})\boldsymbol{x}=\boldsymbol{0}$ 与 $\boldsymbol{Ax}=\boldsymbol{0}$ 同解.

(1) 若 $\boldsymbol{x}$ 满足 $\boldsymbol{Ax}=\boldsymbol{0}$，则有 $\boldsymbol{A}^{\mathrm{T}}(\boldsymbol{Ax})=\boldsymbol{0}$，即 $(\boldsymbol{A}^{\mathrm{T}}\boldsymbol{A})\boldsymbol{x}=\boldsymbol{0}$；

(2) 若 $\boldsymbol{x}$ 满足 $(\boldsymbol{A}^{\mathrm{T}}\boldsymbol{A})\boldsymbol{x}=\boldsymbol{0}$，则 $\boldsymbol{x}^{\mathrm{T}}(\boldsymbol{A}^{\mathrm{T}}\boldsymbol{A})\boldsymbol{x}=\boldsymbol{0}$，即 $(\boldsymbol{Ax})^{\mathrm{T}}(\boldsymbol{Ax})=\boldsymbol{0}$，从而 $\boldsymbol{Ax}=\boldsymbol{0}$(参看第 2 章例 2.31).

综上可知方程组 $\boldsymbol{Ax}=\boldsymbol{0}$ 与 $(\boldsymbol{A}^{\mathrm{T}}\boldsymbol{A})\boldsymbol{x}=\boldsymbol{0}$ 同解，因此 $R(\boldsymbol{A}^{\mathrm{T}}\boldsymbol{A})=R(\boldsymbol{A})$.

4.5 非齐次线性方程组的解的结构

利用上一节关于齐次线性方程组解的结构的相关结论，下面讨论非齐次线性方程组解的结构.

设 $\boldsymbol{A}$ 是 $m\times n$ 矩阵，对 $\boldsymbol{A}$ 按列分块 $\boldsymbol{A}=(\boldsymbol{a}_1,\boldsymbol{a}_2,\cdots,\boldsymbol{a}_n)$，则非齐次线性方程组 $\boldsymbol{Ax}=\boldsymbol{b}$ 可表示为

$$x_1\boldsymbol{a}_1+x_2\boldsymbol{a}_2+\cdots+x_n\boldsymbol{a}_n=\boldsymbol{b}, \tag{4.10}$$

称式(4.10)为非齐次线性方程组的向量表达式.

非齐次线性方程组的解与齐次线性方程组的解有着密切的关系. 设有非齐次线性方程组 $\boldsymbol{Ax}=\boldsymbol{b}$，把它的常数项全部换为零(也就是把 $\boldsymbol{b}$ 换为零矩阵)得到齐次线性方程组 $\boldsymbol{Ax}=\boldsymbol{0}$，称后者为前者对应的齐次线性方程组.

性质 4.3 (1) 设 $\boldsymbol{\eta}_1$ 和 $\boldsymbol{\eta}_2$ 是非齐次线性方程组的两个解向量，则 $\boldsymbol{\eta}_1-\boldsymbol{\eta}_2$ 为其对应的齐次线性方程组 $\boldsymbol{Ax}=\boldsymbol{0}$ 的解向量.

(2) 设 $\boldsymbol{\eta}$ 是非齐次线性方程组的任一解向量，$\boldsymbol{\xi}$ 是其对应的齐次线性方程组 $\boldsymbol{Ax}=\boldsymbol{0}$ 的任一解向量，则 $\boldsymbol{\xi}+\boldsymbol{\eta}$ 是非齐次线性方程组的解向量.

证 (1) 因 $\boldsymbol{\eta}_1$ 和 $\boldsymbol{\eta}_2$ 是 $\boldsymbol{Ax}=\boldsymbol{b}$ 的解，故 $\boldsymbol{A\eta}_1=\boldsymbol{b}$，$\boldsymbol{A\eta}_2=\boldsymbol{b}$，于是

$$\boldsymbol{A}(\boldsymbol{\eta}_1-\boldsymbol{\eta}_2)=\boldsymbol{A\eta}_1-\boldsymbol{A\eta}_2=\boldsymbol{b}-\boldsymbol{b}=\boldsymbol{0},$$

所以 $\boldsymbol{\eta}_1-\boldsymbol{\eta}_2$ 是 $\boldsymbol{Ax}=\boldsymbol{0}$ 的解.

(2) 因 $\boldsymbol{\eta}$ 是 $\boldsymbol{Ax}=\boldsymbol{b}$ 的解，$\boldsymbol{\xi}$ 是 $\boldsymbol{Ax}=\boldsymbol{0}$ 的解，故 $\boldsymbol{A\eta}=\boldsymbol{b}$，$\boldsymbol{A\xi}=\boldsymbol{0}$，于是

$$\boldsymbol{A}(\boldsymbol{\xi}+\boldsymbol{\eta})=\boldsymbol{A\xi}+\boldsymbol{A\eta}=\boldsymbol{0}+\boldsymbol{b}=\boldsymbol{b},$$

所以 $\boldsymbol{\xi}+\boldsymbol{\eta}$ 是 $\boldsymbol{Ax}=\boldsymbol{b}$ 的解.

与齐次线性方程组不同的是，非齐次线性方程组的解向量的线性组合一般不再是非齐次线性方程组的解向量. 也就是说，若 $\boldsymbol{\eta}_1,\boldsymbol{\eta}_2,\cdots,\boldsymbol{\eta}_s$ 是非齐次线性方程组 $\boldsymbol{Ax}=\boldsymbol{b}$ 的解向量，则

$$k_1\boldsymbol{\eta}_1+k_2\boldsymbol{\eta}_2+\cdots+k_s\boldsymbol{\eta}_s$$

一般不再是 $\boldsymbol{Ax}=\boldsymbol{b}$ 的解向量，除非 $k_1+k_2+\cdots+k_s=1$.

当非齐次线性方程组存在无穷解的时候，需要对其解的结构进行研究.

定理 4.15 若非齐次线性方程组 $\boldsymbol{Ax}=\boldsymbol{b}$ 有无穷多解，则其通解可以表示为

$$\boldsymbol{x}=k_1\boldsymbol{\xi}_1+k_2\boldsymbol{\xi}_2+\cdots+k_{n-r}\boldsymbol{\xi}_{n-r}+\boldsymbol{\eta}^*, \tag{4.11}$$

其中 $\boldsymbol{\eta}^*$ 为 $\boldsymbol{Ax}=\boldsymbol{b}$ 的一个特解，$\boldsymbol{\xi}_1,\boldsymbol{\xi}_2,\cdots,\boldsymbol{\xi}_{n-r}$ 是其对应的齐次线性方程组 $\boldsymbol{Ax}=\boldsymbol{0}$ 的一个基础解系，$k_1,k_2,\cdots,k_{n-r}$ 是 $n-r$ 个任意常数.

例 4.21 求解方程组 $\begin{cases} x_1-x_2-x_3+x_4=0 \\ x_1-x_2+x_3-3x_4=1 \\ x_1-x_2-2x_3+3x_4=-\dfrac{1}{2} \end{cases}$.

解　用初等行变换将增广矩阵 $\boldsymbol{B}$ 变为其行最简形矩阵：

$$\boldsymbol{B}=\begin{pmatrix}1&-1&-1&1&0\\1&-1&1&-3&1\\1&-1&-2&3&-\frac{1}{2}\end{pmatrix}\underset{r_3-r_1}{\overset{r_2-r_1}{\sim}}\begin{pmatrix}1&-1&-1&1&0\\0&0&2&-4&1\\0&0&-1&2&-\frac{1}{2}\end{pmatrix}$$

$$\underset{r_3+r_2}{\overset{\substack{r_2\div 2\\ r_1+r_2}}{\sim}}\begin{pmatrix}1&-1&0&-1&\frac{1}{2}\\0&0&1&-2&\frac{1}{2}\\0&0&0&0&0\end{pmatrix},$$

可知 $R(\boldsymbol{A})=R(\boldsymbol{B})=2<3$，故方程组有无穷解，可得同解方程组

$$\begin{cases}x_1=x_2+x_4+\dfrac{1}{2},\\x_3=2x_4+\dfrac{1}{2}\end{cases}$$

取 $x_2=x_4=0$，则 $x_1=x_2=\frac{1}{2}$，即得方程组的一个特解

$$\boldsymbol{\eta}^*=\begin{pmatrix}\frac{1}{2}\\0\\\frac{1}{2}\\0\end{pmatrix}.$$

去掉方程组右端的常数项，得对应的齐次线性方程组的同解方程为

$$\begin{cases}x_1=x_2+x_4,\\x_3=2x_4\end{cases}$$

取自由未知数

$$\begin{pmatrix}x_2\\x_4\end{pmatrix}=\begin{pmatrix}1\\0\end{pmatrix}及\begin{pmatrix}0\\1\end{pmatrix},\quad 则\begin{pmatrix}x_1\\x_3\end{pmatrix}=\begin{pmatrix}1\\0\end{pmatrix}及\begin{pmatrix}1\\2\end{pmatrix},$$

即得对应的齐次线性方程组的基础解系

$$\boldsymbol{\xi}_1=\begin{pmatrix}1\\1\\0\\0\end{pmatrix},\quad \boldsymbol{\xi}_2=\begin{pmatrix}1\\0\\2\\1\end{pmatrix},$$

于是所求通解为

$$\begin{pmatrix} x_1 \\ x_2 \\ x_3 \\ x_4 \end{pmatrix} = k_1 \begin{pmatrix} 1 \\ 1 \\ 0 \\ 0 \end{pmatrix} + k_1 \begin{pmatrix} 1 \\ 0 \\ 2 \\ 1 \end{pmatrix} + \begin{pmatrix} \frac{1}{2} \\ 0 \\ \frac{1}{2} \\ 0 \end{pmatrix} \quad (k_1, k_2 \in \mathbf{R}).$$

例 4.22 设 $\mathbf{A}$ 是 $m\times 3$ 矩阵，且 $R(\mathbf{A})=1$. 如果非齐次线性方程组 $\mathbf{A}\boldsymbol{x}=\boldsymbol{b}$ 的三个解向量 $\boldsymbol{\eta}_1,\boldsymbol{\eta}_2,\boldsymbol{\eta}_3$ 满足

$$\boldsymbol{\eta}_1+\boldsymbol{\eta}_2=\begin{pmatrix} 1 \\ 2 \\ 3 \end{pmatrix}, \quad \boldsymbol{\eta}_2+\boldsymbol{\eta}_3=\begin{pmatrix} 0 \\ -1 \\ 1 \end{pmatrix}, \quad \boldsymbol{\eta}_3+\boldsymbol{\eta}_1=\begin{pmatrix} 1 \\ 0 \\ -1 \end{pmatrix}.$$

求 $\mathbf{A}\boldsymbol{x}=\boldsymbol{b}$ 的通解.

解 因为 $\mathbf{A}$ 是 $m\times 3$ 矩阵，且 $R(\mathbf{A})=1$，所以根据定理 4.14 可知，$\mathbf{A}\boldsymbol{x}=\mathbf{0}$ 的基础解系中含有 2 个线性无关的解向量.

而

$$\boldsymbol{\eta}_1-\boldsymbol{\eta}_2=(\boldsymbol{\eta}_3+\boldsymbol{\eta}_1)-(\boldsymbol{\eta}_2+\boldsymbol{\eta}_3)=\begin{pmatrix} 1 \\ 0 \\ -1 \end{pmatrix}-\begin{pmatrix} 0 \\ -1 \\ 1 \end{pmatrix}=\begin{pmatrix} 1 \\ 1 \\ -2 \end{pmatrix},$$

$$\boldsymbol{\eta}_1-\boldsymbol{\eta}_3=(\boldsymbol{\eta}_1+\boldsymbol{\eta}_2)-(\boldsymbol{\eta}_2+\boldsymbol{\eta}_3)=\begin{pmatrix} 1 \\ 2 \\ 3 \end{pmatrix}-\begin{pmatrix} 0 \\ -1 \\ 1 \end{pmatrix}=\begin{pmatrix} 1 \\ 3 \\ 2 \end{pmatrix},$$

均为 $\mathbf{A}\boldsymbol{x}=\mathbf{0}$ 的解向量，且容易验证 $\boldsymbol{\eta}_1-\boldsymbol{\eta}_2$ 与 $\boldsymbol{\eta}_1-\boldsymbol{\eta}_3$ 线性无关，所以 $\boldsymbol{\eta}_1-\boldsymbol{\eta}_2$ 与 $\boldsymbol{\eta}_1-\boldsymbol{\eta}_3$ 是 $\mathbf{A}\boldsymbol{x}=\mathbf{0}$ 的基础解系中的解向量.

由 $\boldsymbol{\eta}_1+\boldsymbol{\eta}_2=\begin{pmatrix} 1 \\ 2 \\ 3 \end{pmatrix}$，$\boldsymbol{\eta}_1-\boldsymbol{\eta}_2=\begin{pmatrix} 1 \\ 1 \\ -2 \end{pmatrix}$，得 $\boldsymbol{\eta}_1=\begin{pmatrix} 1 \\ \frac{3}{2} \\ \frac{1}{2} \end{pmatrix}$，为方程组 $\mathbf{A}\boldsymbol{x}=\boldsymbol{b}$ 的一个特解，故 $\mathbf{A}\boldsymbol{x}=\boldsymbol{b}$ 的通解为

$$\begin{pmatrix} x_1 \\ x_2 \\ x_3 \end{pmatrix} = k_1 \begin{pmatrix} 1 \\ 3 \\ 2 \end{pmatrix} + k_2 \begin{pmatrix} 1 \\ 1 \\ -2 \end{pmatrix} + \begin{pmatrix} 1 \\ \frac{3}{2} \\ \frac{1}{2} \end{pmatrix},$$

其中 k_1,k_2 为任意的实数.

习题四

1. 设 $\boldsymbol{\alpha}=(1,-1,2,-2,0)^{\mathrm{T}}$，$\boldsymbol{\beta}=(0,2,-5,1,2)^{\mathrm{T}}$，计算 $3\boldsymbol{\alpha}-2\boldsymbol{\beta}$.

2. 设 $3(\boldsymbol{a}_1-\boldsymbol{a})+2(\boldsymbol{a}_2+\boldsymbol{a})=5(\boldsymbol{a}_3+\boldsymbol{a})$，求 $\boldsymbol{a}$，其中 $\boldsymbol{a}_1=(2,5,1,3)^{\mathrm{T}}$，$\boldsymbol{a}_2=(10,1,5,10)^{\mathrm{T}}$，$\boldsymbol{a}_3=(4,1,-1,1)^{\mathrm{T}}$.

3. 已知 $\boldsymbol{\beta}=(0,0,0,1)^{\mathrm{T}}$，$\boldsymbol{\alpha}_1=(1,1,0,1)^{\mathrm{T}}$，$\boldsymbol{\alpha}_2=(2,1,3,1)^{\mathrm{T}}$，$\boldsymbol{\alpha}_3=(1,1,0,0)^{\mathrm{T}}$，$\boldsymbol{\alpha}_4=(0,1,-1,-1)^{\mathrm{T}}$，把向量 $\boldsymbol{\beta}$ 表示成 $\boldsymbol{\alpha}_1,\boldsymbol{\alpha}_2,\boldsymbol{\alpha}_3,\boldsymbol{\alpha}_4$ 的线性组合.

4. 已知 $\boldsymbol{\beta}=(5,4,1)^{\mathrm{T}}$，$\boldsymbol{\alpha}_1=(2,3,x)^{\mathrm{T}}$，$\boldsymbol{\alpha}_2=(-1,2,3)^{\mathrm{T}}$，$\boldsymbol{\alpha}_3=(3,1,2)^{\mathrm{T}}$，问 x 取什么值时，$\boldsymbol{\beta}$ 可以由 $\boldsymbol{\alpha}_1,\boldsymbol{\alpha}_2,\boldsymbol{\alpha}_3$ 线性表示.

5. 已知向量组 $\boldsymbol{A}$：$\boldsymbol{a}_1=\begin{pmatrix}0\\1\\2\\3\end{pmatrix}$，$\boldsymbol{a}_2=\begin{pmatrix}3\\0\\1\\2\end{pmatrix}$，$\boldsymbol{a}_3=\begin{pmatrix}2\\3\\0\\1\end{pmatrix}$；$\boldsymbol{B}$：$\boldsymbol{b}_1=\begin{pmatrix}2\\1\\1\\2\end{pmatrix}$，$\boldsymbol{b}_2=\begin{pmatrix}0\\-2\\1\\1\end{pmatrix}$，$\boldsymbol{b}_3=\begin{pmatrix}4\\4\\1\\3\end{pmatrix}$. 证明 $\boldsymbol{B}$ 组能由 $\boldsymbol{A}$ 组线性表示，但 $\boldsymbol{A}$ 组不能由 $\boldsymbol{B}$ 组线性表示.

6. 已知向量组 $\boldsymbol{A}$：$\boldsymbol{a}_1=\begin{pmatrix}0\\1\\1\end{pmatrix}$，$\boldsymbol{a}_2=\begin{pmatrix}1\\1\\0\end{pmatrix}$，$\boldsymbol{B}$：$\boldsymbol{b}_1=\begin{pmatrix}-1\\0\\1\end{pmatrix}$，$\boldsymbol{b}_2=\begin{pmatrix}1\\2\\1\end{pmatrix}$，$\boldsymbol{b}_3=\begin{pmatrix}3\\2\\-1\end{pmatrix}$. 证明 $\boldsymbol{A}$ 组与 $\boldsymbol{B}$ 组等价.

7. 判定下列向量组是线性相关还是线性无关：

(1) $\begin{pmatrix}-1\\3\\1\end{pmatrix},\begin{pmatrix}2\\1\\0\end{pmatrix},\begin{pmatrix}1\\4\\1\end{pmatrix}$；　　(2) $\begin{pmatrix}2\\3\\0\end{pmatrix},\begin{pmatrix}-1\\4\\0\end{pmatrix},\begin{pmatrix}0\\0\\2\end{pmatrix}$.

8. 已知 $\boldsymbol{a}_1=\begin{pmatrix}a\\1\\1\end{pmatrix}$，$\boldsymbol{a}_2=\begin{pmatrix}1\\a\\-1\end{pmatrix}$，$\boldsymbol{a}_3=\begin{pmatrix}1\\-1\\a\end{pmatrix}$，问 a 取什么值时向量组线性相关？

9. 设 $\boldsymbol{b}_1=\boldsymbol{a}_1+\boldsymbol{a}_2$，$\boldsymbol{b}_2=\boldsymbol{a}_2+\boldsymbol{a}_3$，$\boldsymbol{b}_3=\boldsymbol{a}_3+\boldsymbol{a}_4$，$\boldsymbol{b}_4=\boldsymbol{a}_4+\boldsymbol{a}_1$，证明向量组 $\boldsymbol{b}_1,\boldsymbol{b}_2,\boldsymbol{b}_3,\boldsymbol{b}_4$ 线性相关.

10. 设 $\boldsymbol{b}_1=\boldsymbol{a}_1$，$\boldsymbol{b}_2=\boldsymbol{a}_1+\boldsymbol{a}_2$，…，$\boldsymbol{b}_r=\boldsymbol{a}_1+\boldsymbol{a}_2+\cdots+\boldsymbol{a}_r$，且向量组 $\boldsymbol{a}_1,\boldsymbol{a}_2,\cdots,\boldsymbol{a}_r$ 线性无关，试证明向量组 $\boldsymbol{b}_1,\boldsymbol{b}_2,\cdots,\boldsymbol{b}_r$ 线性无关.

11. 已知 $R(\boldsymbol{a}_1,\boldsymbol{a}_2,\boldsymbol{a}_3)=2$，$R(\boldsymbol{a}_2,\boldsymbol{a}_3,\boldsymbol{a}_4)=3$，证明：

(1) $\boldsymbol{a}_1$ 能由 $\boldsymbol{a}_2,\boldsymbol{a}_3$ 线性表示；

(2) $\boldsymbol{a}_4$ 不能由 $\boldsymbol{a}_1,\boldsymbol{a}_2,\boldsymbol{a}_3$ 线性表示.

12. 判断下列说法是否正确，若正确，证明之，若不正确，则举反例说明.

(1) 若存在一组不全为零的数 $k_1,k_2,\cdots,k_m$ 使

$$k_1\boldsymbol{a}_1+k_2\boldsymbol{a}_2+\cdots+k_m\boldsymbol{a}_m\neq\boldsymbol{0},$$

则向量组 $\boldsymbol{a}_1,\boldsymbol{a}_2,\cdots,\boldsymbol{a}_m$ 线性无关.

(2) 若向量组 $\boldsymbol{a}_1,\boldsymbol{a}_2,\cdots,\boldsymbol{a}_m$ 线性相关,则 $\boldsymbol{a}_1$ 可由 $\boldsymbol{a}_2,\cdots,\boldsymbol{a}_m$ 线性表示.

(3) 若有不全为 0 的数 $\lambda_1,\lambda_2,\cdots,\lambda_m$,使

$$\lambda_1\boldsymbol{a}_1+\cdots+\lambda_m\boldsymbol{a}_m+\lambda_1\boldsymbol{b}_1+\cdots+\lambda_m\boldsymbol{b}_m=\boldsymbol{0}$$

成立,则 $\boldsymbol{a}_1,\cdots,\boldsymbol{a}_m$ 线性相关,$\boldsymbol{b}_1,\cdots,\boldsymbol{b}_m$ 也线性相关.

(4) 若只有当 $\lambda_1,\lambda_2,\cdots,\lambda_m$ 全为零时,等式

$$\lambda_1\boldsymbol{a}_1+\cdots+\lambda_m\boldsymbol{a}_m+\lambda_1\boldsymbol{b}_1+\cdots+\lambda_m\boldsymbol{b}_m=\boldsymbol{0}$$

才能成立,则 $\boldsymbol{a}_1,\cdots,\boldsymbol{a}_m$ 线性无关,$\boldsymbol{b}_1,\cdots,\boldsymbol{b}_m$ 也线性无关.

(5) 若 $\boldsymbol{a}_1,\cdots,\boldsymbol{a}_m$ 线性相关,$\boldsymbol{b}_1,\cdots,\boldsymbol{b}_m$ 也线性相关,则有不全为 0 的数 $\lambda_1,\cdots,\lambda_m$,使

$$\lambda_1\boldsymbol{a}_1+\cdots+\lambda_m\boldsymbol{a}_m=\boldsymbol{0},\quad \lambda_1\boldsymbol{b}_1+\cdots+\lambda_m\boldsymbol{b}_m=\boldsymbol{0}$$

同时成立.

13. 设 $\boldsymbol{a}_1,\boldsymbol{a}_2,\cdots,\boldsymbol{a}_m$ 线性无关,$\boldsymbol{b}$ 不能由 $\boldsymbol{a}_1,\boldsymbol{a}_2,\cdots,\boldsymbol{a}_m$ 线性表示,证明:$\boldsymbol{a}_1,\boldsymbol{a}_2,\cdots,\boldsymbol{a}_m,\boldsymbol{b}$ 线性无关.

14. 设向量组 $\boldsymbol{a}_1,\boldsymbol{a}_2,\cdots,\boldsymbol{a}_m$ 线性相关,且 $\boldsymbol{a}_1\neq\boldsymbol{0}$,证明存在某个向量 $\boldsymbol{a}_k(2\leqslant k\leqslant m)$,使 $\boldsymbol{a}_k$ 能由 $\boldsymbol{a}_1,\cdots,\boldsymbol{a}_{k-1}$ 线性表示.

15. 求下列向量组的秩及最大无关组,并把不属于最大无关组的向量用最大无关组线性表示:

(1) $\boldsymbol{a}_1=(1,2,-1,4)^{\mathrm{T}},\boldsymbol{a}_2=(9,100,10,4)^{\mathrm{T}},\boldsymbol{a}_3=(-2,-4,2,-8)^{\mathrm{T}}$;

(2) $\boldsymbol{a}_1=(1,2,1,3)^{\mathrm{T}},\boldsymbol{a}_2=(4,-1,-5,-6)^{\mathrm{T}},\boldsymbol{a}_3=(1,-3,-4,-7)^{\mathrm{T}}$;

(3) $\boldsymbol{a}_1=(-2,1,0,3)^{\mathrm{T}},\boldsymbol{a}_2=(1,-3,2,4)^{\mathrm{T}},\boldsymbol{a}_3=(3,0,2,-1)^{\mathrm{T}},\boldsymbol{a}_4=(2,-2,4,6)^{\mathrm{T}}$.

16. 设向量组 $\begin{pmatrix}a\\3\\1\end{pmatrix},\begin{pmatrix}2\\b\\3\end{pmatrix},\begin{pmatrix}1\\2\\1\end{pmatrix},\begin{pmatrix}2\\3\\1\end{pmatrix}$ 的秩为 2,求 a,b.

17. 设 $\boldsymbol{a}_1,\boldsymbol{a}_2,\cdots,\boldsymbol{a}_n$ 是一组 n 维向量,已知 n 维单位坐标 $\boldsymbol{e}_1,\boldsymbol{e}_2,\cdots,\boldsymbol{e}_n$ 能由它们线性表示,证明 $\boldsymbol{a}_1,\boldsymbol{a}_2,\cdots,\boldsymbol{a}_n$ 线性无关.

18. 设 $\boldsymbol{a}_1,\boldsymbol{a}_2,\cdots,\boldsymbol{a}_n$ 是一组 n 维向量,证明它们线性无关的充分必要条件是:任一 n 维向量都可由它们线性表示.

19. 设 $\begin{cases}\boldsymbol{b}_1= \quad\ \ \boldsymbol{a}_2+\boldsymbol{a}_3+\cdots+\boldsymbol{a}_n\\ \boldsymbol{b}_2=\boldsymbol{a}_1 \quad\ \ +\boldsymbol{a}_3+\cdots+\boldsymbol{a}_n\\ \cdots\cdots\cdots\\ \boldsymbol{b}_n=\boldsymbol{a}_1+\boldsymbol{a}_2+\cdots+\boldsymbol{a}_{n-1}\end{cases}$,证明向量组 $\boldsymbol{a}_1,\boldsymbol{a}_2,\cdots,\boldsymbol{a}_n$ 与向量组 $\boldsymbol{b}_1,\boldsymbol{b}_2,\cdots,\boldsymbol{b}_n$ 等价.

20. 已知 3 阶矩阵 $\boldsymbol{A}$ 与 3 维列向量 $\boldsymbol{x}$ 满足 $\boldsymbol{A}^3\boldsymbol{x}=3\boldsymbol{A}\boldsymbol{x}-\boldsymbol{A}^2\boldsymbol{x}$,且向量组 $\boldsymbol{x},\boldsymbol{A}\boldsymbol{x},\boldsymbol{A}^2\boldsymbol{x}$,线性无关,记 $\boldsymbol{y}=\boldsymbol{A}\boldsymbol{x},\boldsymbol{z}=\boldsymbol{A}\boldsymbol{y},\boldsymbol{p}=(\boldsymbol{x},\boldsymbol{y},\boldsymbol{z})$,求 3 阶矩阵 $\boldsymbol{B}$,使 $\boldsymbol{AP}=\boldsymbol{PB}$.

21. 设 n 阶矩阵 $\boldsymbol{A}$ 满足 $\boldsymbol{A}^2=\boldsymbol{A}$，$\boldsymbol{E}$ 为 n 阶单位阵，证明：$R(\boldsymbol{A})+R(\boldsymbol{A}-\boldsymbol{E})=n$.

22. 设 $\boldsymbol{A}$ 为 n 阶矩阵$(n\geqslant 2)$，$\boldsymbol{A}^*$ 为 $\boldsymbol{A}$ 的伴随阵，证明

$$R(\boldsymbol{A}^*)=\begin{cases} n, & \text{当 } R(\boldsymbol{A})=n \\ 1, & \text{当 } R(\boldsymbol{A})=n-1. \\ 0, & \text{当 } R(\boldsymbol{A})\leqslant n-2 \end{cases}$$

23. 求下列齐次线性方程组的基础解系和通解.

(1) $\begin{cases} x_1-8x_2+10x_3+2x_4=0 \\ 2x_1+4x_2+5x_3-x_4=0 \\ 3x_1+8x_2+6x_3-2x_4=0 \end{cases}$；　(2) $\begin{cases} 2x_1-3x_2-2x_3+x_4=0 \\ 3x_1+5x_2+4x_3-2x_4=0. \\ 8x_1+7x_2+6x_3-3x_4=0 \end{cases}$

24. 设 $\boldsymbol{A}=\begin{pmatrix} 2 & -2 & 1 & 3 \\ 9 & -5 & 2 & 8 \end{pmatrix}$，求一个 4×2 矩阵 $\boldsymbol{B}$，使 $\boldsymbol{AB}=\boldsymbol{O}$，且 $R(\boldsymbol{B})=2$.

25. 求下列非齐次方程组的通解.

(1) $\begin{cases} x_1+x_2=5 \\ 2x_1+x_2+x_3+2x_4=1 \\ 5x_1+3x_2+2x_3+2x_4=3 \end{cases}$；　(2) $\begin{cases} x_1-5x_2+2x_3-3x_4=11 \\ 5x_1+3x_2+6x_3-x_4=-1. \\ 2x_1+4x_2+2x_3+x_4=-6 \end{cases}$

26. 设四元非齐次线性方程组的系数矩阵的秩为 3，已知 $\boldsymbol{\eta}_1,\boldsymbol{\eta}_2,\boldsymbol{\eta}_3$ 是它的三个解向量，且

$$\boldsymbol{\eta}_1=\begin{pmatrix} 2 \\ 3 \\ 4 \\ 5 \end{pmatrix},\quad \boldsymbol{\eta}_2+\boldsymbol{\eta}_3=\begin{pmatrix} 1 \\ 2 \\ 3 \\ 4 \end{pmatrix},$$

求该方程组的通解.

27. 设 $\boldsymbol{a}=\begin{pmatrix} a_1 \\ a_2 \\ a_3 \end{pmatrix}$，$\boldsymbol{b}=\begin{pmatrix} b_1 \\ b_2 \\ b_3 \end{pmatrix}$，$\boldsymbol{c}=\begin{pmatrix} c_1 \\ c_2 \\ c_3 \end{pmatrix}$，证明三直线 $\begin{cases} l_1: a_1x+b_1y+c_1=0, \\ l_2: a_2x+b_2y+c_2=0, \\ l_3: a_3x+b_3y+c_3=0, \end{cases}$ $(a_i^2+b_i^2\neq 0, i=1,2,3)$

相交于一点的充分必要条件为：向量组 $\boldsymbol{a},\boldsymbol{b}$ 线性无关，且向量组 $\boldsymbol{a},\boldsymbol{b},\boldsymbol{c}$ 线性相关.

28. 设矩阵 $\boldsymbol{A}=(\boldsymbol{a}_1,\boldsymbol{a}_2,\boldsymbol{a}_3,\boldsymbol{a}_4)$，其中 $\boldsymbol{a}_2,\boldsymbol{a}_3,\boldsymbol{a}_4$ 线性无关，$\boldsymbol{a}_1=2\boldsymbol{a}_2-\boldsymbol{a}_3$. 向量 $\boldsymbol{b}=\boldsymbol{a}_1+\boldsymbol{a}_2+\boldsymbol{a}_3+\boldsymbol{a}_4$，求方程 $\boldsymbol{Ax}=\boldsymbol{b}$ 的通解.

第5章　向量空间

在第4章学习中，我们把有序数组称为向量.一个2维(元)实向量对应解析几何平面中一个2维有向线段；全部2元实向量对应平面中全部有向线段.同理，全部3元实向量对应全部3维有向线段.在几何上，分别称上述两个有向线段集合构成的代数系统为平面空间与立体空间，也就是所谓的几何空间，也称为向量空间.随着应用的需要，人们在许多理论研究和实际应用中都需要处理有序数组，因此人们进一步推广了向量空间这个概念，把所有由向量构成的具有与平面空间或立体空间类似结构的代数系统都称为向量空间.不仅如此，人们还仿造解析几何中的做法对向量空间进行讨论和研究，引入了坐标系、坐标变换、子空间、向量的长度与夹角以及直角坐标系等概念.本章我们将介绍有关的知识.

5.1　向量空间与子空间

定义5.1　设V为n维向量的非空集合，如果

(1) 对任意$\boldsymbol{a}\in V,\boldsymbol{b}\in V$，均有$\boldsymbol{a}+\boldsymbol{b}\in V$；

(2) 对任意$\boldsymbol{a}\in V,\lambda\in\mathbf{R}$，均有$\lambda\boldsymbol{a}\in V$，

那么就称集合V为向量空间.

例5.1　3维向量的全体$\mathbf{R}^3$，就是一个向量空间.首先，3维向量的全体是一个非空集合；其次，任意两个3维向量之和仍然是3维向量，数λ乘3维向量也仍然是3维向量，它们都属于$\mathbf{R}^3$.

我们可以用有向线段形象地表示3维向量，从而向量空间$\mathbf{R}^3$可形象地看作以坐标原点为起点的有向线段的全体.由于以原点为起点的有向线段与其终点一一对应，因此$\mathbf{R}^3$也可看作取定坐标原点的点空间.

类似的，n维向量的全体$\mathbf{R}^n$，也是一个向量空间.不过，当$n>3$时，它没有直观的几何意义.

根据定义5.1，如果集合V为向量空间，那么也可以说集合V对于加法和数乘运算是封闭的，也就是对于线性运算是封闭的.

例5.2　判断下列集合是否为向量空间：

(1) $V_1=\{\boldsymbol{x}=(0,x_2,\cdots,x_n)^{\mathrm{T}}\mid x_2,\cdots,x_n\in\mathbf{R}\}$；

(2) $V_2=\{\boldsymbol{x}=(1,x_2,\cdots,x_n)^{\mathrm{T}}\mid x_2,\cdots,x_n\in\mathbf{R}\}$.

解　(1) 集合 V_1 是非空集合，且对于 V_1 的任意两个元素 $\boldsymbol{a}=(0,a_2,\cdots,a_n)^{\mathrm{T}}$，$\boldsymbol{b}=(0,b_2,\cdots,b_n)^{\mathrm{T}}\in V_1$，有

$$\boldsymbol{a}+\boldsymbol{b}=(0,a_2+b_2,\cdots,a_n+b_n)^{\mathrm{T}}\in V_1,\quad \lambda\boldsymbol{a}=(0,\lambda a_2,\cdots,\lambda a_n)^{\mathrm{T}}\in V_1,$$

所以 V_1 是向量空间.

(2) 对于集合 V_2，若 $\boldsymbol{a}=(1,a_2,\cdots,a_n)^{\mathrm{T}}\in V_2$，则 $2\boldsymbol{a}=(2,2a_2,\cdots,2a_n)^{\mathrm{T}}\notin V_2$，所以 V_2 不是向量空间.

例 5.3　由齐次线性方程组的解的性质，齐次线性方程组的解集 $S_1=\{\boldsymbol{x}\mid \boldsymbol{Ax}=\boldsymbol{0}\}$ 对于线性运算是封闭的，因此是一个向量空间，也称之为齐次线性方程组的解空间. 与之相对，由非齐次线性方程组的解的性质，非齐次线性方程组的解集 $S_2=\{\boldsymbol{x}\mid \boldsymbol{Ax}=\boldsymbol{b}\}$ 通常情况下对线性运算不封闭，因此不是向量空间.

特别的，当齐次线性方程组只有零解时，其解集中只包含零向量. 由于只包含零向量的向量组对于线性运算仍然是封闭的，所以也构成向量空间.

例 5.4　设 $\boldsymbol{a},\boldsymbol{b}$ 为两个已知的 n 维向量，集合

$$V=\{\boldsymbol{x}=\lambda\boldsymbol{a}+\mu\boldsymbol{b}\mid \lambda,\mu\in\mathbf{R}\},$$

试判断集合 V 是否为向量空间.

解　设集合中任意两个 n 维向量为 $\boldsymbol{x}_1=\lambda_1\boldsymbol{a}+\mu_1\boldsymbol{b}$，$\boldsymbol{x}_2=\lambda_2\boldsymbol{a}+\mu_2\boldsymbol{b}$，则有

$$\boldsymbol{x}_1+\boldsymbol{x}_2=(\lambda_1+\lambda_2)\boldsymbol{a}+(\mu_1+\mu_2)\boldsymbol{b}\in V,$$
$$k\boldsymbol{x}_1=(k\lambda_1)\boldsymbol{a}+(k\mu_1)\boldsymbol{b}\in V,$$

所以集合 V 是一个向量空间.

上述例题中的向量空间 V 称为由向量 $\boldsymbol{a},\boldsymbol{b}$ 所生成的向量空间. 一般的，由向量组 $\boldsymbol{a}_1,\boldsymbol{a}_2,\cdots,\boldsymbol{a}_m$ 所生成的向量空间记为

$$V=\{x=\lambda_1\boldsymbol{a}_1+\lambda_2\boldsymbol{a}_2+\cdots+\lambda_m\boldsymbol{a}_m\mid \lambda_1,\lambda_2,\cdots,\lambda_m\in\mathbf{R}\}.$$

例 5.5　设向量组 $\boldsymbol{a}_1,\boldsymbol{a}_2,\cdots,\boldsymbol{a}_m$ 与向量组 $\boldsymbol{b}_1,\boldsymbol{b}_2,\cdots,\boldsymbol{b}_r$ 等价，记

$$V_1=\{\boldsymbol{x}=\lambda_1\boldsymbol{a}_1+\lambda_2\boldsymbol{a}_2+\cdots+\lambda_m\boldsymbol{a}_m\mid \lambda_1,\cdots,\lambda_m\in\mathbf{R}\},$$
$$V_2=\{\boldsymbol{x}=\mu_1\boldsymbol{b}_1+\mu_2\boldsymbol{b}_2+\cdots+\mu_m\boldsymbol{b}_r\mid \mu_1,\cdots,\mu_r\in\mathbf{R}\},$$

试证 $V_1=V_2$.

证　设 $\boldsymbol{x}\in V_1$，则 x 可由 $\boldsymbol{a}_1,\boldsymbol{a}_2,\cdots,\boldsymbol{a}_m$ 线性表示，因 $\boldsymbol{a}_1,\boldsymbol{a}_2,\cdots,\boldsymbol{a}_m$ 可由 $\boldsymbol{b}_1,\boldsymbol{b}_2,\cdots,\boldsymbol{b}_r$ 线性表示，故 $\boldsymbol{x}$ 可由 $\boldsymbol{b}_1,\boldsymbol{b}_2,\cdots,\boldsymbol{b}_r$ 线性表示，所以 $\boldsymbol{x}\in V_2$. 也就是说，若 $\boldsymbol{x}\in V_1$，则 $\boldsymbol{x}\in V_2$，因此 $V_1\subseteq V_2$.

类似地可证：若 $\boldsymbol{x}\in V_2$，则 $\boldsymbol{x}\in V_1$，因此 $V_2\subseteq V_1$.

所以 $V_1=V_2$.

定义 5.2　设有向量空间 V_1 和 V_2，若 $V_1\subset V_2$，那么就称 V_1 是 V_2 的子空间.

显然，任何由 n 维向量所组成的向量空间 V，总有 $V\subset\mathbf{R}^n$，所以这样的向量空间总是 $\mathbf{R}^n$ 的子空间.

例 5.6　设有 $V_1=\{(x_1,x_2,x_3)^{\mathrm{T}}\in\mathbf{R}^3\mid x_1+x_2+x_3=0\}$，$V_2=\{(x_1,x_2,x_3)^{\mathrm{T}}\in\mathbf{R}^3$

$|x_1+x_2+x_3=1\}$，问 V_1 和 V_2 是否构成 $\mathbf{R}^3$ 的子空间？

解 显然，V_1 和 V_2 分别可以看成齐次线性方程组 $x_1+x_2+x_3=0$ 以及非齐次线性方程组 $x_1+x_2+x_3=1$ 的解集所构成的集合. 由例 5.3 结论可知，V_1 是向量空间，故是 $\mathbf{R}^3$ 的子空间；V_2 不构成向量空间，也就不是 $\mathbf{R}^3$ 的子空间.

5.2 基、维数及坐标

定义 5.3 设 V 为向量空间，如果 r 个向量 $\boldsymbol{a}_1,\boldsymbol{a}_2,\cdots,\boldsymbol{a}_r\in V$，且满足：

(1) $\boldsymbol{a}_1,\boldsymbol{a}_2,\cdots,\boldsymbol{a}_r$ 线性无关；

(2) V 中任一向量都可由 $\boldsymbol{a}_1,\boldsymbol{a}_2,\cdots,\boldsymbol{a}_r$ 线性表示，

那么，向量组 $\boldsymbol{a}_1,\boldsymbol{a}_2,\cdots,\boldsymbol{a}_r$ 就称为向量空间 V 的一个基，r 称为向量空间 V 的维数，并称 V 为 r 维向量空间.

从上述定义可知，向量空间 V 的基就是向量空间这个向量组的最大无关组，向量空间 V 的维数就是向量空间这个向量组的秩，因此基包含的向量个数是唯一确定的. 由于 $n+1$ 个 n 维向量一定线性相关，所以由 n 维向量构成的向量空间的维数也一定不大于 n. 不难看出，除了只含有零向量的向量空间以外，含非零向量的向量空间都存在基，因此也就有确定的有限维数. 为了统一，规定只含有零向量的向量空间维数为 0，该向量空间没有基.

例如，由例 4.12 可知，任何 n 个线性无关的 n 维向量都可以是向量空间 $\mathbf{R}^n$ 的一个基，且由此可知 $\mathbf{R}^n$ 是维数为 n 的向量空间.

又如，例 5.2 中的向量空间 $V_1=\{\boldsymbol{x}=(0,x_2,\cdots,x_n)^{\mathrm{T}}\,|\,x_2,\cdots,x_n\in\mathbf{R}\}$ 的一个基可取为：$\boldsymbol{e}_2=(0,1,0,\cdots,0)^{\mathrm{T}},\cdots,\boldsymbol{e}_{n-1}=(0,\cdots,0,1)^{\mathrm{T}}$，可知它是一个 $n-1$ 维向量空间.

由向量组 $\boldsymbol{a}_1,\boldsymbol{a}_2,\cdots,\boldsymbol{a}_m$ 所生成的向量空间记作

$$V=\{\boldsymbol{x}=\lambda_1\boldsymbol{a}_1+\lambda_2\boldsymbol{a}_2+\cdots+\lambda_m\boldsymbol{a}_m\,|\,\lambda_1,\lambda_2,\cdots,\lambda_m\in\mathbf{R}\},$$

显然向量空间 V 与向量组 $\boldsymbol{a}_1,\boldsymbol{a}_2,\cdots,\boldsymbol{a}_m$ 等价，所以向量组 $\boldsymbol{a}_1,\boldsymbol{a}_2,\cdots,\boldsymbol{a}_m$ 的最大无关组就是 V 的一个基，向量组 $\boldsymbol{a}_1,\boldsymbol{a}_2,\cdots,\boldsymbol{a}_m$ 的秩就是 V 的维数.

若向量空间 $V\subset\mathbf{R}^n$，则 V 的维数不会超过 n，并且当 V 的维数为 n 时，$V=\mathbf{R}^n$.

若向量组 $\boldsymbol{a}_1,\boldsymbol{a}_2,\cdots,\boldsymbol{a}_r$ 是向量空间 V 的一个基，则 V 可表示为

$$V=\{\boldsymbol{x}=\lambda_1\boldsymbol{a}_1+\lambda_2\boldsymbol{a}_2+\cdots+\lambda_r\boldsymbol{a}_r\,|\,\lambda_1,\lambda_2,\cdots,\lambda_r\in\mathbf{R}\},$$

即 V 是基所生成的向量空间，这就较清楚地显示出向量空间 V 的构造.

对于齐次线性方程组的解空间 $S=\{\boldsymbol{x}\,|\,\boldsymbol{A}\boldsymbol{x}=\boldsymbol{0}\}$ 而言，若能找到齐次线性方程组的一组基础解系 $\boldsymbol{\xi}_1,\boldsymbol{\xi}_2,\cdots,\boldsymbol{\xi}_{n-r}$，那么这组基础解系便是解空间的一组基，因此解空间可表示为

$$S=\{\boldsymbol{x}=k_1\boldsymbol{\xi}_1+k_2\boldsymbol{\xi}_2+\cdots+k_{n-r}\boldsymbol{\xi}_{n-r}\,|\,k_1,k_2,\cdots,k_{n-r}\in\mathbf{R}\}.$$

例如，例 5.6 中的向量空间 $V_1=\{(x_1,x_2,x_3)^{\mathrm{T}}\in\mathbf{R}^3\,|\,x_1+x_2+x_3=0\}$，容易解得齐次

线性方程组 $x_1+x_2+x_3=0$ 的一组基础解系为 $\boldsymbol{\xi}_1=(-1,1,0)^{\mathrm{T}}$，$\boldsymbol{\xi}_2=(-1,0,1)^{\mathrm{T}}$，所以 $\boldsymbol{\xi}_1$ 和 $\boldsymbol{\xi}_2$ 也就是向量空间 V_1 的一组基，该向量空间可以表示为 $V_1=\{\boldsymbol{x}=k_1\boldsymbol{\xi}_1+k_2\boldsymbol{\xi}_2 \mid k_1, k_2\in\mathbf{R}\}$.

例 5.7 设矩阵 $\boldsymbol{A}=(\boldsymbol{a}_1,\boldsymbol{a}_2,\boldsymbol{a}_3)=\begin{pmatrix}2&2&-1\\2&-1&2\\-1&2&2\end{pmatrix}$，$\boldsymbol{B}=(\boldsymbol{b}_1,\boldsymbol{b}_2)=\begin{pmatrix}1&4\\0&3\\-4&2\end{pmatrix}$. 验证 $\boldsymbol{a}_1,\boldsymbol{a}_2,\boldsymbol{a}_3$ 是 $\mathbf{R}^3$ 的一个基，并把 $\boldsymbol{b}_1,\boldsymbol{b}_2$ 用这个基线性表示.

解 由前面的讨论可知，要证 $\boldsymbol{a}_1,\boldsymbol{a}_2,\boldsymbol{a}_3$ 是 $\mathbf{R}^3$ 的一个基，只要证 $\boldsymbol{a}_1,\boldsymbol{a}_2,\boldsymbol{a}_3$ 线性无关.

设 $\boldsymbol{b}_1=x_{11}\boldsymbol{a}_1+x_{21}\boldsymbol{a}_2+x_{31}\boldsymbol{a}_3$，$\boldsymbol{b}_2=x_{12}\boldsymbol{a}_1+x_{22}\boldsymbol{a}_2+x_{32}\boldsymbol{a}_3$，

即

$$(\boldsymbol{b}_1,\boldsymbol{b}_2)=(\boldsymbol{a}_1,\boldsymbol{a}_2,\boldsymbol{a}_3)\begin{pmatrix}x_{11}&x_{12}\\x_{21}&x_{22}\\x_{31}&x_{32}\end{pmatrix},\quad \text{记作 } \boldsymbol{B}=\boldsymbol{A}\boldsymbol{X}.$$

对矩阵$(\boldsymbol{A},\boldsymbol{B})$施行初等行变换，若 $\boldsymbol{A}$ 能变成 $\boldsymbol{E}$，那么可知 $\boldsymbol{a}_1,\boldsymbol{a}_2,\boldsymbol{a}_3$ 线性无关，便有 $\boldsymbol{a}_1,\boldsymbol{a}_2,\boldsymbol{a}_3$ 为 $\mathbf{R}^3$ 的一个基，且当 $\boldsymbol{A}$ 变为 $\boldsymbol{E}$ 时，$\boldsymbol{B}$ 变为 $\boldsymbol{X}=\boldsymbol{A}^{-1}\boldsymbol{B}$，即可解得线性表示的系数矩阵.

$$(\boldsymbol{A},\boldsymbol{B})=\begin{pmatrix}2&2&-1&1&4\\2&-1&2&0&3\\-1&2&2&-4&2\end{pmatrix}\xrightarrow[r_2-2r_1,\,r_3+r_1]{(r_1+r_2+r_3)\times\frac{1}{3}}\begin{pmatrix}1&1&1&-1&3\\0&-3&0&2&-3\\0&3&3&-5&5\end{pmatrix}$$

$$\xrightarrow[r_3\div 3]{r_2\div(-3)}\begin{pmatrix}1&1&1&-1&3\\0&1&0&-\frac{2}{3}&1\\0&1&1&-\frac{5}{3}&\frac{5}{3}\end{pmatrix}\xrightarrow[r_3-r_2]{r_1-r_3}\begin{pmatrix}1&0&0&\frac{2}{3}&\frac{4}{3}\\0&1&0&-\frac{2}{3}&1\\0&0&1&-1&\frac{2}{3}\end{pmatrix},$$

因有 $\boldsymbol{A}\sim\boldsymbol{E}$，故 $\boldsymbol{a}_1,\boldsymbol{a}_2,\boldsymbol{a}_3$ 为 $\mathbf{R}^3$ 的一个基，且

$$(\boldsymbol{b}_1,\boldsymbol{b}_2)=(\boldsymbol{a}_1,\boldsymbol{a}_2,\boldsymbol{a}_3)\begin{pmatrix}\frac{2}{3}&\frac{4}{3}\\-\frac{2}{3}&1\\-1&\frac{2}{3}\end{pmatrix},$$

也就是

$$\boldsymbol{b}_1=\frac{2}{3}\boldsymbol{a}_1-\frac{2}{3}\boldsymbol{a}_2-\boldsymbol{a}_3,$$

$$\boldsymbol{b}_2=\frac{4}{3}\boldsymbol{a}_1+\boldsymbol{a}_2+\frac{2}{3}\boldsymbol{a}_3.$$

定义 5.4 如果在向量空间 V 中取定一个基 $\boldsymbol{a}_1,\boldsymbol{a}_2,\cdots,\boldsymbol{a}_r$，那么 V 中任一向量 $\boldsymbol{x}$ 可唯一地表示为

$$\boldsymbol{x}=\lambda_1\boldsymbol{a}_1+\lambda_2\boldsymbol{a}_2+\cdots+\lambda_r\boldsymbol{a}_r,$$

数组 $\lambda_1,\lambda_2,\cdots,\lambda_r$ 称为向量 $\boldsymbol{x}$ 在基 $\boldsymbol{a}_1,\boldsymbol{a}_2,\cdots,\boldsymbol{a}_r$ 中的坐标.

例如，例 5.7 中 $\boldsymbol{b}_1,\boldsymbol{b}_2$ 在基 $\boldsymbol{a}_1,\boldsymbol{a}_2,\boldsymbol{a}_3$ 中的坐标依次为 $\frac{2}{3},-\frac{2}{3},-1$ 和 $\frac{4}{3},1,\frac{2}{3}$.

特别的，在 n 维向量空间 $\mathbf{R}^n$ 中取单位坐标向量组 $\boldsymbol{e}_1,\boldsymbol{e}_2,\cdots,\boldsymbol{e}_n$ 为基，则以 $x_1,x_2,\cdots,x_n$ 为分量的向量 $\boldsymbol{x}$ 可以表示为

$$\boldsymbol{x}=x_1\boldsymbol{e}_1+x_2\boldsymbol{e}_2+\cdots+x_n\boldsymbol{e}_n.$$

可见，向量在基 $\boldsymbol{e}_1,\boldsymbol{e}_2,\cdots,\boldsymbol{e}_n$ 中的坐标就是该向量的分量. 因此，$\boldsymbol{e}_1,\boldsymbol{e}_2,\cdots,\boldsymbol{e}_n$ 叫作 $\mathbf{R}^n$ 中的自然基.

例 5.8 在 $\mathbf{R}^3$ 中取定一个基 $\boldsymbol{a}_1,\boldsymbol{a}_2,\boldsymbol{a}_3$，再取一个新基 $\boldsymbol{b}_1,\boldsymbol{b}_2,\boldsymbol{b}_3$，设 $\boldsymbol{A}=(\boldsymbol{a}_1,\boldsymbol{a}_2,\boldsymbol{a}_3)$，$\boldsymbol{B}=(\boldsymbol{b}_1,\boldsymbol{b}_2,\boldsymbol{b}_3)$. 求用 $\boldsymbol{a}_1,\boldsymbol{a}_2,\boldsymbol{a}_3$ 表示 $\boldsymbol{b}_1,\boldsymbol{b}_2,\boldsymbol{b}_3$ 的表达式（基变换公式），并求向量在两个基中的坐标之间的关系式（坐标变换公式）.

解 先求基变换公式.

由题可知，从旧的一组基 $\boldsymbol{a}_1,\boldsymbol{a}_2,\boldsymbol{a}_3$ 到新的一组基 $\boldsymbol{b}_1,\boldsymbol{b}_2,\boldsymbol{b}_3$ 的基变换公式，也就是用 $\boldsymbol{a}_1,\boldsymbol{a}_2,\boldsymbol{a}_3$ 表示 $\boldsymbol{b}_1,\boldsymbol{b}_2,\boldsymbol{b}_3$ 的表达式. 设 $\boldsymbol{b}_1,\boldsymbol{b}_2,\boldsymbol{b}_3$ 用 $\boldsymbol{a}_1,\boldsymbol{a}_2,\boldsymbol{a}_3$ 表示的系数矩阵为 $\boldsymbol{P}$，则

$$(\boldsymbol{b}_1,\boldsymbol{b}_2,\boldsymbol{b}_3)=(\boldsymbol{a}_1,\boldsymbol{a}_2,\boldsymbol{a}_3)\boldsymbol{P}.$$

由于 $\boldsymbol{a}_1,\boldsymbol{a}_2,\boldsymbol{a}_3$ 和 $\boldsymbol{b}_1,\boldsymbol{b}_2,\boldsymbol{b}_3$ 均为 $\mathbf{R}^3$ 的基，所以 $\boldsymbol{A}$、$\boldsymbol{B}$ 均为可逆矩阵，所以可得

$$\boldsymbol{P}=\boldsymbol{A}^{-1}\boldsymbol{B},$$

即从旧的一组基到新的一组基的过渡矩阵为 $\boldsymbol{P}=\boldsymbol{A}^{-1}\boldsymbol{B}$.

再求坐标变换公式.

设向量 $\boldsymbol{x}$ 在旧的一组基和新的一组基中的坐标分别为 y_1,y_2,y_3 和 z_1,z_2,z_3，即

$$\boldsymbol{x}=(\boldsymbol{a}_1,\boldsymbol{a}_2,\boldsymbol{a}_3)\begin{pmatrix}y_1\\y_2\\y_3\end{pmatrix},\quad \boldsymbol{x}=(\boldsymbol{b}_1,\boldsymbol{b}_2,\boldsymbol{b}_3)\begin{pmatrix}z_1\\z_2\\z_3\end{pmatrix},$$

故

$$\boldsymbol{A}\begin{pmatrix}y_1\\y_2\\y_3\end{pmatrix}=\boldsymbol{B}\begin{pmatrix}z_1\\z_2\\z_3\end{pmatrix},\quad \text{得}\ \begin{pmatrix}z_1\\z_2\\z_3\end{pmatrix}=\boldsymbol{B}^{-1}\boldsymbol{A}\begin{pmatrix}y_1\\y_2\\y_3\end{pmatrix},$$

即

$$\begin{pmatrix}z_1\\z_2\\z_3\end{pmatrix}=\boldsymbol{P}^{-1}\begin{pmatrix}y_1\\y_2\\y_3\end{pmatrix},$$

这就是从旧坐标到新坐标的坐标变换公式.

例 5.9 已知 $\mathbf{R}^3$ 的两个基：

$$\boldsymbol{a}_1=(1,1,0)^{\mathrm{T}},\quad \boldsymbol{a}_2=(2,1,1)^{\mathrm{T}},\quad \boldsymbol{a}_3=(2,2,2)^{\mathrm{T}},$$

$$\boldsymbol{b}_1=(1,0,0)^{\mathrm{T}},\quad \boldsymbol{b}_2=(1,1,0)^{\mathrm{T}},\quad \boldsymbol{b}_3=(1,1,1)^{\mathrm{T}}.$$

(1) 求 $\boldsymbol{a}_1,\boldsymbol{a}_2,\boldsymbol{a}_3$ 到 $\boldsymbol{b}_1,\boldsymbol{b}_2,\boldsymbol{b}_3$ 的过渡矩阵；

(2) 已知向量 $\boldsymbol{a}=\boldsymbol{a}_1+\boldsymbol{a}_2+\boldsymbol{a}_3$，求向量 $\boldsymbol{a}$ 在基 $\boldsymbol{b}_1,\boldsymbol{b}_2,\boldsymbol{b}_3$ 下的坐标.

解　(1) 根据例 5.8 的结论，$\boldsymbol{a}_1,\boldsymbol{a}_2,\boldsymbol{a}_3$ 到 $\boldsymbol{b}_1,\boldsymbol{b}_2,\boldsymbol{b}_3$ 的过渡矩阵记为 $\boldsymbol{P}=\boldsymbol{A}^{-1}\boldsymbol{B}$.

$$\boldsymbol{P}=\begin{pmatrix}1&2&2&1&1&1\\1&1&2&0&1&1\\0&1&2&0&0&1\end{pmatrix}\overset{r_2-r_1}{\sim}\begin{pmatrix}1&2&2&1&1&1\\0&-1&0&-1&0&0\\0&1&2&0&0&1\end{pmatrix}$$

$$\underset{r_3+r_2}{\overset{r_1+2r_2}{\sim}}\begin{pmatrix}1&0&2&-1&1&1\\0&-1&0&-1&0&0\\0&0&2&-1&0&1\end{pmatrix}\underset{r_1-r_3}{\overset{r_2\times(-1)}{\sim}}\begin{pmatrix}1&0&0&0&1&0\\0&1&0&1&0&0\\0&0&2&-1&0&1\end{pmatrix}$$

$$\overset{r_3\div 2}{\sim}\begin{pmatrix}1&0&0&0&1&0\\0&1&0&1&0&0\\0&0&1&-\frac{1}{2}&0&\frac{1}{2}\end{pmatrix}.$$

(2) 由 $\boldsymbol{a}=\boldsymbol{a}_1+\boldsymbol{a}_2+\boldsymbol{a}_3$ 可知，$\boldsymbol{a}$ 在基 $\boldsymbol{a}_1,\boldsymbol{a}_2,\boldsymbol{a}_3$ 中的坐标为 1,1,1，设 $\boldsymbol{a}$ 在基 $\boldsymbol{b}_1,\boldsymbol{b}_2,\boldsymbol{b}_3$ 下的坐标为 z_1,z_2,z_3，根据坐标变换公式，有

$$\begin{pmatrix}z_1\\z_2\\z_3\end{pmatrix}=\boldsymbol{P}^{-1}\begin{pmatrix}1\\1\\1\end{pmatrix}.$$

利用第三章初等变换的方法，将 $\boldsymbol{P}$ 和 $\begin{pmatrix}1\\1\\1\end{pmatrix}$ 组成的分块矩阵进行初等行变换，当 $\boldsymbol{P}$ 变为 $\boldsymbol{E}$ 的时候，$\begin{pmatrix}1\\1\\1\end{pmatrix}$ 也就变为了 $\boldsymbol{P}^{-1}\begin{pmatrix}1\\1\\1\end{pmatrix}$.

$$\begin{pmatrix}0&1&0&1\\1&0&0&1\\-\frac{1}{2}&0&\frac{1}{2}&1\end{pmatrix}\underset{r_3\times 2}{\overset{r_1\leftrightarrow r_2}{\sim}}\begin{pmatrix}1&0&0&1\\0&1&0&1\\-1&0&1&2\end{pmatrix}\overset{r_3+r_1}{\sim}\begin{pmatrix}1&0&0&1\\0&1&0&1\\0&0&1&3\end{pmatrix},$$

所以 $\begin{pmatrix}z_1\\z_2\\z_3\end{pmatrix}=\begin{pmatrix}1\\1\\3\end{pmatrix}$，即 $\boldsymbol{a}$ 在基 $\boldsymbol{b}_1,\boldsymbol{b}_2,\boldsymbol{b}_3$ 下的坐标为 1,1,3.

5.3　欧氏空间

在向量空间中引入内积运算，可以解决线性运算不能求解向量的长度、夹角等度量概

念的问题. 人们把定义了内积运算的实向量空间称为欧几里得空间(Euclidean Space),简称欧氏空间.

定义 5.5 设有 n 维向量

$$\boldsymbol{x}=\begin{pmatrix}x_1\\x_2\\\vdots\\x_n\end{pmatrix},\quad \boldsymbol{y}=\begin{pmatrix}y_1\\y_2\\\vdots\\y_n\end{pmatrix},$$

令$[\boldsymbol{x},\boldsymbol{y}]=x_1y_1+x_2y_2+\cdots+x_ny_n$,则$[\boldsymbol{x},\boldsymbol{y}]$称为向量 $\boldsymbol{x}$ 与 $\boldsymbol{y}$ 的内积.

内积是两个向量之间的一种运算,其结果是一个实数,用矩阵记号表示,当 $\boldsymbol{x}$ 与 $\boldsymbol{y}$ 都是列向量时,有

$$[\boldsymbol{x},\boldsymbol{y}]=\boldsymbol{x}^{\mathrm{T}}\boldsymbol{y}.$$

内积具有下列性质(其中 $\boldsymbol{x},\boldsymbol{y},\boldsymbol{z}$ 为 n 维向量,λ 为实数):

(1) $[\boldsymbol{x},\boldsymbol{y}]=[\boldsymbol{y},\boldsymbol{x}]$;

(2) $[\lambda\boldsymbol{x},\boldsymbol{y}]=\lambda[\boldsymbol{x},\boldsymbol{y}]$;

(3) $[\boldsymbol{x}+\boldsymbol{y},\boldsymbol{z}]=[\boldsymbol{x},\boldsymbol{z}]+[\boldsymbol{y},\boldsymbol{z}]$;

(4)当 $\boldsymbol{x}=\boldsymbol{0}$ 时,$[\boldsymbol{x},\boldsymbol{x}]=0$;当 $\boldsymbol{x}\neq\boldsymbol{0}$ 时,$[\boldsymbol{x},\boldsymbol{y}]>0$.

这些性质可根据内积定义直接证明,请读者给出相关证明.

在解析几何中,我们曾引进向量的数量积

$$\boldsymbol{x}\cdot\boldsymbol{y}=|\boldsymbol{x}||\boldsymbol{y}|\cos\theta, \tag{5.1}$$

且在直角坐标系中,有

$$(x_1,x_2,x_3)\cdot(y_1,y_2,y_3)=x_1y_1+x_2y_2+x_3y_3.$$

n 维向量的内积是数量积的一种推广,但 n 维向量没有 3 维向量那样直观的长度和夹角的概念,因此只能按数量积的直角坐标计算公式来推广,并利用内积来定义 n 维向量的长度和夹角.

定义 5.6 令

$$\|\boldsymbol{x}\|=\sqrt{[\boldsymbol{x},\boldsymbol{x}]}=\sqrt{x_1^2+x_2^2+\cdots+x_n^2},$$

$\|\boldsymbol{x}\|$称为 n 维向量 $\boldsymbol{x}$ 的长度.

当$\|\boldsymbol{x}\|=1$时,称 $\boldsymbol{x}$ 为单位向量. 若 $\boldsymbol{x}\neq\boldsymbol{0}$,则$\|\boldsymbol{x}\|>0$,此时$\dfrac{1}{\|\boldsymbol{x}\|}\boldsymbol{x}$一定是单位向量,这个过程称为将向量 $\boldsymbol{x}$ 单位化.

向量的长度具有下述性质:

(1) 非负性:当 $\boldsymbol{x}\neq\boldsymbol{0}$ 时,$\|\boldsymbol{x}\|>0$;当 $\boldsymbol{x}=\boldsymbol{0}$ 时,$\|\boldsymbol{x}\|=0$;

(2) 齐次性:$\|\lambda\boldsymbol{x}\|=|\lambda|\,\|\boldsymbol{x}\|$;

(3) 三角不等式$\|\boldsymbol{x}+\boldsymbol{y}\|\leqslant\|\boldsymbol{x}\|+\|\boldsymbol{y}\|$.

上述性质显然成立,这里不加证明.

根据式(5.1),可以定义向量间的夹角.

定义 5.7　当 $\boldsymbol{x}\neq\boldsymbol{0},\boldsymbol{y}\neq\boldsymbol{0}$ 时,

$$\theta=\arccos\frac{[\boldsymbol{x},\boldsymbol{y}]}{\|\boldsymbol{x}\|\,\|\boldsymbol{y}\|}$$

称为 n 维向量 $\boldsymbol{x}$ 与 $\boldsymbol{y}$ 的夹角.

例 5.10　求向量 $\boldsymbol{a}=(1,2,2,3)$ 与 $\boldsymbol{b}=(3,1,5,1)$ 的夹角.

解　根据定义,夹角的余弦值

$$\begin{aligned}\cos\theta&=\frac{[\boldsymbol{a},\boldsymbol{b}]}{\|\boldsymbol{a}\|\,\|\boldsymbol{b}\|}\\&=\frac{1\times3+2\times1+2\times5+3\times1}{\sqrt{1^2+2^2+2^2+3^2}\cdot\sqrt{3^2+1^2+5^2+1^2}}\\&=\frac{\sqrt{2}}{2},\end{aligned}$$

所以夹角为 $\theta=\dfrac{\pi}{4}$.

当 $[\boldsymbol{x},\boldsymbol{y}]=0$ 时,称向量 $\boldsymbol{x}$ 与 $\boldsymbol{y}$ 正交.显然,若 $\boldsymbol{x}=\boldsymbol{0}$,则 $\boldsymbol{x}$ 与任何向量都正交.只有零向量才能与自己正交.

下面讨论正交向量组的性质.

定义 5.8　设 V 是欧氏空间,$\boldsymbol{a}_1,\boldsymbol{a}_2,\cdots,\boldsymbol{a}_m$ 是 V 中 m 个非零向量.若 $\boldsymbol{a}_1,\boldsymbol{a}_2,\cdots,\boldsymbol{a}_m$ 两两正交,则称 $\boldsymbol{a}_1,\boldsymbol{a}_2,\cdots,\boldsymbol{a}_m$ 是正交向量组.由单位向量构成的正交向量组称为标准正交向量组.

由于对向量单位化不会改变向量的正交性,因此将正交向量组单位化即可得到标准正交向量组.这样,寻找标准正交向量组的关键就是构造正交向量组.下面先学习正交向量组的一个重要定理.

定理 5.1　若 $\boldsymbol{a}_1,\boldsymbol{a}_2,\cdots,\boldsymbol{a}_m$ 是欧氏空间 V 的一个正交向量组,则 $\boldsymbol{a}_1,\boldsymbol{a}_2,\cdots,\boldsymbol{a}_m$ 线性无关.

证　设有 $\lambda_1,\lambda_2,\cdots,\lambda_m$ 使

$$\lambda_1\boldsymbol{a}_1+\lambda_2\boldsymbol{a}_2+\cdots+\lambda_m\boldsymbol{a}_m=\boldsymbol{0},$$

以 $\boldsymbol{a}_1^{\mathrm{T}}$ 左乘上式两端,即两端同时与 $\boldsymbol{a}_1$ 做内积,因当 $i\geqslant2$ 时,$\boldsymbol{a}_i^{\mathrm{T}}\boldsymbol{a}_i=0$,故得

$$\lambda_1\boldsymbol{a}_1^{\mathrm{T}}\boldsymbol{a}_1=0,$$

因 $\boldsymbol{a}_1\neq\boldsymbol{0}$,故 $\boldsymbol{a}_1^{\mathrm{T}}\boldsymbol{a}_1=\|\boldsymbol{a}_1\|^2\neq0$,从而必有 $\lambda_1=0$.

类似可证 $\lambda_2=0,\cdots,\lambda_m=0$.

于是向量组 $\boldsymbol{a}_1,\boldsymbol{a}_2,\cdots,\boldsymbol{a}_m$ 线性无关.

例 5.11　已知 3 维欧氏空间中两个向量 $\boldsymbol{a}_1=(1,1,1)^{\mathrm{T}}$ 与 $\boldsymbol{a}_2=(1,-2,1)^{\mathrm{T}}$ 正交,试求一个非零向量 $\boldsymbol{a}_3$,使 $\boldsymbol{a}_1,\boldsymbol{a}_2,\boldsymbol{a}_3$ 两两正交.

解　设非零向量 $\boldsymbol{a}_3=(x_1,x_2,x_3)^{\mathrm{T}}$ 且分别与 $\boldsymbol{a}_1$ 和 $\boldsymbol{a}_2$ 正交,所以有

$$[\boldsymbol{a}_1,\boldsymbol{a}_3]=[\boldsymbol{a}_2,\boldsymbol{a}_3]=0,$$

也就是
$$\begin{cases}x_1+x_2+x_3=0\\x_1-2x_2+x_3=0\end{cases},$$

容易解得该齐次方程的基础解系为$\begin{pmatrix}-1\\0\\1\end{pmatrix}$,于是取 $\boldsymbol{a}_3=\begin{pmatrix}-1\\0\\1\end{pmatrix}$,即为所求.

定义 5.9 设V是欧氏空间,则V中由正交向量组构成的基称为正交基;V中由标准正交向量组构成的基称为标准正交基.

在例 5.11 中,由于$\boldsymbol{a}_1,\boldsymbol{a}_2,\boldsymbol{a}_3$是一组两两正交的非零向量,因此$\boldsymbol{a}_1,\boldsymbol{a}_2,\boldsymbol{a}_3$线性无关,所以$\boldsymbol{a}_1,\boldsymbol{a}_2,\boldsymbol{a}_3$是 3 维欧氏空间的一组正交基. 若将$\boldsymbol{a}_1,\boldsymbol{a}_2,\boldsymbol{a}_3$单位化,得到$\boldsymbol{b}_1=\frac{1}{\|\boldsymbol{a}_1\|}\boldsymbol{a}_1=\frac{1}{\sqrt{3}}(1,1,1)^{\mathrm{T}}$, $\boldsymbol{b}_2=\frac{1}{\|\boldsymbol{a}_2\|}\boldsymbol{a}_2=\frac{1}{\sqrt{6}}(1,-2,1)^{\mathrm{T}}$, $\boldsymbol{b}_3=\frac{1}{\|\boldsymbol{a}_3\|}\boldsymbol{a}_3=\frac{1}{\sqrt{2}}(-1,0,1)^{\mathrm{T}}$,那么$\boldsymbol{b}_1,\boldsymbol{b}_2,\boldsymbol{b}_3$是 3 维欧氏空间的一组标准正交基.

假设$\boldsymbol{e}_1,\cdots,\boldsymbol{e}_r$是$V$的一个标准正交基,那么$V$中任一向量$\boldsymbol{a}$应能由$\boldsymbol{e}_1,\cdots,\boldsymbol{e}_r$唯一地线性表示为

$$\boldsymbol{a}=\lambda_1\boldsymbol{e}_1+\lambda_2\boldsymbol{e}_2+\cdots+\lambda_r\boldsymbol{e}_r,$$

其中系数$\lambda_i(i=1,\cdots,r)$也就是向量$\boldsymbol{a}$在基$\boldsymbol{e}_1,\cdots,\boldsymbol{e}_r$中的坐标.

为了求出$\lambda_i(i=1,\cdots,r)$,可用$\boldsymbol{e}_i^{\mathrm{T}}$左乘上式,有

$$\boldsymbol{e}_i^{\mathrm{T}}\boldsymbol{a}=\lambda_i\boldsymbol{e}_i^{\mathrm{T}}\boldsymbol{e}_i=\lambda_i,$$

即
$$\lambda_i=\boldsymbol{e}_i^{\mathrm{T}}\boldsymbol{a}=[\boldsymbol{a},\boldsymbol{e}_i].$$

这就是向量在标准正交基中的坐标计算公式. 利用这个公式能方便地求得向量的坐标. 因此,我们在给欧氏空间取基时常常取标准正交基.

设$\boldsymbol{a}_1,\cdots,\boldsymbol{a}_r$是欧氏空间$V$的一个基,要求$V$的一个标准正交基,也就是要找一组两两正交的单位向量$\boldsymbol{e}_1,\cdots,\boldsymbol{e}_r$,使$\boldsymbol{e}_1,\cdots,\boldsymbol{e}_r$与$\boldsymbol{a}_1,\cdots,\boldsymbol{a}_r$等价. 我们把这个问题称为把$\boldsymbol{a}_1,\cdots,\boldsymbol{a}_r$这个基标准正交化.

我们可以用以下方法把$\boldsymbol{a}_1,\cdots,\boldsymbol{a}_r$标准正交化:取

$$\boldsymbol{b}_1=\boldsymbol{a}_1;$$

$$\boldsymbol{b}_2=\boldsymbol{a}_2-\frac{[\boldsymbol{b}_1,\boldsymbol{a}_2]}{[\boldsymbol{b}_1,\boldsymbol{b}_1]}\boldsymbol{b}_1;$$

$$\boldsymbol{b}_3=\boldsymbol{a}_3-\frac{[\boldsymbol{b}_1,\boldsymbol{a}_3]}{[\boldsymbol{b}_1,\boldsymbol{b}_1]}\boldsymbol{b}_1-\frac{[\boldsymbol{b}_2,\boldsymbol{a}_3]}{[\boldsymbol{b}_2,\boldsymbol{b}_2]}\boldsymbol{b}_2;$$

…………

$$\boldsymbol{b}_r=\boldsymbol{a}_r-\frac{[\boldsymbol{b}_1,\boldsymbol{a}_r]}{[\boldsymbol{b}_1,\boldsymbol{b}_1]}\boldsymbol{b}_1-\frac{[\boldsymbol{b}_2,\boldsymbol{a}_r]}{[\boldsymbol{b}_2,\boldsymbol{b}_2]}\boldsymbol{b}_2-\cdots-\frac{[\boldsymbol{b}_{r-1},\boldsymbol{a}_r]}{[\boldsymbol{b}_{r-1},\boldsymbol{b}_{r-1}]}\boldsymbol{b}_{r-1}.$$

容易验证$\boldsymbol{b}_1,\cdots,\boldsymbol{b}_r$两两正交,且$\boldsymbol{b}_1,\cdots,\boldsymbol{b}_r$与$\boldsymbol{a}_1,\cdots,\boldsymbol{a}_r$等价.

然后只要把它们单位化，即取

$$e_1=\frac{1}{\|b_1\|}b_1,\quad e_2=\frac{1}{\|b_2\|}b_2,\cdots,\quad e_r=\frac{1}{\|b_r\|}b_r,$$

即得 V 的一个标准正交基.

上述从线性无关向量组 $a_1,\cdots,a_r$ 导出正交向量组 $b_1,\cdots,b_r$ 的过程称为施密特(Schmidt)正交化过程. 它不仅满足 $b_1,\cdots,b_r$ 与 $a_1,\cdots,a_r$ 等价，还满足：对任何 $k(1\leqslant k\leqslant r)$，向量组 $b_1,\cdots,b_k$ 与 $a_1,\cdots,a_k$ 等价.

例 5.12　设 $a_1=\begin{pmatrix}1\\2\\-1\end{pmatrix},a_2=\begin{pmatrix}-1\\3\\1\end{pmatrix},a_3=\begin{pmatrix}4\\-1\\0\end{pmatrix}$，试用施密特正交过程把这组向量标准正交化.

解　取 $b_1=a_1$；

$$b_2=a_2-\frac{[a_2,b_1]}{\|b_1\|^2}b_1=\begin{pmatrix}-1\\3\\1\end{pmatrix}-\frac{4}{6}\begin{pmatrix}1\\2\\-1\end{pmatrix}=\frac{5}{3}\begin{pmatrix}-1\\1\\1\end{pmatrix};$$

$$b_3=a_3-\frac{[a_3,b_1]}{\|b_1\|^2}b_1-\frac{[a_3,b_2]}{\|b_2\|^2}b_2=\begin{pmatrix}4\\-1\\0\end{pmatrix}-\frac{1}{3}\begin{pmatrix}1\\2\\-1\end{pmatrix}+\frac{5}{3}\begin{pmatrix}-1\\1\\1\end{pmatrix}=2\begin{pmatrix}1\\0\\1\end{pmatrix}.$$

再把它们单位化，取

$$e_1=\frac{b_1}{\|b_1\|}=\frac{1}{\sqrt6}\begin{pmatrix}1\\2\\-1\end{pmatrix},\quad e_2=\frac{b_2}{\|b_2\|}=\frac{1}{\sqrt3}\begin{pmatrix}-1\\1\\1\end{pmatrix},\quad e_3=\frac{b_3}{\|b_3\|}=\frac{1}{\sqrt2}\begin{pmatrix}1\\0\\1\end{pmatrix},$$

e_1,e_2,e_3 即为所求.

施密特正交化过程实际上就是将一组线性无关的向量组投影到一组正交向量组上去. 下面对施密特正交化过程的几何意义进行简单的解释(图 5.1).

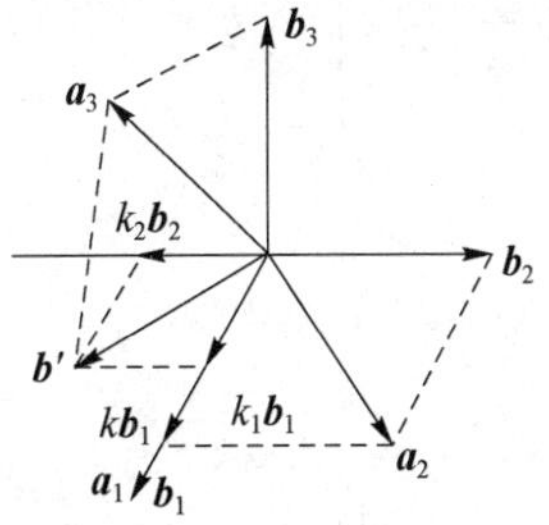

图 5.1

(1) 考虑一个向量 $\boldsymbol{a}_1$，此时取 $\boldsymbol{b}_1=\boldsymbol{a}_1$ 即可；

(2) 增加一个向量 $\boldsymbol{a}_2$. 在 $\boldsymbol{a}_1,\boldsymbol{a}_2$ 确定的平面上取与 $\boldsymbol{b}_1$ 垂直的方向，并取 $\boldsymbol{a}_2$ 在该方向上的投影为 $\boldsymbol{b}_2$. 此时 $\boldsymbol{a}_2$ 在 $\boldsymbol{b}_1$ 方向上的投影为 $k\boldsymbol{b}_1$，所以有 $\boldsymbol{a}_2=\boldsymbol{b}_2+k\boldsymbol{b}_1$，即

$$\boldsymbol{b}_2=\boldsymbol{a}_2-k\boldsymbol{b}_1.$$

由于 $\boldsymbol{b}_1,\boldsymbol{b}_2$ 正交，所以有 $0=[\boldsymbol{b}_2,\boldsymbol{b}_1]=[\boldsymbol{a}_2,\boldsymbol{b}_1]-k[\boldsymbol{b}_1,\boldsymbol{b}_1]$，整理可得

$$k=\frac{[\boldsymbol{a}_2,\boldsymbol{b}_1]}{[\boldsymbol{b}_1,\boldsymbol{b}_1]},$$

所以 $\boldsymbol{b}_2=\boldsymbol{a}_2-\dfrac{[\boldsymbol{b}_1,\boldsymbol{a}_2]}{[\boldsymbol{b}_1,\boldsymbol{b}_1]}\boldsymbol{b}_1$.

(3) 再增加一个向量 $\boldsymbol{a}_3$. 类似的，在 $\boldsymbol{a}_1,\boldsymbol{a}_2,\boldsymbol{a}_3$ 确定的 3 维空间中取与 $\boldsymbol{b}_1\boldsymbol{b}_2$ 平面垂直的方向，并取 $\boldsymbol{a}_3$ 在该方向的投影为 $\boldsymbol{b}_3$. 此时 $\boldsymbol{a}_3$ 在 $\boldsymbol{b}_1\boldsymbol{b}_2$ 平面上的投影为 $\boldsymbol{b}'$，再将 $\boldsymbol{b}'$ 分别投影到 $\boldsymbol{b}_1,\boldsymbol{b}_2$ 方向，其投影分别为 $k_1\boldsymbol{b}_1,k_2\boldsymbol{b}_2$，所以有 $\boldsymbol{a}_3=\boldsymbol{b}_3+\boldsymbol{b}'=\boldsymbol{b}_3+k_1\boldsymbol{b}_1+k_2\boldsymbol{b}_2$，即

$$\boldsymbol{b}_3=\boldsymbol{a}_3-k_1\boldsymbol{b}_1-k_2\boldsymbol{b}_2.$$

由于 $\boldsymbol{b}_1,\boldsymbol{b}_2,\boldsymbol{b}_3$ 两两正交，所以有

$$0=[\boldsymbol{b}_3,\boldsymbol{b}_1]=[\boldsymbol{a}_3,\boldsymbol{b}_1]-k_1[\boldsymbol{b}_1,\boldsymbol{b}_1]-k_2[\boldsymbol{b}_2,\boldsymbol{b}_1],$$
$$0=[\boldsymbol{b}_3,\boldsymbol{b}_2]=[\boldsymbol{a}_3,\boldsymbol{b}_2]-k_1[\boldsymbol{b}_1,\boldsymbol{b}_2]-k_2[\boldsymbol{b}_2,\boldsymbol{b}_2],$$

解得
$$k_1=\frac{[\boldsymbol{a}_3,\boldsymbol{b}_1]}{[\boldsymbol{b}_1,\boldsymbol{b}_1]},k_2=\frac{[\boldsymbol{a}_3,\boldsymbol{b}_2]}{[\boldsymbol{b}_2,\boldsymbol{b}_2]}.$$

所以 $\boldsymbol{b}_3=\boldsymbol{a}_3-\dfrac{[\boldsymbol{b}_1,\boldsymbol{a}_3]}{[\boldsymbol{b}_1,\boldsymbol{b}_1]}\boldsymbol{b}_1-\dfrac{[\boldsymbol{b}_2,\boldsymbol{a}_3]}{[\boldsymbol{b}_2,\boldsymbol{b}_2]}\boldsymbol{b}_2$.

对于四维以上，由于没有具体的几何意义，在这里不再证明.

例 5.13 已知 $\boldsymbol{a}_1=\begin{pmatrix}1\\1\\1\end{pmatrix}$，求一组非零向量 $\boldsymbol{a}_2,\boldsymbol{a}_3$，使 $\boldsymbol{a}_1,\boldsymbol{a}_2,\boldsymbol{a}_3$ 两两正交.

解 $\boldsymbol{a}_2,\boldsymbol{a}_3$ 应满足方程 $\boldsymbol{a}_1^{\mathrm{T}}\boldsymbol{x}=0$，即

$$x_1+x_2+x_3=0,$$

它的基础解系为

$$\boldsymbol{\xi}_1=\begin{pmatrix}1\\0\\-1\end{pmatrix},\quad \boldsymbol{\xi}_2=\begin{pmatrix}0\\1\\-1\end{pmatrix},$$

把基础解系正交化，即为所求：

$$\boldsymbol{a}_2=\boldsymbol{\xi}_1=\begin{pmatrix}1\\0\\-1\end{pmatrix},$$

$$\boldsymbol{a}_3=\boldsymbol{\xi}_2-\frac{[\boldsymbol{\xi}_1,\boldsymbol{\xi}_2]}{[\boldsymbol{\xi}_1,\boldsymbol{\xi}_1]}\boldsymbol{\xi}_1=\begin{pmatrix}0\\1\\-1\end{pmatrix}-\frac{1}{2}\begin{pmatrix}1\\0\\-1\end{pmatrix}=\frac{1}{2}\begin{pmatrix}-1\\2\\-1\end{pmatrix}.$$

例 5.14 求齐次线性方程组 $\begin{cases} x_1+x_2+x_3+x_4=0 \\ x_1+2x_2+3x_3+4x_4=0 \\ 2x_1+3x_2+4x_3+5x_4=0 \end{cases}$ 的解空间的一个标准正交基.

解 由于解空间的基就是基础解系,因此由它们经过施密特正交化方法得到的标准正交向量组就是标准正交基.

容易解出该齐次线性方程组的一个基础解系为:

$$\boldsymbol{\xi}_1=(1,-2,1,0)^{\mathrm{T}},\quad \boldsymbol{\xi}_2=(2,-3,0,1)^{\mathrm{T}}.$$

将 $\boldsymbol{\xi}_1$ 和 $\boldsymbol{\xi}_2$ 正交化:

$\boldsymbol{a}_1=\boldsymbol{\xi}_1=(1,-2,1,0)^{\mathrm{T}}$,

$\boldsymbol{a}_2=\boldsymbol{\xi}_2-\dfrac{[\boldsymbol{\xi}_1,\boldsymbol{\xi}_2]}{[\boldsymbol{\xi}_1,\boldsymbol{\xi}_1]}\boldsymbol{\xi}_1=(2,-3,0,1)^{\mathrm{T}}-\dfrac{8}{6}(1,-2,1,0)^{\mathrm{T}}=\left(\dfrac{2}{3},-\dfrac{1}{3},-\dfrac{4}{3},1\right)^{\mathrm{T}}$.

再单位化:

$$\boldsymbol{b}_1=\frac{\boldsymbol{a}_1}{\|\boldsymbol{a}_1\|}=\left(\frac{1}{\sqrt{6}},-\frac{2}{\sqrt{6}},\frac{1}{\sqrt{6}},0\right)^{\mathrm{T}},$$

$$\boldsymbol{b}_2=\frac{\boldsymbol{a}_2}{\|\boldsymbol{a}_2\|}=\left(\frac{2}{\sqrt{30}},-\frac{1}{\sqrt{30}},-\frac{4}{\sqrt{30}},\frac{3}{\sqrt{30}}\right)^{\mathrm{T}}.$$

$\boldsymbol{b}_1,\boldsymbol{b}_2$ 即为所求标准正交基.

定义 5.10 如果 n 阶矩阵 $\boldsymbol{A}$ 满足

$$\boldsymbol{A}^{\mathrm{T}}\boldsymbol{A}=\boldsymbol{E}(\text{即 }\boldsymbol{A}^{-1}=\boldsymbol{A}^{\mathrm{T}}),$$

那么称 $\boldsymbol{A}$ 为正交矩阵,简称正交阵.

例 5.15 设列矩阵 $\boldsymbol{X}=(x_1,x_2,\cdots,x_n)^{\mathrm{T}}$ 满足 $\boldsymbol{X}^{\mathrm{T}}\boldsymbol{X}=1$,$\boldsymbol{E}$ 为 n 阶单位阵,$\boldsymbol{H}=\boldsymbol{E}-2\boldsymbol{X}\boldsymbol{X}^{\mathrm{T}}$,证明:$\boldsymbol{H}$ 是正交矩阵.

要证明 $\boldsymbol{H}$ 是正交矩阵,只需证明 $\boldsymbol{H}\boldsymbol{H}^{\mathrm{T}}=\boldsymbol{E}$. 该例题与第二章例 2.13 相同,此处不再重复证明.

定理 5.2 方阵 $\boldsymbol{A}$ 为正交阵的充分必要条件是 $\boldsymbol{A}$ 的列(行)向量组是标准正交的.

证 设 $\boldsymbol{A}$ 为正交矩阵,$\boldsymbol{a}_1,\boldsymbol{a}_2,\cdots,\boldsymbol{a}_n$ 为 $\boldsymbol{A}$ 的列向量组,则有

$$\begin{aligned}\boldsymbol{A}^{\mathrm{T}}\boldsymbol{A}&=(\boldsymbol{a}_1,\boldsymbol{a}_2,\cdots,\boldsymbol{a}_n)^{\mathrm{T}}(\boldsymbol{a}_1,\boldsymbol{a}_2,\cdots,\boldsymbol{a}_n)\\&=\begin{pmatrix}\boldsymbol{a}_1^{\mathrm{T}}\\\boldsymbol{a}_2^{\mathrm{T}}\\\vdots\\\boldsymbol{a}_n^{\mathrm{T}}\end{pmatrix}(\boldsymbol{a}_1,\boldsymbol{a}_2,\cdots,\boldsymbol{a}_n)=\begin{pmatrix}\boldsymbol{a}_1^{\mathrm{T}}\boldsymbol{a}_1&\boldsymbol{a}_1^{\mathrm{T}}\boldsymbol{a}_2&\cdots&\boldsymbol{a}_1^{\mathrm{T}}\boldsymbol{a}_n\\\boldsymbol{a}_2^{\mathrm{T}}\boldsymbol{a}_1&\boldsymbol{a}_2^{\mathrm{T}}\boldsymbol{a}_2&\cdots&\boldsymbol{a}_2^{\mathrm{T}}\boldsymbol{a}_n\\\vdots&\vdots&&\vdots\\\boldsymbol{a}_n^{\mathrm{T}}\boldsymbol{a}_1&\boldsymbol{a}_n^{\mathrm{T}}\boldsymbol{a}_2&\cdots&\boldsymbol{a}_n^{\mathrm{T}}\boldsymbol{a}_n\end{pmatrix}\\&=\boldsymbol{E}=\begin{pmatrix}1&0&\cdots&0\\0&1&\cdots&0\\\vdots&\vdots&&\vdots\\0&0&\cdots&1\end{pmatrix},\end{aligned}$$

由此可得

$$\boldsymbol{a}_i^{\mathrm{T}}\boldsymbol{a}_j=\delta_{ij}=\begin{cases}1, & 当\ i=j,\\ 0, & 当\ i\neq j\end{cases}\quad(i,j=1,2,\cdots,n),$$

即 $\boldsymbol{a}_1,\boldsymbol{a}_2,\cdots,\boldsymbol{a}_n$ 是标准正交向量组.

由此可见，n 阶正交阵 $\boldsymbol{A}$ 的 n 个列(行)向量是 n 维欧氏空间的一个标准正交基.

例 5.16 判断下列矩阵是否为正交矩阵.

(1) $\boldsymbol{A}_1=\begin{pmatrix}\frac{1}{2} & -\frac{1}{2} & \frac{1}{2} & -\frac{1}{2}\\ \frac{1}{2} & -\frac{1}{2} & -\frac{1}{2} & \frac{1}{2}\\ \frac{1}{\sqrt{2}} & \frac{1}{\sqrt{2}} & 0 & 0\\ 0 & 0 & \frac{1}{\sqrt{2}} & \frac{1}{\sqrt{2}}\end{pmatrix}$;

(2) $\boldsymbol{A}_2=\begin{pmatrix}1 & -1/2 & 1/3\\ -1/2 & 1 & 1/2\\ 1/3 & 1/2 & -1\end{pmatrix}$;

(3) $\boldsymbol{A}_3=\begin{pmatrix}\cos\varphi & -\sin\varphi\\ \sin\varphi & \cos\varphi\end{pmatrix}$.

解 (1) $\boldsymbol{A}_1$ 的每个列向量都是单位向量，且两两正交，所以 $\boldsymbol{A}_1$ 是正交矩阵.

(2) 容易看出，$\boldsymbol{A}_2$ 的列向量 $\|\boldsymbol{a}_i\|\neq1$，不是单位向量，因此 $\boldsymbol{A}_2$ 不是正交矩阵.

(3) 由于 $\begin{pmatrix}\cos\varphi & -\sin\varphi\\ \sin\varphi & \cos\varphi\end{pmatrix}\begin{pmatrix}\cos\varphi & -\sin\varphi\\ \sin\varphi & \cos\varphi\end{pmatrix}^{\mathrm{T}}=\boldsymbol{E}$，所以 $\boldsymbol{A}_3$ 是正交矩阵.

在判断矩阵是否为正交矩阵时，既可以使用定义判断矩阵是否满足 $\boldsymbol{A}^{\mathrm{T}}\boldsymbol{A}=\boldsymbol{E}$，也可以使用定理的条件对其列(行)向量组进行检验. 在例 5.16 中，矩阵 $\begin{pmatrix}\cos\varphi & -\sin\varphi\\ \sin\varphi & \cos\varphi\end{pmatrix}$ 曾是第 2 章中讨论线性变换时讨论过的矩阵，该矩阵作为线性变换的系数矩阵，其对应的线性变换为旋转变换，仅向量的辐角变化而长度不变. 下面我们学习一种特殊的线性变换.

定义 5.11 若 $\boldsymbol{P}$ 为正交矩阵，则线性变换 $\boldsymbol{y}=\boldsymbol{P}\boldsymbol{x}$ 称为正交变换.

设 $\boldsymbol{y}=\boldsymbol{P}\boldsymbol{x}$ 为正交变换，则有

$$\|\boldsymbol{y}\|=\sqrt{\boldsymbol{y}^{\mathrm{T}}\boldsymbol{y}}=\sqrt{\boldsymbol{x}^{\mathrm{T}}\boldsymbol{P}^{\mathrm{T}}\boldsymbol{P}\boldsymbol{x}}=\sqrt{\boldsymbol{x}^{\mathrm{T}}\boldsymbol{x}}=\|\boldsymbol{x}\|.$$

由于 $\|\boldsymbol{x}\|$ 表示向量的长度，相当于线段的长度，因此 $\|\boldsymbol{y}\|=\|\boldsymbol{x}\|$ 说明经正交变换后线段长度保持不变，这是正交变换的优良特性.

此外，正交矩阵还具有以下性质：

(1) 若 $\boldsymbol{A}$ 为正交矩阵，则 $|\boldsymbol{A}|=\pm 1$；

(2) 若 $\boldsymbol{A}$ 和 $\boldsymbol{B}$ 是同阶的正交矩阵，则 $\boldsymbol{AB}$ 也是正交矩阵.

习题五

1. 设 $V_1=\{\boldsymbol{x}=(x_1,x_2,\cdots,x_n)^{\mathrm{T}} \mid x_1,\cdots,x_n\in\mathbf{R}$ 满足 $x_1+\cdots+x_n=0\}$,

$V_2=\{\boldsymbol{x}=(x_1,x_2,\cdots,x_n)^{\mathrm{T}} \mid x_1,\cdots,x_n\in\mathbf{R}$ 满足 $x_1+\cdots+x_n=1\}$,

问 V_1,V_2 是否是向量空间？为什么？

2. 试证由 $\boldsymbol{a}_1=(0,1,1)^{\mathrm{T}},\boldsymbol{a}_2=(1,0,1)^{\mathrm{T}},\boldsymbol{a}_3=(1,1,0)^{\mathrm{T}}$ 所生成的向量空间就是 $\mathbf{R}^3$.

3. 由 $\boldsymbol{a}_1=(1,1,0,0)^{\mathrm{T}},\boldsymbol{a}_2=(1,0,1,1)^{\mathrm{T}}$ 所生成的向量空间记作 L_1，由 $\boldsymbol{b}_1=(2,-1,3,3)^{\mathrm{T}},\boldsymbol{b}_2=(0,1,-1,-1)^{\mathrm{T}}$ 所生成的向量空间记作 L_2，试证 $L_1=L_2$.

4. 验证 $\boldsymbol{a}_1=(1,-1,0)^{\mathrm{T}},\boldsymbol{a}_2=(2,1,3)^{\mathrm{T}},\boldsymbol{a}_3=(3,1,2)^{\mathrm{T}}$ 为 $\mathbf{R}^3$ 的一个基，并求 $\boldsymbol{b}_1=(5,0,7)^{\mathrm{T}},\boldsymbol{b}_2=(-9,-8,-13)^{\mathrm{T}}$ 在这一组基中的坐标.

5. 已知 $\mathbf{R}^3$ 的两个基为 $\boldsymbol{a}_1=\begin{pmatrix}1\\1\\1\end{pmatrix},\boldsymbol{a}_2=\begin{pmatrix}1\\0\\-1\end{pmatrix},\boldsymbol{a}_3=\begin{pmatrix}1\\0\\1\end{pmatrix}$ 及 $\boldsymbol{b}_1=\begin{pmatrix}1\\2\\1\end{pmatrix},\boldsymbol{b}_2=\begin{pmatrix}2\\3\\4\end{pmatrix},\boldsymbol{b}_3=\begin{pmatrix}3\\4\\3\end{pmatrix}$，求由基 $\boldsymbol{a}_1,\boldsymbol{a}_2,\boldsymbol{a}_3$ 到基 $\boldsymbol{b}_1,\boldsymbol{b}_2,\boldsymbol{b}_3$ 的过渡矩阵 $\boldsymbol{P}$，并求向量 $\boldsymbol{a}=\boldsymbol{a}_1+\boldsymbol{a}_2+3\boldsymbol{a}_3$ 在基 $\boldsymbol{b}_1,\boldsymbol{b}_2,\boldsymbol{b}_3$ 中的坐标.

6. 设 $\boldsymbol{a}=\begin{pmatrix}1\\0\\-2\end{pmatrix},\boldsymbol{b}=\begin{pmatrix}-4\\2\\3\end{pmatrix}$，$\boldsymbol{c}$ 与 $\boldsymbol{a}$ 正交，且 $\boldsymbol{b}=\lambda\boldsymbol{a}+\boldsymbol{c}$，求 λ 和 $\boldsymbol{c}$.

7. 试用施密特正交化方法把下列向量组正交化：

(1) $(\boldsymbol{a}_1,\boldsymbol{a}_2,\boldsymbol{a}_3)=\begin{pmatrix}1&1&1\\1&2&4\\1&3&9\end{pmatrix}$；

(2) $(\boldsymbol{a}_1,\boldsymbol{a}_2,\boldsymbol{a}_3)=\begin{pmatrix}1&1&-1\\0&-1&1\\-1&0&1\\1&1&0\end{pmatrix}$.

8. 判断下列矩阵是不是正交矩阵.

(1) $\begin{pmatrix} 1 & -\frac{1}{2} & \frac{1}{3} \\ -\frac{1}{2} & 1 & \frac{1}{2} \\ \frac{1}{3} & \frac{1}{2} & -1 \end{pmatrix}$; (2) $\begin{pmatrix} \frac{1}{9} & -\frac{8}{9} & -\frac{4}{9} \\ -\frac{8}{9} & \frac{1}{9} & -\frac{4}{9} \\ -\frac{4}{9} & -\frac{4}{9} & \frac{7}{9} \end{pmatrix}$.

9. 设 $\boldsymbol{x}$ 为 n 维列向量,$\boldsymbol{x}^{\mathrm{T}}\boldsymbol{x}=1$,令 $\boldsymbol{H}=\boldsymbol{E}-2\boldsymbol{x}\boldsymbol{x}^{\mathrm{T}}$,证明 $\boldsymbol{H}$ 是对称的正交阵.

10. 设 $\boldsymbol{A},\boldsymbol{B}$ 都是正交阵,证明:$\boldsymbol{AB}$ 也是正交阵.

11. 求齐次线性方程组 $\begin{cases} 2x_1+x_2-x_3+x_4-3x_5=0 \\ x_1+x_2-x_3+x_5=0 \\ 3x_1+2x_2-2x_3+x_4-2x_5=0 \end{cases}$ 的解空间的一个标准正交基.

第 6 章　相似矩阵及二次型

在数学和工程技术的许多领域，如微分方程、振动问题、稳定性问题、自动控制、航空航天等等，常常遇到矩阵的相似对角化问题. 这样的问题，可以归结为求解一个方阵的特征值和特征向量的问题. 本章从介绍特征值与特征向量的概念和计算开始，进而讨论矩阵与对角矩阵相似的条件，并进一步对二次型及其相关性质进行说明.

6.1　特征值与特征向量

定义 6.1　设 $\boldsymbol{A}$ 是 n 阶矩阵，如果数 λ 和 n 维非零列向量 $\boldsymbol{x}$ 使关系式

$$\boldsymbol{Ax}=\lambda\boldsymbol{x} \tag{6.1}$$

成立，那么数 λ 称为矩阵 $\boldsymbol{A}$ 的特征值，非零向量 $\boldsymbol{x}$ 称为 $\boldsymbol{A}$ 的对应于特征值 λ 的特征向量.

式(6.1)也可写成

$$(\boldsymbol{A}-\lambda\boldsymbol{E})\boldsymbol{x}=\boldsymbol{0}, \tag{6.2}$$

这是 n 个未知数 n 个方程的齐次线性方程组，根据 Carmer 法则，方程组(6.2)有非零解的充分必要条件是系数行列式

$$|\boldsymbol{A}-\lambda\boldsymbol{E}|=\boldsymbol{0}, \tag{6.3}$$

即

$$\begin{vmatrix} a_{11}-\lambda & a_{12} & \cdots & a_{1n} \\ a_{21} & a_{22}-\lambda & \cdots & a_{2n} \\ \vdots & \vdots & & \vdots \\ a_{n1} & a_{n2} & \cdots & a_{nn}-\lambda \end{vmatrix}=0. \tag{6.4}$$

式(6.4)是以 λ 为未知数的一元 n 次方程，称为矩阵 $\boldsymbol{A}$ 的特征方程. 其左端 $|\boldsymbol{A}-\lambda\boldsymbol{E}|$ 是 λ 的 n 次多项式，记作 $f(\lambda)$，称为矩阵 $\boldsymbol{A}$ 的特征多项式. 显然，$\boldsymbol{A}$ 的特征值就是特征方程的解. 特征方程在复数范围内恒有解，其个数为方程的次数(重根按重数计算)，因此，n 阶矩阵 $\boldsymbol{A}$ 在复数范围内有 n 个特征值.

若 λ_i 为矩阵 $\boldsymbol{A}$ 的一个特征值，则由方程

$$(\boldsymbol{A}-\lambda_i\boldsymbol{E})\boldsymbol{x}=\boldsymbol{0}$$

可求得非零解 $\boldsymbol{x}=\boldsymbol{p}_i$，那么 $\boldsymbol{p}_i$ 便是 $\boldsymbol{A}$ 的对应特征值 λ_i 的特征向量.

综上，可得矩阵 $\boldsymbol{A}$ 的特征值与特征向量的求法如下：

(1) 写出矩阵 $\boldsymbol{A}$ 的特征方程 $|\boldsymbol{A}-\lambda\boldsymbol{E}|=0$，它的全部根就是矩阵 $\boldsymbol{A}$ 的全部特征值；

(2) 设 $\lambda_1,\lambda_2,\cdots,\lambda_s$ 是矩阵 $\boldsymbol{A}$ 的全部互异的特征值. 将矩阵 $\boldsymbol{A}$ 的所有互异的特征值 λ_i 分别代入特征方程组(6.2)，得

$$(\boldsymbol{A}-\lambda_i\boldsymbol{E})\boldsymbol{x}=\boldsymbol{0}\quad(i=1,2,\cdots,s),$$

分别求出其基础解系 $\boldsymbol{p}_{i1},\boldsymbol{p}_{i2},\cdots,\boldsymbol{p}_{il}$. 这就是特征值 λ_i 所对应的线性无关的特征向量，其非零线性组合

$$k_{i1}\boldsymbol{p}_{i1}+k_{i2}\boldsymbol{p}_{i2}+\cdots+k_{il}\boldsymbol{p}_{il}\quad(i=1,2,\cdots,s)$$

是 $\boldsymbol{A}$ 的属于特征值 λ_i 的全部特征向量($i=1,2,\cdots,s$).

例 6.1 求矩阵 $\boldsymbol{A}=\begin{pmatrix}3&-1\\-1&3\end{pmatrix}$ 的特征值和特征向量.

解 (1) $\boldsymbol{A}$ 的特征多项式为

$$\begin{aligned}|\boldsymbol{A}-\lambda\boldsymbol{E}|&=\begin{vmatrix}3-\lambda&-1\\-1&3-\lambda\end{vmatrix}=(3-\lambda)^2-1=8-6\lambda+\lambda^2\\&=(4-\lambda)(2-\lambda),\end{aligned}$$

解得 $\boldsymbol{A}$ 的全部特征值为 $\lambda_1=2,\lambda_2=4$.

(2) 将 $\lambda_1=2$ 代入特征方程组 $(\boldsymbol{A}-\lambda\boldsymbol{E})\boldsymbol{x}=\boldsymbol{0}$，得

$$\begin{pmatrix}3-2&-1\\-1&3-2\end{pmatrix}\begin{pmatrix}x_1\\x_2\end{pmatrix}=\begin{pmatrix}0\\0\end{pmatrix},$$

即

$$\begin{pmatrix}1&-1\\-1&1\end{pmatrix}\begin{pmatrix}x_1\\x_2\end{pmatrix}=\begin{pmatrix}0\\0\end{pmatrix},$$

求得它的一个基础解系 $\boldsymbol{p}_{11}=(1,1)^{\mathrm{T}}$. 它是 $\boldsymbol{A}$ 的属于特征值 $\lambda_1=2$ 的线性无关的特征向量；所以属于 $\lambda_1=2$ 的全部特征向量为 $k_{11}\boldsymbol{p}_{11}(k_{11}\neq0)$.

再将 $\lambda_2=4$ 代入特征方程组 $(\boldsymbol{A}-\lambda\boldsymbol{E})\boldsymbol{x}=\boldsymbol{0}$，得

$$\begin{pmatrix}-1&-1\\-1&-1\end{pmatrix}\begin{pmatrix}x_1\\x_2\end{pmatrix}=\begin{pmatrix}0\\0\end{pmatrix},$$

求得它的一个基础解系 $\boldsymbol{p}_{21}=(-1,1)^{\mathrm{T}}$. 它是 $\boldsymbol{A}$ 的属于特征值 $\lambda_2=4$ 的线性无关的特征向量；所以属于 $\lambda_2=4$ 的全部特征向量为 $k_{21}\boldsymbol{p}_{21}(k_{21}\neq0)$.

例 6.2 求矩阵 $\boldsymbol{A}=\begin{pmatrix}-1&1&0\\-4&3&0\\1&0&2\end{pmatrix}$ 的特征值和特征向量.

解 (1) $\boldsymbol{A}$ 的特征多项式为

$$|\boldsymbol{A}-\lambda\boldsymbol{E}|=\begin{vmatrix}-1-\lambda&1&0\\-4&3-\lambda&0\\1&0&2-\lambda\end{vmatrix}=(2-\lambda)(1-\lambda)^2,$$

解得 $\boldsymbol{A}$ 的全部特征值为 $\lambda_1=2,\lambda_2=\lambda_3=1$.

(2) 当 $\lambda_1=2$ 时,解方程组 $(\boldsymbol{A}-2\boldsymbol{E})\boldsymbol{x}=\boldsymbol{0}$,由

$$\boldsymbol{A}-2\boldsymbol{E}=\begin{pmatrix}-3&1&0\\-4&1&0\\1&0&0\end{pmatrix}\overset{r}{\sim}\begin{pmatrix}1&0&0\\0&1&0\\0&0&0\end{pmatrix},$$

得基础解系

$$\boldsymbol{p}_{11}=\begin{pmatrix}0\\0\\1\end{pmatrix},$$

所以 $k_{11}\boldsymbol{p}_{11}(k_{11}\neq0)$ 是属于 $\lambda_1=2$ 的全部特征向量.

当 $\lambda_2=\lambda_3=1$ 时,解方程 $(\boldsymbol{A}-\boldsymbol{E})\boldsymbol{x}=\boldsymbol{0}$,由

$$\boldsymbol{A}-\boldsymbol{E}=\begin{pmatrix}-2&1&0\\-4&2&0\\1&0&1\end{pmatrix}\overset{r}{\sim}\begin{pmatrix}1&0&1\\0&1&2\\0&0&0\end{pmatrix},$$

得基础解系

$$\boldsymbol{p}_{21}=\begin{pmatrix}-1\\-2\\1\end{pmatrix},$$

所以 $k_{21}\boldsymbol{p}_{21}(k_{21}\neq0)$ 是属于 $\lambda_2=\lambda_3=1$ 的全部特征向量.

例 6.3　求矩阵 $\boldsymbol{A}=\begin{pmatrix}-2&1&1\\0&2&0\\-4&1&3\end{pmatrix}$ 的特征值和特征向量.

解　(1)

$$|\boldsymbol{A}-\lambda\boldsymbol{E}|=\begin{vmatrix}-2-\lambda&1&1\\0&2-\lambda&0\\-4&1&3-\lambda\end{vmatrix}=-(\lambda+1)(\lambda-2)^2,$$

解得 $\boldsymbol{A}$ 的全部特征值为 $\lambda_1=-1,\lambda_2=\lambda_3=2$.

(2) 当 $\lambda_1=-1$ 时,解方程 $(\boldsymbol{A}+\boldsymbol{E})\boldsymbol{x}=\boldsymbol{0}$,由

$$\boldsymbol{A}+\boldsymbol{E}=\begin{pmatrix}-1&1&1\\0&3&0\\-4&1&4\end{pmatrix}\overset{r}{\sim}\begin{pmatrix}1&0&-1\\0&1&0\\0&0&0\end{pmatrix},$$

得基础解系

$$\boldsymbol{p}_{11}=\begin{pmatrix}1\\0\\1\end{pmatrix},$$

所以属于 $\lambda_1=-1$ 的全部特征向量为 $k_{11}\boldsymbol{p}_{11}(k_{11}\neq0)$.

当 $\lambda_2=\lambda_3=2$ 时,解方程 $(\boldsymbol{A}-2\boldsymbol{E})\boldsymbol{x}=\boldsymbol{0}$,由

$$\boldsymbol{A}-2\boldsymbol{E}=\begin{pmatrix}-4&1&1\\0&0&0\\-4&1&1\end{pmatrix}\overset{r}{\sim}\begin{pmatrix}-4&1&1\\0&0&0\\0&0&0\end{pmatrix},$$

得基础解系 $$\boldsymbol{p}_{21}=\begin{pmatrix}0\\1\\-1\end{pmatrix},\quad \boldsymbol{p}_{22}=\begin{pmatrix}1\\0\\4\end{pmatrix},$$

所以属于 $\lambda_2=\lambda_3=1$ 的全部特征向量为 $k_{21}\boldsymbol{p}_{21}+k_{22}\boldsymbol{p}_{22}$($k_{21},k_{22}$ 不同时为 0).

显然,单位矩阵的特征值全为 1;零矩阵的特征值全为零;上(下)三角矩阵的特征值是它的全部主对角元.

定义 6.2 矩阵 $\boldsymbol{A}$ 的全部特征值的集合称为矩阵 $\boldsymbol{A}$ 的谱,记作 $\sigma(\boldsymbol{A})$.

如例 6.3 中,矩阵 $\boldsymbol{A}$ 的谱为 $\sigma(\boldsymbol{A})=\{-1,2\}$.

下面,进一步讨论特征值、特征向量的一些性质.

设有 n 阶矩阵 $\boldsymbol{A}$,它的特征多项式是关于 λ 的 n 次多项式,为了方便说明,不妨设 $f(\lambda)=|\lambda\boldsymbol{E}-\boldsymbol{A}|=C_0\lambda^n+C_1\lambda^{n-1}+\cdots+C_{n-1}\lambda+C_n$,即

$$\begin{vmatrix}\lambda-a_{11} & -a_{12} & \cdots & -a_{1n}\\ -a_{21} & \lambda-a_{22} & \cdots & -a_{2n}\\ \vdots & \vdots & & \vdots\\ -a_{n1} & -a_{n2} & \cdots & \lambda-a_{nn}\end{vmatrix}=C_0\lambda^n+C_1\lambda^{n-1}+\cdots+C_{n-1}\lambda+C_n, \tag{6.5}$$

根据 n 阶行列式的定义,在式(6.5)左端行列式的展开式中,除了

$$(\lambda-a_{11})(\lambda-a_{22})\cdots(\lambda-a_{nn}) \tag{6.6}$$

这一项含有 n 个形如($\lambda-a_{ii}$)的因式外,其余各项中最多含有 $n-2$ 个这样的因式.于是左端行列式的展开式中 λ^n,λ^{n-1} 项只能由式(6.6)产生.比较式(6.5)两端 λ^n,λ^{n-1} 项的系数,可得

$$\begin{aligned}&C_0=1,\\&C_1=-(a_{11}+a_{22}+\cdots+a_{nn}).\end{aligned} \tag{6.7}$$

在式(6.5)中,令 $\lambda=0$,得

$$C_n=(-1)^n|\boldsymbol{A}|. \tag{6.8}$$

另外,根据多项式理论,n 次多项式 $f(\lambda)=|\lambda\boldsymbol{E}-\boldsymbol{A}|$ 在复数域上有且仅有 n 个根,不妨设为 $\lambda_1,\lambda_2,\cdots,\lambda_n$,又由于 $f(\lambda)$ 的首项的系数 $C_0=1$,于是有

$$\begin{aligned}f(\lambda)=|\lambda\boldsymbol{E}-\boldsymbol{A}|&=(\lambda-\lambda_1)(\lambda-\lambda_2)\cdots(\lambda-\lambda_n)\\&=\lambda^n-(\lambda_1+\lambda_2+\cdots+\lambda_n)\lambda^{n-1}+\cdots+(-1)^n\lambda_1\lambda_2\cdots\lambda_n.\end{aligned} \tag{6.9}$$

比较式(6.5)和(6.9),可得

$$C_1=-(\lambda_1+\lambda_2+\cdots+\lambda_n), \tag{6.10}$$

$$C_n=(-1)^n\lambda_1\lambda_2\cdots\lambda_n. \tag{6.11}$$

于是,由式(6.7)、(6.8)、(6.10)和(6.11)可得关于特征值的重要性质:

(1) $|\boldsymbol{A}|=\lambda_1\lambda_2\cdots\lambda_n$; (6.12)

(2) $\lambda_1+\lambda_2+\cdots+\lambda_n=a_{11}+a_{22}+\cdots+a_{nn}$. (6.13)

由式(6.12)可知,矩阵 $\boldsymbol{A}$ 可逆的充分必要条件是它的所有的特征值都不为零.

定义 6.3　矩阵 $\boldsymbol{A}$ 的主对角线上所有元素之和称为矩阵 $\boldsymbol{A}$ 的迹，记作 $\mathrm{tr}(\boldsymbol{A})$.

于是式(6.13)又可以改写为 $\mathrm{tr}(\boldsymbol{A}) = \sum_{i=1}^{n} \lambda_i$.

例 6.4　设 λ 是方阵 $\boldsymbol{A}$ 的特征值，证明：

1) λ^2 是 $\boldsymbol{A}^2$ 的特征值；

2) 当 $\boldsymbol{A}$ 可逆时，$\frac{1}{\lambda}$是 $\boldsymbol{A}^{-1}$的特征值.

证　因 λ 是 $\boldsymbol{A}$ 的特征值，故有 $\boldsymbol{p} \neq \boldsymbol{0}$ 使 $\boldsymbol{A}\boldsymbol{p} = \lambda\boldsymbol{p}$.

1)
$$\boldsymbol{A}^2\boldsymbol{p} = \boldsymbol{A}(\boldsymbol{A}\boldsymbol{p}) = \boldsymbol{A}(\lambda\boldsymbol{p}) = \lambda(\boldsymbol{A}\boldsymbol{p}) = \lambda^2\boldsymbol{p},$$
所以 λ^2 是 $\boldsymbol{A}^2$ 的特征值.

2) 当 $\boldsymbol{A}$ 可逆时，由 $\boldsymbol{A}\boldsymbol{p} = \lambda\boldsymbol{p}$，有 $\boldsymbol{p} = \lambda\boldsymbol{A}^{-1}\boldsymbol{p}$，又因 $\lambda \neq 0$，故
$$\boldsymbol{A}^{-1}\boldsymbol{p} = \frac{1}{\lambda}\boldsymbol{p},$$
所以$\frac{1}{\lambda}$是 $\boldsymbol{A}^{-1}$的特征值.

按例 6.4 类推，不难得出关于矩阵特征值和特征向量的又一个性质：

(3) 若 λ 是矩阵 $\boldsymbol{A}$ 的特征值，$\boldsymbol{p}$ 是 $\boldsymbol{A}$ 属于特征值 λ 的特征向量，则：

① $k\lambda$ 是矩阵 $k\boldsymbol{A}$ 的特征值(其中 k 为任意常数)；

② λ^m 是矩阵 $\boldsymbol{A}^m$ 的特征值(其中 m 为正整数)；

③ $\varphi(\lambda)$是 $\varphi(\boldsymbol{A})$的特征值(其中 $\varphi(\lambda) = a_0 + a_1\lambda + \cdots + a_m\lambda^m$ 是关于 λ 的多项式，$\varphi(\boldsymbol{A}) = a_0\boldsymbol{E} + a_1\boldsymbol{A} + \cdots + a_m\boldsymbol{A}^m$ 是矩阵 $\boldsymbol{A}$ 的多项式)；

④ 当 $\boldsymbol{A}$ 可逆时，λ^{-1}是 $\boldsymbol{A}^{-1}$的特征值.

并且，在以上的性质中，$\boldsymbol{p}$ 仍然是矩阵 $k\boldsymbol{A}$，$\boldsymbol{A}^m$，$\varphi(\boldsymbol{A})$，$\boldsymbol{A}^{-1}$分别对应于特征值 $k\lambda$，λ^m，$\varphi(\lambda)$，λ^{-1}的特征向量.

例 6.5　设 3 阶矩阵 $\boldsymbol{A}$ 的特征值为 $1,-1,2$，求$|\boldsymbol{A}^* + 3\boldsymbol{A} - 2\boldsymbol{E}|$.

解　因 $\boldsymbol{A}$ 的特征值全不为 0，知 $\boldsymbol{A}$ 可逆，故 $\boldsymbol{A}^* = |\boldsymbol{A}|\boldsymbol{A}^{-1}$，而$|\boldsymbol{A}| = \lambda_1\lambda_2\lambda_3 = -2$，所以
$$\boldsymbol{A}^* + 3\boldsymbol{A} - 2\boldsymbol{E} = -2\boldsymbol{A}^{-1} + 3\boldsymbol{A} - 2\boldsymbol{E},$$
把上式记作 $\varphi(\boldsymbol{A})$，有 $\varphi(\lambda) = -\frac{2}{\lambda} + 3\lambda - 2$. 这里，$\varphi(\boldsymbol{A})$虽不是矩阵多项式，但也具有矩阵多项式的性质，从而可得 $\varphi(\boldsymbol{A})$的特征值为
$$\varphi(1) = -1, \quad \varphi(-1) = -3, \quad \varphi(2) = 3.$$
于是$|\boldsymbol{A}^* + 3\boldsymbol{A} - 2\boldsymbol{E}| = (-1)\cdot(-3)\cdot 3 = 9$.

定理 6.1　设 $\lambda_1, \lambda_2, \cdots, \lambda_m$ 是方阵 $\boldsymbol{A}$ 的 m 个特征值，$\boldsymbol{p}_1, \boldsymbol{p}_2, \cdots, \boldsymbol{p}_m$ 依次是与之对应的特征向量，如果 $\lambda_1, \lambda_2, \cdots, \lambda_m$ 各不相等，则 $\boldsymbol{p}_1, \boldsymbol{p}_2, \cdots, \boldsymbol{p}_m$ 线性无关.

证　用数学归纳法.

当 $m=1$ 时，因特征向量 $\boldsymbol{p}_1 \neq \boldsymbol{0}$，故只含一个向量的向量组 $\boldsymbol{p}_1$ 线性无关.

假设当 $m=k-1$ 时结论成立，要证当 $m=k$ 时结论也成立. 即假设向量组 $\boldsymbol{p}_1,\boldsymbol{p}_2,\cdots,\boldsymbol{p}_{k-1}$ 线性无关，要证向量组 $\boldsymbol{p}_1,\boldsymbol{p}_2,\cdots,\boldsymbol{p}_k$ 线性无关. 为此，令

$$x_1\boldsymbol{p}_1+x_2\boldsymbol{p}_2+\cdots+x_{k-1}\boldsymbol{p}_{k-1}+x_k\boldsymbol{p}_k=\boldsymbol{0}, \tag{6.14}$$

用 $\boldsymbol{A}$ 左乘式(6.14)，得

$$x_1\boldsymbol{A}\boldsymbol{p}_1+x_2\boldsymbol{A}\boldsymbol{p}_2+\cdots+x_{k-1}\boldsymbol{A}\boldsymbol{p}_{k-1}+x_k\boldsymbol{A}\boldsymbol{p}_k=\boldsymbol{0},$$

即

$$x_1\lambda_1\boldsymbol{p}_1+x_2\lambda_2\boldsymbol{p}_2+\cdots+x_{k-1}\lambda_{k-1}\boldsymbol{p}_{k-1}+x_k\lambda_k\boldsymbol{p}_k=\boldsymbol{0}. \tag{6.15}$$

式(6.15)减去式(6.14)的 λ_k 倍，得

$$x_1(\lambda_1-\lambda_k)\boldsymbol{p}_1+x_2(\lambda_2-\lambda_k)\boldsymbol{p}_2+\cdots+x_{k-1}(\lambda_{k-1}-\lambda_k)\boldsymbol{p}_{k-1}=\boldsymbol{0},$$

根据归纳法假设，$\boldsymbol{p}_1,\boldsymbol{p}_2,\cdots,\boldsymbol{p}_{k-1}$ 线性无关，故 $x_i(\lambda_i-\lambda_k)=0(i=1,2,\cdots,k-1)$，而根据已知条件 $\lambda_1,\lambda_2,\cdots,\lambda_m$ 各不相等，即 $\lambda_i-\lambda_k\neq0(i=1,2,\cdots,k-1)$，于是得 $x_i=0(i=1,2,\cdots,k-1)$，代入式(6.14)得 $x_k\boldsymbol{p}_k=\boldsymbol{0}$，而 $\boldsymbol{p}_k\neq\boldsymbol{0}$，得 $x_k=0$，因此，向量组 $\boldsymbol{p}_1,\boldsymbol{p}_2,\cdots,\boldsymbol{p}_k$ 线性无关.

例 6.6 设 λ_1 和 λ_2 是矩阵 $\boldsymbol{A}$ 的两个不同的特征值，对应的特征向量依次为 $\boldsymbol{p}_1$ 和 $\boldsymbol{p}_2$，证明：$\boldsymbol{p}_1+\boldsymbol{p}_2$ 不是 $\boldsymbol{A}$ 的特征向量.

证 由题意，有 $\boldsymbol{A}\boldsymbol{p}_1=\lambda_1\boldsymbol{p}_1,\boldsymbol{A}\boldsymbol{p}_2=\lambda_2\boldsymbol{p}_2$，故

$$\boldsymbol{A}(\boldsymbol{p}_1+\boldsymbol{p}_2)=\lambda_1\boldsymbol{p}_1+\lambda_2\boldsymbol{p}_2.$$

用反证法，假设 $\boldsymbol{p}_1+\boldsymbol{p}_2$ 是 $\boldsymbol{A}$ 的特征向量，则应存在数 λ，使 $\boldsymbol{A}(\boldsymbol{p}_1+\boldsymbol{p}_2)=\lambda(\boldsymbol{p}_1+\boldsymbol{p}_2)$，于是

$$\lambda(\boldsymbol{p}_1+\boldsymbol{p}_2)=\lambda_1\boldsymbol{p}_1+\lambda_2\boldsymbol{p}_2,$$

即

$$(\lambda_1-\lambda)\boldsymbol{p}_1+(\lambda_2-\lambda)\boldsymbol{p}_2=\boldsymbol{0}.$$

因 $\lambda_1\neq\lambda_2$，根据定理 6.1 可知 $\boldsymbol{p}_1,\boldsymbol{p}_2$ 线性无关，故由上式得 $\lambda_1-\lambda=\lambda_2-\lambda=0$，即 $\lambda_1=\lambda_2$，与题设矛盾.

因此 $\boldsymbol{p}_1+\boldsymbol{p}_2$ 不是 $\boldsymbol{A}$ 的特征向量.

由以上讨论，还可以得出关于特征值和特征向量的如下结论：

(4) 矩阵属于不同特征值的特征向量线性无关；矩阵属于同一特征值的特征向量的非零线性组合仍然是该特征值的特征向量；矩阵属于不同特征值的特征向量的线性组合一般不是该矩阵的特征向量；一个特征值可以有多个特征向量，但一个特征向量只能属于一个特征值.

6.2 矩阵的相似对角化

定义 6.4 设 $\boldsymbol{A},\boldsymbol{B}$ 都是 n 阶矩阵，若有可逆矩阵 $\boldsymbol{P}$，使

$$\boldsymbol{P}^{-1}\boldsymbol{A}\boldsymbol{P}=\boldsymbol{B},$$

则称 $\boldsymbol{B}$ 是 $\boldsymbol{A}$ 的相似矩阵，或说矩阵 $\boldsymbol{A}$ 与 $\boldsymbol{B}$ 相似. 对 $\boldsymbol{A}$ 进行运算 $\boldsymbol{P}^{-1}\boldsymbol{A}\boldsymbol{P}$ 称为对 $\boldsymbol{A}$ 进行相似

变换，可逆矩阵 $\boldsymbol{P}$ 称为把 $\boldsymbol{A}$ 变成 $\boldsymbol{B}$ 的相似变换矩阵.

相似是矩阵之间的一种关系，容易证明，它具有以下性质：

(1) 等价关系.

① 反身性：$\boldsymbol{A}$ 与 $\boldsymbol{A}$ 本身相似；

② 对称性：若 $\boldsymbol{A}$ 与 $\boldsymbol{B}$ 相似，则 $\boldsymbol{B}$ 与 $\boldsymbol{A}$ 相似；

③ 传递性：若 $\boldsymbol{A}$ 与 $\boldsymbol{B}$ 相似，$\boldsymbol{B}$ 与 $\boldsymbol{C}$ 相似，则 $\boldsymbol{A}$ 与 $\boldsymbol{C}$ 相似.

(2) $\boldsymbol{P}^{-1}(\boldsymbol{A}_1+\boldsymbol{A}_2+\cdots+\boldsymbol{A}_m)\boldsymbol{P}=\boldsymbol{P}^{-1}\boldsymbol{A}_1\boldsymbol{P}+\boldsymbol{P}^{-1}\boldsymbol{A}_2\boldsymbol{P}+\cdots+\boldsymbol{P}^{-1}\boldsymbol{A}_m\boldsymbol{P}$.

(3) $\boldsymbol{P}^{-1}(k\boldsymbol{A})\boldsymbol{P}=k\boldsymbol{P}^{-1}\boldsymbol{A}\boldsymbol{P}$，其中 k 为任意常数.

(4) $\boldsymbol{P}^{-1}(\boldsymbol{A}_1\boldsymbol{A}_2\cdots\boldsymbol{A}_m)\boldsymbol{P}=(\boldsymbol{P}^{-1}\boldsymbol{A}_1\boldsymbol{P})(\boldsymbol{P}^{-1}\boldsymbol{A}_2\boldsymbol{P})\cdots(\boldsymbol{P}^{-1}\boldsymbol{A}_m\boldsymbol{P})$，其中 $\boldsymbol{A}_1,\boldsymbol{A}_2,\cdots,\boldsymbol{A}_m$ 均为 n 阶矩阵，$\boldsymbol{P}$ 为 n 阶可逆矩阵. 特别的，当 $\boldsymbol{A}_1=\boldsymbol{A}_2=\cdots=\boldsymbol{A}_m=\boldsymbol{A}$ 时，上式变为

$$\boldsymbol{P}^{-1}\boldsymbol{A}^m\boldsymbol{P}=(\boldsymbol{P}^{-1}\boldsymbol{A}\boldsymbol{P})^m.$$

(5) 如果 $\boldsymbol{A}$ 与 $\boldsymbol{B}$ 相似，则 $f(\boldsymbol{A})$ 与 $f(\boldsymbol{B})$ 相似，这里 $f(x)$ 为任一多项式函数.

证　设
$$f(x)=a_mx^m+a_{m-1}x^{m-1}+\cdots+a_1x+a_0,$$
那么
$$f(\boldsymbol{A})=a_m\boldsymbol{A}^m+a_{m-1}\boldsymbol{A}^{m-1}+\cdots+a_1\boldsymbol{A}+a_0\boldsymbol{E},$$
由 $\boldsymbol{A}$ 与 $\boldsymbol{B}$ 相似可知，存在可逆矩阵 $\boldsymbol{P}$，使得 $\boldsymbol{P}^{-1}\boldsymbol{A}\boldsymbol{P}=\boldsymbol{B}$，于是有

$$\begin{aligned}\boldsymbol{P}^{-1}f(\boldsymbol{A})\boldsymbol{P}&=\boldsymbol{P}^{-1}(a_m\boldsymbol{A}^m+a_{m-1}\boldsymbol{A}^{m-1}+\cdots+a_1\boldsymbol{A}+a_0\boldsymbol{E})\boldsymbol{P}\\&=a_m(\boldsymbol{P}^{-1}\boldsymbol{A}\boldsymbol{P})^m+a_{m-1}(\boldsymbol{P}^{-1}\boldsymbol{A}\boldsymbol{P})^{m-1}+\cdots+a_1(\boldsymbol{P}^{-1}\boldsymbol{A}\boldsymbol{P})+a_0\boldsymbol{E}\\&=f(\boldsymbol{P}^{-1}\boldsymbol{A}\boldsymbol{P})\\&=f(\boldsymbol{B}),\end{aligned}$$

从而 $f(\boldsymbol{A})$ 与 $f(\boldsymbol{B})$ 相似.

定理 6.2　若 n 阶矩阵 $\boldsymbol{A}$ 与 $\boldsymbol{B}$ 相似，则 $\boldsymbol{A}$ 与 $\boldsymbol{B}$ 的特征多项式相同，从而 $\boldsymbol{A}$ 与 $\boldsymbol{B}$ 的特征值也相同.

证　因 $\boldsymbol{A}$ 与 $\boldsymbol{B}$ 相似，即有可逆矩阵 $\boldsymbol{P}$，使 $\boldsymbol{P}^{-1}\boldsymbol{A}\boldsymbol{P}=\boldsymbol{B}$，故

$$\begin{aligned}|\boldsymbol{B}-\lambda\boldsymbol{E}|&=|\boldsymbol{P}^{-1}\boldsymbol{A}\boldsymbol{P}-\boldsymbol{P}^{-1}(\lambda\boldsymbol{E})\boldsymbol{P}|=|\boldsymbol{P}^{-1}(\boldsymbol{A}-\lambda\boldsymbol{E})\boldsymbol{P}|\\&=|\boldsymbol{P}^{-1}||\boldsymbol{A}-\lambda\boldsymbol{E}||\boldsymbol{P}|=|\boldsymbol{A}-\lambda\boldsymbol{E}|.\end{aligned}$$

由以上容易得出，如果矩阵 $\boldsymbol{A}$ 与 $\boldsymbol{B}$ 相似，则矩阵 $\boldsymbol{A},\boldsymbol{B}$ 有相同的谱.

推论　若 n 阶矩阵 $\boldsymbol{A}$ 与对角阵 $\boldsymbol{\Lambda}=\begin{pmatrix}\lambda_1&&&\\&\lambda_2&&\\&&\ddots&\\&&&\lambda_n\end{pmatrix}$ 相似，则 $\lambda_1,\lambda_2,\cdots,\lambda_n$ 即是 $\boldsymbol{A}$ 的 n 个特征值.

证　因 $\lambda_1,\lambda_2,\cdots,\lambda_n$ 即是 $\boldsymbol{\Lambda}$ 的 n 个特征值，由定理 6.2 知 $\lambda_1,\lambda_2,\cdots,\lambda_n$ 也就是 $\boldsymbol{A}$ 的 n 个特征值.

例 6.7　已知 $\boldsymbol{A}=\begin{pmatrix}-10&6\\-18&11\end{pmatrix}$，$\boldsymbol{P}=\begin{pmatrix}2&-1\\3&-2\end{pmatrix}$.（1）求 $\boldsymbol{P}^{-1}\boldsymbol{A}\boldsymbol{P}$；（2）求 $\boldsymbol{A}^n$.

解 (1) 先求得
$$P^{-1}=\begin{pmatrix}2&-1\\3&-2\end{pmatrix},$$
于是
$$P^{-1}AP=\begin{pmatrix}2&-1\\3&-2\end{pmatrix}\begin{pmatrix}-10&6\\-18&11\end{pmatrix}\begin{pmatrix}2&-1\\3&-2\end{pmatrix}=\begin{pmatrix}-1&0\\0&2\end{pmatrix}.$$

(2) 由上式可得
$$A=P\begin{pmatrix}-1&0\\0&2\end{pmatrix}P^{-1},$$
将上式两端同时求 n 次幂,得
$$\begin{aligned}A^n&=P\begin{pmatrix}-1&0\\0&2\end{pmatrix}^nP^{-1}\\&=\begin{pmatrix}2&-1\\3&-2\end{pmatrix}\begin{pmatrix}(-1)^n&0\\0&2^n\end{pmatrix}\begin{pmatrix}2&-1\\3&-2\end{pmatrix}\\&=\begin{pmatrix}(-1)^n\times4-3\times2^n&(-1)^{n+1}\times2+2^{n+1}\\(-1)^n\times6-3\times2^n&(-1)^{n+1}\times3+2^{n+2}\end{pmatrix}.\end{aligned}$$
由以上可知,对于给定的矩阵 A,一般直接求它的 n 次幂是比较困难的.但是,当 A 与对角矩阵相似时,问题就变得相对简单了.

下面我们要讨论的主要问题是:对 n 阶矩阵 A,寻求相似变换矩阵 P,使 $P^{-1}AP=\Lambda$ 为对角阵,该过程称为把矩阵 A 相似对角化.那么,满足什么条件的矩阵才能与对角矩阵相似呢?接下来我们首先解决这个问题.

不妨设 n 阶方阵 A 可相似于对角阵,即存在可逆矩阵 P,使
$$P^{-1}AP=\Lambda=\mathrm{diag}(\lambda_1,\lambda_2,\cdots,\lambda_n).$$
把 P 用其列向量表示为 $P=(p_1,p_2,\cdots,p_n)$,
由 $P^{-1}AP=\Lambda$,得 $AP=P\Lambda$,即
$$\begin{aligned}A(p_1,p_2,\cdots,p_n)&=(p_1,p_2,\cdots,p_n)\begin{pmatrix}\lambda_1&&&\\&\lambda_2&&\\&&\ddots&\\&&&\lambda_n\end{pmatrix}\\&=(\lambda_1p_1,\lambda_2p_2,\cdots,\lambda_np_n),\end{aligned}$$
于是有 $Ap_i=\lambda_ip_i(i=1,2,\cdots,n)$.

可见 λ_i 是 A 的特征值,而 P 的列向量 p_i 就是 A 的对应于特征值 λ_i 的特征向量,且由 P 可逆可知,$p_1,p_2,\cdots,p_n$ 线性无关.

反之,由上节的讨论可知,矩阵 A 恰好有 n 个特征值,并可对应地求得 n 个特征向量,这 n 个特征向量即可构成矩阵 P,使 $AP=P\Lambda$.如果 P 可逆,即 $p_1,p_2,\cdots,p_n$ 线性无关,那么便有 $P^{-1}AP=\Lambda$,即 A 与对角阵相似.

由上面的讨论有如下定理:

定理 6.3 n 阶矩阵 A 与对角阵相似(即 A 能对角化)的充分必要条件是 A 有 n 个线

性无关的特征向量.

值得注意的是,以上分析不仅给出了定理 6.3 的证明,而且提供了求与矩阵 $\boldsymbol{A}$ 相似的对角阵及相似变换矩阵 $\boldsymbol{P}$ 的方法. 与 $\boldsymbol{A}$ 相似的对角矩阵的主对角元恰好是 $\boldsymbol{A}$ 的全部特征值,并且 $\lambda_1,\lambda_2,\cdots,\lambda_n$ 的顺序与 $\boldsymbol{p}_1,\boldsymbol{p}_2,\cdots,\boldsymbol{p}_n$ 的顺序相对应. 如果 $\lambda_1,\lambda_2,\cdots,\lambda_n$ 的顺序改变,则 $\boldsymbol{p}_1,\boldsymbol{p}_2,\cdots,\boldsymbol{p}_n$ 的顺序也要相应改变. 相似变换矩阵 $\boldsymbol{P}$ 由 $\boldsymbol{A}$ 的 n 个线性无关的特征向量作为列构成,即

$$\boldsymbol{P}=(\boldsymbol{p}_1,\boldsymbol{p}_2,\cdots,\boldsymbol{p}_n).$$

相似变换矩阵 $\boldsymbol{P}$ 是不唯一的,因为一方面特征向量不唯一,另一方面 $\boldsymbol{p}_1,\boldsymbol{p}_2,\cdots,\boldsymbol{p}_n$ 的顺序随 $\lambda_1,\lambda_2,\cdots,\lambda_n$ 的顺序改变而改变.

根据定理 6.3,n 阶方阵 $\boldsymbol{A}$ 的相似对角化问题就转换为 $\boldsymbol{A}$ 是否有 n 个线性无关的特征向量. 联系定理 6.1,可得如下推论:

推论　如果 n 阶矩阵 $\boldsymbol{A}$ 的 n 个特征值互不相等,则 $\boldsymbol{A}$ 与对角阵相似.

然而,矩阵 $\boldsymbol{A}$ 的特征方程有重根是常见的. 当 $\boldsymbol{A}$ 的特征方程有重根时,就不一定有 n 个线性无关的特征向量,从而不一定能对角化. 例如在例 6.2 中 $\boldsymbol{A}$ 的特征方程有重根,找不到 3 个线性无关的特征向量,因此该矩阵不能对角化;而在例 6.3 中 $\boldsymbol{A}$ 的特征方程也有重根,但能找到 3 个线性无关的特征向量,因此该矩阵能对角化. 例 6.2 与例 6.3 的主要差别在于,当特征方程出现二重根的时候,例 6.2 中二重根对应的特征方程组并没有两个线性无关的解,而例 6.3 中二重根对应的特征方程组却有两个线性无关的解. 由此,总结得出求矩阵 $\boldsymbol{A}$ 的相似对角矩阵以及相似变换矩阵的步骤和方法如下:

(1) 求出矩阵 $\boldsymbol{A}$ 的全部互异的特征值 $\lambda_1,\lambda_2,\cdots,\lambda_s$;

(2) 对于每个特征值 λ_i,分别判定其对应的特征方程组 $(\boldsymbol{A}-\lambda_i\boldsymbol{E})\boldsymbol{x}=\boldsymbol{0}$ 的基础解系的秩与其重根的重数的数量关系,只要有一个不相等,$\boldsymbol{A}$ 就不能相似对角化;否则 $\boldsymbol{A}$ 可以相似对角化;

(3) 当 $\boldsymbol{A}$ 可以相似对角化时,对于每个互异的特征值,求出特征方程组 $(\boldsymbol{A}-\lambda_i\boldsymbol{E})\boldsymbol{x}=\boldsymbol{0}$ 的基础解系 $\boldsymbol{p}_{i1},\boldsymbol{p}_{i2},\cdots,\boldsymbol{p}_{iq_i}$;

(4) 令 $\boldsymbol{P}=(\boldsymbol{p}_{11},\boldsymbol{p}_{12},\cdots,\boldsymbol{p}_{1q_1},\cdots,\boldsymbol{p}_{s1},\boldsymbol{p}_{s2},\cdots,\boldsymbol{p}_{sq_s})$,则有

$$\boldsymbol{P}^{-1}\boldsymbol{A}\boldsymbol{P}=\boldsymbol{\Lambda}=\mathrm{diag}(\lambda_1,\cdots,\lambda_1,\cdots,\lambda_s,\cdots,\lambda_s),$$

其中有 q_i 个 λ_i.

例 6.8　判断矩阵 $\boldsymbol{A}=\begin{pmatrix}3&-1&1\\2&0&1\\1&-1&2\end{pmatrix}$ 是否可以相似对角化.

解　(1) 求 $\boldsymbol{A}$ 的特征值.

$$|\boldsymbol{A}-\lambda\boldsymbol{E}|=\begin{vmatrix}3-\lambda&-1&1\\2&-\lambda&1\\1&-1&2-\lambda\end{vmatrix}=(\lambda-2)^2(1-\lambda),$$

于是,A 的特征值为 $\lambda_1=1,\lambda_2=2$(二重).

(2) 可见,$\lambda_1=1$ 是单特征值,仅需考察 $\lambda_2=2$.

$$A-\lambda_2E=\begin{pmatrix}1&-1&1\\2&-2&1\\1&-1&0\end{pmatrix}\sim\begin{pmatrix}1&-1&1\\0&0&1\\0&0&0\end{pmatrix},$$

于是 $R(A-\lambda_2E)=2$,对应的特征方程组 $(A-\lambda_2E)x=0$ 的基础解系的秩为 1,与重根的重数 2 不相等,从而矩阵 A 不能相似对角化.

例 6.9 设 $A=\begin{pmatrix}0&0&1\\1&1&x\\1&0&0\end{pmatrix}$,问 x 为何值时,矩阵 A 能对角化?

解 (1) 求矩阵 A 的特征值.

$$|A-\lambda E|=\begin{vmatrix}-\lambda&0&1\\1&1-\lambda&x\\1&0&-\lambda\end{vmatrix}=(1-\lambda)\begin{vmatrix}-\lambda&1\\1&-\lambda\end{vmatrix}=-(\lambda-1)^2(\lambda+1),$$

于是,A 的特征值为 $\lambda_1=-1,\lambda_2=1$(二重).

(2) 仅需考虑重根特征值的情形:矩阵 A 可对角化的充分必要条件是二重根 $\lambda_2=1$ 有 2 个线性无关的特征向量,即方程 $(A-E)x=0$ 有 2 个线性无关的解,亦即系数矩阵 $A-E$ 的秩 $R(A-E)=1$.

由 $A-E=\begin{pmatrix}-1&0&1\\1&0&x\\1&0&-1\end{pmatrix}\sim\begin{pmatrix}1&0&-1\\0&0&x+1\\0&0&0\end{pmatrix}$,要使得 $R(A-E)=1$,需 $x+1=0$,即 $x=-1$.

因此,当 $x=-1$ 时,矩阵 A 能对角化.

例 6.10 设 $A=\begin{pmatrix}0&1&1\\1&0&1\\1&1&0\end{pmatrix}$,问:矩阵 A 是否可以相似对角化?如果可以,则求相似对角阵及相似变换矩阵 P.

解 (1) 求 A 的特征值.

$$|A-\lambda E|=\begin{vmatrix}-\lambda&1&1\\1&-\lambda&1\\1&1&-\lambda\end{vmatrix}=(2-\lambda)(\lambda+1)^2,$$

于是,A 的特征值为 $\lambda_1=2,\lambda_2=-1$(二重).

(2) 仅考察二重根 $\lambda_2=-1$.

$$A-\lambda_2E=\begin{pmatrix}1&1&1\\1&1&1\\1&1&1\end{pmatrix}\sim\begin{pmatrix}1&1&1\\0&0&0\\0&0&0\end{pmatrix},$$

于是 $R(\boldsymbol{A}-\lambda_2\boldsymbol{E})=1$，对应的特征方程组 $(\boldsymbol{A}-\lambda_2\boldsymbol{E})\boldsymbol{x}=\boldsymbol{0}$ 的基础解系的秩为 2，与重根的重数 2 相等，从而矩阵 $\boldsymbol{A}$ 可以相似对角化.

(3) 对于 $\lambda_1=2$，求得特征方程组 $(\boldsymbol{A}-2\boldsymbol{E})\boldsymbol{x}=\boldsymbol{0}$，即

$$\begin{pmatrix}-2 & 1 & 1\\ 1 & -2 & 1\\ 1 & 1 & -2\end{pmatrix}\begin{pmatrix}x_1\\ x_2\\ x_3\end{pmatrix}=\boldsymbol{0}$$

的一组基础解系 $\boldsymbol{P}_{11}=(1,1,1)^{\mathrm{T}}$.

对于 $\lambda_2=-1$，求得特征方程组 $(\boldsymbol{A}+\boldsymbol{E})\boldsymbol{x}=\boldsymbol{0}$，即

$$\begin{pmatrix}1 & 1 & 1\\ 1 & 1 & 1\\ 1 & 1 & 1\end{pmatrix}\begin{pmatrix}x_1\\ x_2\\ x_3\end{pmatrix}=\boldsymbol{0}$$

的一组基础解系 $\boldsymbol{P}_{21}=(-1,1,0)^{\mathrm{T}}$，$\boldsymbol{P}_{22}=(-1,0,1)^{\mathrm{T}}$.

(4) 令

$$\boldsymbol{P}=(\boldsymbol{P}_{11},\boldsymbol{P}_{21},\boldsymbol{P}_{22})=\begin{pmatrix}1 & -1 & -1\\ 1 & 1 & 0\\ 1 & 0 & 1\end{pmatrix},$$

则有

$$\boldsymbol{P}^{-1}\boldsymbol{A}\boldsymbol{P}=\boldsymbol{\Lambda}=\mathrm{diag}(2,-1,-1).$$

6.3　实对称矩阵的对角化

由上节可知，一般的 n 阶方阵 $\boldsymbol{A}$，只有当它有 n 个线性无关的特征向量时，才可以相似对角化. 那么，对实对称矩阵，情况又如何呢？为了研究这一问题，首先介绍复矩阵和复向量的概念和性质.

定义 6.5　元素为复数的矩阵和向量分别称为复矩阵和复向量.

定义 6.6　设 a_{ij} 为复数，$\overline{a_{ij}}$ 为 a_{ij} 的共轭复数，$\boldsymbol{A}=(a_{ij})_{m\times n}$，$\overline{\boldsymbol{A}}=(\overline{a_{ij}})_{m\times n}$，则称 $\overline{\boldsymbol{A}}$ 为 $\boldsymbol{A}$ 的共轭矩阵.

例如，设 $\boldsymbol{A}=\begin{pmatrix}2\mathrm{i} & 1\\ 0 & 3-2\mathrm{i}\end{pmatrix}$，则 $\overline{\boldsymbol{A}}=\begin{pmatrix}-2\mathrm{i} & 1\\ 0 & 3+2\mathrm{i}\end{pmatrix}$.

由上述定义和共轭复数的运算性质可知，共轭矩阵有以下性质：

(1) $\overline{\overline{\boldsymbol{A}}}=\boldsymbol{A}$；

(2) $\overline{\boldsymbol{A}}^{\mathrm{T}}=\overline{\boldsymbol{A}^{\mathrm{T}}}$；

(3) $\overline{k\boldsymbol{A}}=\overline{k}\,\overline{\boldsymbol{A}}$，其中 k 为复数；

(4) $\overline{\boldsymbol{A}+\boldsymbol{B}}=\overline{\boldsymbol{A}}+\overline{\boldsymbol{B}}$；

(5) $\overline{\boldsymbol{A}\boldsymbol{B}}=\overline{\boldsymbol{A}}\,\overline{\boldsymbol{B}}$.

接下来，开始研究实对称矩阵.

定理 6.4　实对称阵的特征值都是实数.

证 设复数 λ 为对称阵 $\boldsymbol{A}$ 的特征值，复向量 $\boldsymbol{x}$ 为对应的特征向量，即 $\boldsymbol{Ax}=\lambda\boldsymbol{x},\boldsymbol{x}\neq\boldsymbol{0}$.

用 $\bar{\lambda}$ 表示 λ 的共轭复数，$\bar{\boldsymbol{x}}$ 表示 $\boldsymbol{x}$ 的共轭复向量，而 $\boldsymbol{A}$ 为实矩阵，有 $\boldsymbol{A}=\bar{\boldsymbol{A}}$，故 $\boldsymbol{A}\bar{\boldsymbol{x}}=\bar{\boldsymbol{A}}\bar{\boldsymbol{x}}=\overline{\boldsymbol{Ax}}=\overline{\lambda\boldsymbol{x}}=\bar{\lambda}\bar{\boldsymbol{x}}$. 于是有

$$\bar{\boldsymbol{x}}^{\mathrm{T}}\boldsymbol{Ax}=\bar{\boldsymbol{x}}^{\mathrm{T}}(\boldsymbol{Ax})=\bar{\boldsymbol{x}}^{\mathrm{T}}\lambda\boldsymbol{x}=\lambda\bar{\boldsymbol{x}}^{\mathrm{T}}\boldsymbol{x},$$

及

$$\bar{\boldsymbol{x}}^{\mathrm{T}}\boldsymbol{Ax}=(\bar{\boldsymbol{x}}^{\mathrm{T}}\boldsymbol{A}^{\mathrm{T}})\boldsymbol{x}=(\boldsymbol{A}\bar{\boldsymbol{x}})^{\mathrm{T}}x=(\bar{\lambda}\bar{\boldsymbol{x}})^{\mathrm{T}}\boldsymbol{x}=\bar{\lambda}\bar{\boldsymbol{x}}^{\mathrm{T}}x,$$

两式相减，得

$$(\lambda-\bar{\lambda})\bar{\boldsymbol{x}}^{\mathrm{T}}\boldsymbol{x}=\boldsymbol{0}.$$

由于 $\boldsymbol{x}\neq\boldsymbol{0}$，所以

$$\bar{\boldsymbol{x}}^{\mathrm{T}}\boldsymbol{x}=\sum_{i=1}^{n}\bar{x}_i x_i=\sum_{i=1}^{n}|x_i|^2\neq 0,$$

故 $\lambda-\bar{\lambda}=0$，即 $\lambda=\bar{\lambda}$，这就说明 λ 是实数.

显然，当特征值 λ_i 为实数时，齐次线性方程组

$$(\boldsymbol{A}-\lambda_i\boldsymbol{E})\boldsymbol{x}=\boldsymbol{0}$$

是实系数方程组，由 $|\boldsymbol{A}-\lambda_i\boldsymbol{E}|=0$ 知其有实的基础解系，所以对应的特征向量可以取实向量.

定理 6.5 设 λ_1,λ_2 是对称阵 $\boldsymbol{A}$ 的两个特征值，$\boldsymbol{p}_1,\boldsymbol{p}_2$ 是对应的特征向量. 若 $\lambda_1\neq\lambda_2$，则 $\boldsymbol{p}_1$ 与 $\boldsymbol{p}_2$ 正交.

证

$$\lambda_1\boldsymbol{p}_1=\boldsymbol{Ap}_1,\quad \lambda_2\boldsymbol{p}_2=\boldsymbol{Ap}_2,\quad \lambda_1\neq\lambda_2.$$

因矩阵 $\boldsymbol{A}$ 为对称矩阵，故

$$\lambda_1\boldsymbol{p}_1^{\mathrm{T}}=(\lambda_1\boldsymbol{p}_1)^{\mathrm{T}}=(A\boldsymbol{p}_1)^{\mathrm{T}}=\boldsymbol{p}_1^{\mathrm{T}}\boldsymbol{A}^{\mathrm{T}}=\boldsymbol{p}_1^{\mathrm{T}}\boldsymbol{A},$$

于是

$$\lambda_1\boldsymbol{p}_1^{\mathrm{T}}\boldsymbol{p}_2=\boldsymbol{p}_1^{\mathrm{T}}A\boldsymbol{p}_2=\boldsymbol{p}_1^{\mathrm{T}}(\lambda_2\boldsymbol{p}_2)=\lambda_2\boldsymbol{p}_1^{\mathrm{T}}\boldsymbol{p}_2,$$

即

$$(\lambda_1-\lambda_2)\boldsymbol{p}_1^{\mathrm{T}}\boldsymbol{p}_2=0.$$

但 $\lambda_1\neq\lambda_2$，故 $\boldsymbol{p}_1^{\mathrm{T}}\boldsymbol{p}_2=0$，即 $\boldsymbol{p}_1$ 与 $\boldsymbol{p}_2$ 正交.

定理 6.6 设 $\boldsymbol{A}$ 为 n 阶对称阵，则必有正交阵 $\boldsymbol{P}$，使 $\boldsymbol{P}^{-1}\boldsymbol{AP}=\boldsymbol{P}^{\mathrm{T}}\boldsymbol{AP}=\boldsymbol{\Lambda}$，其中 $\boldsymbol{\Lambda}$ 是以 $\boldsymbol{A}$ 的 n 个特征值为对角元的对角阵.

此定理不予证明.

推论 设 $\boldsymbol{A}$ 为 n 阶对称阵，λ 是 $\boldsymbol{A}$ 的特征方程的 k 重根，则矩阵 $\boldsymbol{A}-\lambda\boldsymbol{E}$ 的秩 $R(\boldsymbol{A}-\lambda\boldsymbol{E})=n-k$，从而对应特征值 λ 恰有 k 个线性无关的特征向量.

证 据定理 6.6 知对称阵 $\boldsymbol{A}$ 与对角阵 $\boldsymbol{\Lambda}=\mathrm{diag}(\lambda_1,\cdots,\lambda_n)$ 相似，从而 $\boldsymbol{A}-\lambda\boldsymbol{E}$ 与 $\boldsymbol{\Lambda}-\lambda\boldsymbol{E}=\mathrm{diag}(\lambda_1-\lambda,\cdots,\lambda_n-\lambda)$ 相似. 当 λ 是 $\boldsymbol{A}$ 的 k 重特征根时，$\lambda_1,\cdots,\lambda_n$ 这 n 个特征值中有 k 个等于 λ，有 $n-k$ 个不等于 λ，从而对角阵 $\boldsymbol{\Lambda}-\lambda\boldsymbol{E}$ 的对角元恰有 k 个等于 0，于是 $R(\boldsymbol{\Lambda}-\lambda\boldsymbol{E})=n-k$. 而 $R(\boldsymbol{A}-\lambda\boldsymbol{E})=R(\boldsymbol{\Lambda}-\lambda\boldsymbol{E})$，所以 $R(\boldsymbol{A}-\lambda\boldsymbol{E})=n-k$.

依据定理 6.6 及其推论，我们有下述把对称阵 $\boldsymbol{A}$ 对角化的步骤：

(1) 求出矩阵 $\boldsymbol{A}$ 的全部互异的特征值 $\lambda_1,\cdots,\lambda_s$，它们的重数依次为 $k_1,\cdots,k_s$ $(k_1+\cdots+k_s=n)$.

(2) 对每个 k_i 重特征值 λ_i，求方程 $(\boldsymbol{A}-\lambda_i\boldsymbol{E})\boldsymbol{x}=\boldsymbol{0}$ 的基础解系，得 k_i 个线性无关的特

征向量. 再把它们正交化、单位化，得 k_i 个两两正交的单位特征向量. 因 $k_1+\cdots+k_i=n$，故总共可得 n 个两两正交的单位特征向量.

(3) 把这 n 个两两正交的单位特征向量构成正交阵 $\boldsymbol{P}$，便有 $\boldsymbol{P}^{-1}\boldsymbol{A}\boldsymbol{P}=\boldsymbol{P}^{\mathrm{T}}\boldsymbol{A}\boldsymbol{P}=\boldsymbol{\Lambda}$. 注意 $\boldsymbol{\Lambda}$ 中对角元的排列次序应与 $\boldsymbol{P}$ 中列向量的排列次序相对应.

例 6.11　设 $\boldsymbol{A}=\begin{pmatrix}0&-1&1\\-1&0&1\\1&1&0\end{pmatrix}$，求一个正交阵 $\boldsymbol{P}$，使 $\boldsymbol{P}^{-1}\boldsymbol{A}\boldsymbol{P}=\boldsymbol{\Lambda}$ 为对角阵.

解　(1) 求 $\boldsymbol{A}$ 的特征值.

$$|\boldsymbol{A}-\lambda\boldsymbol{E}|=\begin{vmatrix}-\lambda&-1&1\\-1&-\lambda&1\\1&1&-\lambda\end{vmatrix}\xlongequal{r_1-r_2}\begin{vmatrix}1-\lambda&\lambda-1&0\\-1&-\lambda&1\\1&1&-\lambda\end{vmatrix}\xlongequal{c_1+c_2}\begin{vmatrix}1-\lambda&0&0\\-1&-1-\lambda&1\\1&2&-\lambda\end{vmatrix}$$

$$=(1-\lambda)(\lambda^2+\lambda-2)=-(\lambda-1)^2(\lambda+2),$$

于是，$\boldsymbol{A}$ 的特征值为 $\lambda_1=-2$，$\lambda_2=1$(二重).

(2) 对于 $\lambda_1=-2$，求得特征方程组 $(\boldsymbol{A}+2\boldsymbol{E})\boldsymbol{x}=\boldsymbol{0}$，即

$$\begin{pmatrix}2&-1&1\\-1&2&1\\1&1&2\end{pmatrix}\begin{pmatrix}x_1\\x_2\\x_3\end{pmatrix}=\boldsymbol{0}$$

的一组基础解系 $\boldsymbol{\xi}_{11}=\begin{pmatrix}-1\\-1\\1\end{pmatrix}$. 将 $\boldsymbol{\xi}_{11}$ 单位化，得 $\boldsymbol{p}_{11}=\dfrac{1}{\sqrt{3}}\begin{pmatrix}-1\\-1\\1\end{pmatrix}$.

对于 $\lambda_2=1$，求得特征方程组 $(\boldsymbol{A}-\boldsymbol{E})\boldsymbol{x}=\boldsymbol{0}$，即

$$\begin{pmatrix}-1&-1&1\\-1&-1&1\\1&1&-1\end{pmatrix}\begin{pmatrix}x_1\\x_2\\x_3\end{pmatrix}=\boldsymbol{0}$$

的一组基础解系 $\boldsymbol{\xi}_{21}=\begin{pmatrix}-1\\1\\0\end{pmatrix}$，$\boldsymbol{\xi}_{22}=\begin{pmatrix}1\\0\\1\end{pmatrix}$.

用 Schmidt 正交化方法将 $\boldsymbol{\xi}_{21}$，$\boldsymbol{\xi}_{22}$ 正交化：取

$$\boldsymbol{\eta}_{21}=\boldsymbol{\xi}_{21},$$

$$\boldsymbol{\eta}_{22}=\boldsymbol{\xi}_{22}-\frac{[\boldsymbol{\eta}_{21},\boldsymbol{\xi}_{22}]}{\|\boldsymbol{\eta}_{21}\|^2}\boldsymbol{\eta}_{21}=\begin{pmatrix}1\\0\\1\end{pmatrix}+\frac{1}{2}\begin{pmatrix}-1\\1\\0\end{pmatrix}=\frac{1}{2}\begin{pmatrix}1\\1\\2\end{pmatrix}.$$

再将 $\boldsymbol{\eta}_{21}$，$\boldsymbol{\eta}_{22}$ 单位化，得 $\boldsymbol{p}_{21}=\dfrac{1}{\sqrt{2}}\begin{pmatrix}-1\\1\\0\end{pmatrix}$，$\boldsymbol{p}_{22}=\dfrac{1}{\sqrt{6}}\begin{pmatrix}1\\1\\2\end{pmatrix}$.

(3) 将 $\boldsymbol{p}_{11}$，$\boldsymbol{p}_{21}$，$\boldsymbol{p}_{22}$ 构成正交矩阵，令

$$P=(p_{11},p_{21},p_{22})=\begin{pmatrix}-\frac{1}{\sqrt{3}} & -\frac{1}{\sqrt{2}} & \frac{1}{\sqrt{6}}\\ -\frac{1}{\sqrt{3}} & \frac{1}{\sqrt{2}} & \frac{1}{\sqrt{6}}\\ \frac{1}{\sqrt{3}} & 0 & \frac{2}{\sqrt{6}}\end{pmatrix},$$

有 $P^{-1}AP=P^{T}AP=\Lambda=\begin{pmatrix}-2&0&0\\0&1&0\\0&0&1\end{pmatrix}$.

例 6.12 设 $A=\begin{pmatrix}2&-1\\-1&2\end{pmatrix}$,求 A^n.

解 因 A 为对称矩阵,故 A 可对角化,即有可逆矩阵 P 及对角阵 Λ,使 $P^{-1}AP=\Lambda$. 于是 $A=P\Lambda P^{-1}$,从而 $A^n=P\Lambda^nP^{-1}$.

由 $|A-\lambda E|=\begin{vmatrix}2-\lambda & -1\\ -1 & 2-\lambda\end{vmatrix}=\lambda^2-4\lambda+3=(\lambda-1)(\lambda-3)$,

得 A 的特征值 $\lambda_1=1,\lambda_2=3$. 于是

$$\Lambda=\begin{pmatrix}1&0\\0&3\end{pmatrix},\quad \Lambda^n=\begin{pmatrix}1&0\\0&3^n\end{pmatrix}.$$

对应 $\lambda_1=1$,由 $A-E=\begin{pmatrix}1&-1\\-1&1\end{pmatrix}\overset{r}{\sim}\begin{pmatrix}1&-1\\0&0\end{pmatrix}$,得 $p_{11}=\begin{pmatrix}1\\1\end{pmatrix}$;

对应 $\lambda_2=3$,由 $A-3E=\begin{pmatrix}-1&-1\\-1&-1\end{pmatrix}\overset{r}{\sim}\begin{pmatrix}1&1\\0&0\end{pmatrix}$,得 $p_{21}=\begin{pmatrix}1\\-1\end{pmatrix}$.

所以有 $P=(p_{11},p_{21})=\begin{pmatrix}1&1\\1&-1\end{pmatrix}$,再求出

$$P^{-1}=\frac{1}{2}\begin{pmatrix}1&1\\1&-1\end{pmatrix}.$$

于是 $A^n=P\Lambda^nP^{-1}=\frac{1}{2}\begin{pmatrix}1&1\\1&-1\end{pmatrix}\begin{pmatrix}1&0\\0&3^n\end{pmatrix}\begin{pmatrix}1&1\\1&-1\end{pmatrix}=\frac{1}{2}\begin{pmatrix}1+3^n&1-3^n\\1-3^n&1+3^n\end{pmatrix}$.

6.4 二次型及其标准形

在平面解析几何中,中心在原点的圆锥曲线方程的一般形式为

$$ax^2+bxy+cy^2=d,$$

方程的左边是关于 x,y 的一个二次齐次多项式(简称二次型). 为了研究上面方程的图形和性质,我们可以选择适当的坐标旋转变换,把方程化为标准形

$$mx'^2+ny'^2=d',$$

由曲线的标准方程研究曲线的图形和性质就变得非常方便.从代数学的观点看,一般方程化为标准方程的过程就是通过变量的线性变换化简一个二次齐次多项式,使它只含有平方项.这样一个问题,在许多理论问题或实际问题中常会遇到,如网络计算、最优化理论和运动稳定性等.现在我们把这类问题一般化,讨论 n 个变量的二次齐次多项式的化简问题.

定义 6.7　含有 n 个变量 $x_1,x_2,\cdots,x_n$ 的二次齐次函数

$$f(x_1,x_2,\cdots,x_n)=a_{11}x_1^2+a_{22}x_2^2+\cdots+a_{nn}x_n^2+2a_{12}x_1x_2+2a_{13}x_1x_3+\cdots+2a_{n-1,n}x_{n-1}x_n \tag{6.16}$$

称为二次型.

取 $a_{ji}=a_{ij}$,则 $2a_{ij}x_ix_j=a_{ij}x_ix_j+a_{ji}x_jx_i$,于是式(6.16)可写成

$$\begin{aligned} f &= a_{11}x_1^2+a_{12}x_1x_2+\cdots+a_{1n}x_1x_n+ \\ &\quad a_{21}x_2x_1+a_{22}x_2^2\cdots+a_{2n}x_2x_n+\cdots+ \\ &\quad a_{n1}x_nx_1+a_{n2}x_nx_2\cdots+a_{nn}x_n^2 \\ &= \sum_{i,j=1}^{n}a_{ij}x_ix_j. \end{aligned} \tag{6.17}$$

对于二次型,我们讨论的主要问题是:寻求可逆的线性变换

$$\begin{cases} x_1=c_{11}y_1+c_{12}y_2+\cdots+c_{1n}y_n \\ x_2=c_{21}y_1+c_{22}y_2+\cdots+c_{2n}y_n \\ \cdots\cdots\cdots \\ x_n=c_{n1}y_1+c_{n2}y_2+\cdots+c_{nn}y_n \end{cases}, \tag{6.18}$$

使二次型只含平方项,也就是用式(6.18)代入式(6.16),能使

$$f=k_1y_1^2+k_2y_2^2+\cdots+k_ny_n^2,$$

这种只含平方项的二次型,称为二次型的标准形.

如果标准形的系数 $k_1,k_2,\cdots,k_n$ 只在 $1,-1,0$ 三个数中取值,也就是用式(6.18)代入式(6.16),能使

$$f=y_1^2+\cdots+y_p^2-y_{p+1}^2-\cdots-y_r^2,$$

则称上式为二次型的规范形.

当 a_{ij} 为复数时,f 称为复二次型;当 a_{ij} 为实数时,f 称为实二次型.这里,我们仅讨论实二次型,所求的线性变换(6.18)也限于实系数范围.

由式(6.17),利用矩阵,二次型可表示为

$$\begin{aligned} f &= x_1(a_{11}x_1+a_{12}x_2+\cdots+a_{1n}x_n)+ \\ &\quad x_2(a_{21}x_1+a_{22}x_2+\cdots+a_{2n}x_n)+\cdots+ \\ &\quad x_n(a_{n1}x_1+a_{n2}x_2+\cdots+a_{nn}x_n) \end{aligned}$$

$$=(x_1,x_2,\cdots,x_n)\begin{pmatrix} a_{11}x_1+a_{12}x_2+\cdots+a_{1n}x_n \\ a_{21}x_1+a_{22}x_2+\cdots+a_{2n}x_n \\ \vdots \\ a_{n1}x_1+a_{n2}x_2+\cdots+a_{nn}x_n \end{pmatrix}$$

$$=(x_1,x_2,\cdots,x_n)\begin{pmatrix} a_{11} & a_{12} & \cdots & a_{1n} \\ a_{21} & a_{22} & \cdots & a_{2n} \\ \vdots & \vdots & & \vdots \\ a_{n1} & a_{n2} & \cdots & a_{nn} \end{pmatrix}\begin{pmatrix} x_1 \\ x_2 \\ \vdots \\ x_n \end{pmatrix},$$

记

$$\boldsymbol{A}=\begin{pmatrix} a_{11} & a_{12} & \cdots & a_{1n} \\ a_{21} & a_{22} & \cdots & a_{2n} \\ \vdots & \vdots & & \vdots \\ a_{n1} & a_{n2} & \cdots & a_{nn} \end{pmatrix},\quad \boldsymbol{x}=\begin{pmatrix} x_1 \\ x_2 \\ \vdots \\ x_n \end{pmatrix},$$

则二次型可记作

$$f=\boldsymbol{x}^{\mathrm{T}}\boldsymbol{A}\boldsymbol{x}, \tag{6.19}$$

其中 $\boldsymbol{A}$ 为对称矩阵.

例如,二次型 $f=x^2-3z^2-4xy+yz$ 用矩阵记号写出来,就是

$$f=(x,y,z)\begin{pmatrix} 1 & -2 & 0 \\ -2 & 0 & \frac{1}{2} \\ 0 & \frac{1}{2} & -3 \end{pmatrix}\begin{pmatrix} x \\ y \\ z \end{pmatrix}.$$

任给一个二次型,就唯一地确定一个对称阵;反之,任给一个对称阵,也可唯一地确定一个二次型.这样,二次型与对称阵之间存在一一对应的关系.因此,我们把对称阵 $\boldsymbol{A}$ 叫作二次型 f 的矩阵,也把 f 叫作对称矩阵 $\boldsymbol{A}$ 的二次型.对称阵 $\boldsymbol{A}$ 的秩就叫作二次型 f 的秩.

记 $\boldsymbol{C}=(c_{ij})$,把可逆变换(6.18)记作

$$\boldsymbol{x}=\boldsymbol{C}\boldsymbol{y},$$

代入式(6.19),有 $f=\boldsymbol{x}^{\mathrm{T}}\boldsymbol{A}\boldsymbol{x}=(\boldsymbol{C}\boldsymbol{y})^{\mathrm{T}}\boldsymbol{A}\boldsymbol{C}\boldsymbol{y}=\boldsymbol{y}^{\mathrm{T}}(\boldsymbol{C}^{\mathrm{T}}\boldsymbol{A}\boldsymbol{C})\boldsymbol{y}$.

定义 6.8 设 $\boldsymbol{A}$ 和 $\boldsymbol{B}$ 是 n 阶矩阵,若有可逆矩阵 $\boldsymbol{C}$,使 $\boldsymbol{B}=\boldsymbol{C}^{\mathrm{T}}\boldsymbol{A}\boldsymbol{C}$,则称矩阵 $\boldsymbol{A}$ 和 $\boldsymbol{B}$ 合同.

显然,若 $\boldsymbol{A}$ 为对称矩阵,则 $\boldsymbol{B}=\boldsymbol{C}^{\mathrm{T}}\boldsymbol{A}\boldsymbol{C}$ 也为对称矩阵,且 $R(\boldsymbol{A})=R(\boldsymbol{B})$.事实上,

$$\boldsymbol{B}^{\mathrm{T}}=(\boldsymbol{C}^{\mathrm{T}}\boldsymbol{A}\boldsymbol{C})^{\mathrm{T}}=\boldsymbol{C}^{\mathrm{T}}\boldsymbol{A}^{\mathrm{T}}\boldsymbol{C}=\boldsymbol{C}^{\mathrm{T}}\boldsymbol{A}\boldsymbol{C}=\boldsymbol{B},$$

即 $\boldsymbol{B}$ 为对称阵.又因 $\boldsymbol{B}=\boldsymbol{C}^{\mathrm{T}}\boldsymbol{A}\boldsymbol{C}$,而 $\boldsymbol{C}$ 可逆,从而 $\boldsymbol{C}^{\mathrm{T}}$ 也可逆,由矩阵秩的性质即知 $R(\boldsymbol{A})=R(\boldsymbol{B})$.

由此可知，经可逆变换 $\boldsymbol{x}=\boldsymbol{C}\boldsymbol{y}$ 后，二次型 f 的矩阵由 $\boldsymbol{A}$ 变为与 $\boldsymbol{A}$ 合同的矩阵 $\boldsymbol{C}^{\mathrm{T}}\boldsymbol{A}\boldsymbol{C}$，且二次型的秩不变.

要使二次型 f 经可逆变换 $\boldsymbol{x}=\boldsymbol{C}\boldsymbol{y}$ 变成标准形，这就是要使

$$\begin{aligned}\boldsymbol{y}^{\mathrm{T}}\boldsymbol{C}^{\mathrm{T}}\boldsymbol{A}\boldsymbol{C}\boldsymbol{y}&=k_1y_1^2+k_2y_2^2+\cdots+k_ny_n^2\\&=(y_1,y_2,\cdots,y_n)\begin{pmatrix}k_1&&&\\&k_2&&\\&&\ddots&\\&&&k_n\end{pmatrix}\begin{pmatrix}y_1\\y_2\\\vdots\\y_n\end{pmatrix},\end{aligned}$$

也就是要使 $\boldsymbol{C}^{\mathrm{T}}\boldsymbol{A}\boldsymbol{C}$ 成为对角阵. 因此，我们的主要问题就是：对于对称矩阵 $\boldsymbol{A}$，寻求可逆矩阵 $\boldsymbol{C}$，使 $\boldsymbol{C}^{\mathrm{T}}\boldsymbol{A}\boldsymbol{C}$ 为对角阵. 这个问题称为把对称矩阵 $\boldsymbol{A}$ 合同对角化.

由定理 6.6 知，任给对称矩阵 $\boldsymbol{A}$，总有正交阵 $\boldsymbol{P}$，使 $\boldsymbol{P}^{-1}\boldsymbol{A}\boldsymbol{P}=\boldsymbol{\Lambda}$，即 $\boldsymbol{P}^{\mathrm{T}}\boldsymbol{A}\boldsymbol{P}=\boldsymbol{\Lambda}$. 把此结论应用于二次型，即有如下定理：

定理 6.7　任给二次型 $f=\sum\limits_{i,j=1}^{n}a_{ij}x_ix_j\ (a_{ij}=a_{ji})$，总有正交变换 $\boldsymbol{x}=\boldsymbol{P}\boldsymbol{y}$，使 f 化为标准形 $f=\lambda_1y_1^2+\lambda_2y_2^2+\cdots+\lambda_ny_n^2$，其中 $\lambda_1,\lambda_2,\cdots,\lambda_n$ 是 f 的矩阵 $\boldsymbol{A}=(a_{ij})$ 的特征值.

推论　任给 n 元二次型 $f(x)=\boldsymbol{x}^{\mathrm{T}}\boldsymbol{A}\boldsymbol{x}\ (\boldsymbol{A}^{\mathrm{T}}=\boldsymbol{A})$，总有可逆变换 $\boldsymbol{x}=\boldsymbol{C}\boldsymbol{z}$，使 $f(\boldsymbol{C}\boldsymbol{z})$ 为规范形.

证　根据定理，可知

$$f(\boldsymbol{P}\boldsymbol{y})=\boldsymbol{y}^{\mathrm{T}}\boldsymbol{\Lambda}\boldsymbol{y}=\lambda_1y_1^2+\cdots+\lambda_ny_n^2.$$

设二次型 f 的秩为 r，则特征值 λ_i 中恰有 r 个不为 0，无妨设 $\lambda_1,\cdots,\lambda_r$ 不等于 0，$\lambda_{r+1}=\cdots=\lambda_n=0$，令

$$\boldsymbol{K}=\begin{pmatrix}k_1&&&\\&k_2&&\\&&\ddots&\\&&&k_n\end{pmatrix},\quad \text{其中 } k_i=\begin{cases}\dfrac{1}{\sqrt{|\lambda_i|}}, & i\leqslant r\\ 1, & i>r\end{cases},$$

则 $\boldsymbol{K}$ 可逆，变换 $\boldsymbol{y}=\boldsymbol{K}\boldsymbol{z}$ 把 $f(\boldsymbol{P}\boldsymbol{y})$ 化为

$$f(\boldsymbol{P}\boldsymbol{K}\boldsymbol{z})=\boldsymbol{z}^{\mathrm{T}}\boldsymbol{K}^{\mathrm{T}}\boldsymbol{P}^{\mathrm{T}}\boldsymbol{A}\boldsymbol{P}\boldsymbol{K}\boldsymbol{z}=\boldsymbol{z}^{\mathrm{T}}\boldsymbol{K}^{\mathrm{T}}\boldsymbol{\Lambda}\boldsymbol{K}\boldsymbol{z},$$

而

$$\boldsymbol{K}^{\mathrm{T}}\boldsymbol{\Lambda}\boldsymbol{K}=\mathrm{diag}\left(\frac{\lambda_1}{|\lambda_1|},\cdots,\frac{\lambda_r}{|\lambda_r|},0,\cdots,0\right),$$

记 $\boldsymbol{C}=\boldsymbol{P}\boldsymbol{K}$，即知可逆变换 $\boldsymbol{x}=\boldsymbol{C}\boldsymbol{z}$ 把 f 化成规范形

$$f(\boldsymbol{C}\boldsymbol{z})=\frac{\lambda_1}{|\lambda_1|}z_1^2+\cdots+\frac{\lambda_r}{|\lambda_r|}z_r^2.$$

例 6.13　求一个正交变换 $\boldsymbol{x}=\boldsymbol{P}\boldsymbol{y}$，把二次型 $f=-2x_1x_2+2x_1x_3+2x_2x_3$ 化为标准形.

解 二次型的矩阵为 $\boldsymbol{A}=\begin{pmatrix}0 & -1 & 1\\ -1 & 0 & 1\\ 1 & 1 & 0\end{pmatrix}$，根据例 6.11 的结果可知，有正交阵

$$\boldsymbol{P}=\begin{pmatrix}-\frac{1}{\sqrt{3}} & -\frac{1}{\sqrt{2}} & \frac{1}{\sqrt{6}}\\ -\frac{1}{\sqrt{3}} & \frac{1}{\sqrt{2}} & \frac{1}{\sqrt{6}}\\ \frac{1}{\sqrt{3}} & 0 & \frac{2}{\sqrt{6}}\end{pmatrix},$$

使 $\boldsymbol{P}^{-1}\boldsymbol{AP}=\boldsymbol{P}^{\mathrm{T}}\boldsymbol{AP}=\boldsymbol{\Lambda}=\begin{pmatrix}-2 & 0 & 0\\ 0 & 1 & 0\\ 0 & 0 & 1\end{pmatrix}$. 于是有正交变换

$$\begin{pmatrix}x_1\\ x_2\\ x_3\end{pmatrix}=\begin{pmatrix}-\frac{1}{\sqrt{3}} & -\frac{1}{\sqrt{2}} & \frac{1}{\sqrt{6}}\\ -\frac{1}{\sqrt{3}} & \frac{1}{\sqrt{2}} & \frac{1}{\sqrt{6}}\\ \frac{1}{\sqrt{3}} & 0 & \frac{2}{\sqrt{6}}\end{pmatrix}\begin{pmatrix}y_1\\ y_2\\ y_3\end{pmatrix},$$

把二次型 f 化成标准形

$$f=-2y_1^2+y_2^2+y_3^2.$$

如果要把二次型 f 化成规范形，只需令

$$\begin{cases}y_1=\frac{1}{\sqrt{2}}z_1\\ y_2=z_2\\ y_3=z_3\end{cases},$$

即得 f 的规范形

$$f=-z_1^2+z_2^2+z_3^2.$$

以上的方法称为用正交变换化二次型成标准形. 这种方法具有保持几何形状不变的优点，但过程稍显复杂. 如果不限于用正交变换，那么还可以有多种方法把二次型化成标准形. 这里简单地介绍拉格朗日配方法.

一般来说，若二次型含有 x_i 的平方项，则先把含有 x_i 的乘积项集中，将所有含有 x_i 的项配方为一个完全平方式，再对其余的变量进行同样的操作，直到都配成平方项为止；若二次型中不含有平方项，设 $a_{ij}\neq 0(i\neq j)$，则先作可逆的线性变换

$$\begin{cases}x_i=y_i+y_j\\ x_i=y_i-y_j,\\ x_k=y_k\end{cases}\quad (k=1,2,\cdots,n;k\neq i,j)$$

将二次型化为含有平方项的形式，再用前面所述的方法进行配方.

例 6.14　化二次型 $f=x_1^2+2x_2^2+5x_3^2+2x_1x_2+2x_1x_3+6x_2x_3$ 成标准形，并求所用的变换矩阵.

解　由于 f 中含变量 x_1 的平方项，故把含 x_1 的项归起来，配方可得

$$\begin{aligned} f &=(x_1^2+2x_1x_2+2x_1x_3)+2x_2^2+5x_3^2+6x_2x_3 \\ &=(x_1+x_2+x_3)^2-x_2^2-x_3^2-2x_2x_3+2x_2^2+5x_3^2+6x_2x_3 \\ &=(x_1+x_2+x_3)^2+x_2^2+4x_2x_3+4x_3^2, \end{aligned}$$

上式右端除第一项外已不再含 x_1，继续配方，可得

$$f=(x_1+x_2+x_3)^2+(x_2+2x_3)^2.$$

令
$$\begin{cases} y_1=x_1+x_2+x_3 \\ y_2=x_2+2x_3 \\ y_3=x_3 \end{cases},$$

即
$$\begin{cases} x_1=y_1-y_2+y_3 \\ x_2=y_2-2y_3 \\ x_3=y_3 \end{cases},$$

就把 f 化成标准形（规范形）$f=y_1^2+y_2^2$，所用变换矩阵为

$$\boldsymbol{C}=\begin{pmatrix} 1 & -1 & 1 \\ 0 & 1 & -2 \\ 0 & 0 & 1 \end{pmatrix}\ (|\boldsymbol{C}|=1\neq 0).$$

例 6.15　化二次型 $f=2x_1x_2+2x_1x_3-6x_2x_3$ 成规范形，并求所用的变换矩阵.

解　在 f 中不含平方项. 由于含有 x_1x_2 乘积项，即 $a_{12}\neq 0$，故令

$$\begin{cases} x_1=y_1+y_2 \\ x_2=y_1-y_2, \\ x_3=y_3 \end{cases}$$

代入可得
$$f=2y_1^2-2y_2^2-4y_1y_3+8y_2y_3,$$

再配方，得
$$f=2(y_1-y_3)^2-2(y_2-y_3)^2+6y_3^2.$$

令
$$\begin{cases} z_1=\sqrt{2}(y_1-y_3) \\ z_2=\sqrt{2}(y_2-2y_3), \\ z_3=\sqrt{6}y_3 \end{cases}$$

即
$$\begin{cases} y_1=\dfrac{1}{\sqrt{2}}z_1+\dfrac{1}{\sqrt{6}}z_3 \\ y_2=\dfrac{1}{\sqrt{2}}z_2+\dfrac{2}{\sqrt{6}}z_3, \\ y_3=\dfrac{1}{\sqrt{6}}z_3 \end{cases}$$

就把 f 化成规范形

$$f=z_1^2-z_2^2+z_3^2,$$

所用变换矩阵为

$$C=\begin{pmatrix}1&1&0\\1&-1&0\\0&0&1\end{pmatrix}\begin{pmatrix}\frac{1}{\sqrt{2}}&0&\frac{1}{\sqrt{6}}\\0&\frac{1}{\sqrt{2}}&\frac{2}{\sqrt{6}}\\0&0&\frac{1}{\sqrt{6}}\end{pmatrix}=\begin{pmatrix}\frac{1}{\sqrt{2}}&\frac{1}{\sqrt{2}}&\frac{3}{\sqrt{6}}\\\frac{1}{\sqrt{2}}&-\frac{1}{\sqrt{2}}&-\frac{1}{\sqrt{6}}\\0&0&\frac{1}{\sqrt{6}}\end{pmatrix}\quad\left(|C|=-\frac{1}{\sqrt{6}}\neq0\right).$$

注意：配方的方法不同，所得的标准形也不同. 因而，二次型的标准形并不是唯一的.

6.5 正定二次型

上一节中，我们提到二次型的标准形不是唯一的. 但是，标准形中所含项数却是确定的(即是二次型的秩). 不仅如此，在限定变换为实变换时，标准形中正系数的个数也是不变的(从而负系数的个数也不变)，从而有如下定理：

定理 6.8 设有二次型 $f=\boldsymbol{x}^{\mathrm{T}}\boldsymbol{A}\boldsymbol{x}$，它的秩为 r，有两个可逆变换

$$\boldsymbol{x}=\boldsymbol{C}\boldsymbol{y}\quad 及\quad \boldsymbol{x}=\boldsymbol{P}\boldsymbol{z}$$

使

$$f=k_1y_1^2+k_2y_2^2+\cdots+k_ry_r^2\ (k_i\neq0),$$

及

$$f=\lambda_1z_1^2+\lambda_2z_2^2+\cdots+\lambda_rz_r^2\ (\lambda_i\neq0),$$

则 $k_1,\cdots,k_r$ 中正数的个数与 $\lambda_1,\cdots,\lambda_r$ 中正数的个数相等.

这个定理称为惯性定理，这里不予证明.

二次型的标准形中的正系数的个数称为二次型的正惯性指数，负系数的个数称为负惯性指数. 若二次型 f 的正惯性指数为 p，秩为 r，则 f 的规范形便可确定为

$$f=y_1^2+\cdots+y_p^2-y_{p+1}^2-\cdots-y_r^2.$$

科学技术上用得较多的二次型是正惯性指数为 n 或负惯性指数为 n 的 n 元二次型，我们有下述定义：

定义 6.9 设有二次型 $f(\boldsymbol{x})=\boldsymbol{x}^{\mathrm{T}}\boldsymbol{A}\boldsymbol{x}$，如果对任何 $\boldsymbol{x}\neq\boldsymbol{0}$，都有 $f(\boldsymbol{x})>0$(显然 $f(\boldsymbol{0})=0$)，则称 f 为正定二次型，并称对称阵 $\boldsymbol{A}$ 是正定的；如果对任何 $\boldsymbol{x}\neq\boldsymbol{0}$ 都有 $f(\boldsymbol{x})<0$，则称 f 为负定二次型，并称对称阵 $\boldsymbol{A}$ 是负定的.

定理 6.9 n 元二次型 $f=\boldsymbol{x}^{\mathrm{T}}\boldsymbol{A}\boldsymbol{x}$ 为正定的充分必要条件是：它的标准形的 n 个系数全为正，即它的规范形的 n 个系数全为 1，亦即它的正惯性指数等于 n.

证 设可逆变换 $\boldsymbol{x}=\boldsymbol{C}\boldsymbol{y}$ 使

$$f(\boldsymbol{x})=f(\boldsymbol{C}\boldsymbol{y})=\sum_{i=1}^{n}k_iy_i^2.$$

先证充分性. 设 $k_i>0(i=1,\cdots,n)$, 任给 $\boldsymbol{x}\neq\boldsymbol{0}$, 则 $\boldsymbol{y}=\boldsymbol{C}^{-1}\boldsymbol{x}\neq\boldsymbol{0}$, 故

$$f(\boldsymbol{x})=\sum_{i=1}^{n}k_iy_i^2>0.$$

再证必要性. 用反证法. 假设有 $k_s\leqslant0$, 则当 $\boldsymbol{y}=\boldsymbol{e}_s$(单位坐标向量)时, $f(\boldsymbol{Ce}_s)=k_s\leqslant0$. 显然 $\boldsymbol{Ce}_s\neq\boldsymbol{0}$, 这与 f 为正定相矛盾. 这就证明了 $k_i>0(i=1,\cdots,n)$.

推论　对称阵 $\boldsymbol{A}$ 为正定的充分必要条件是: $\boldsymbol{A}$ 的特征值全为正.

定理 6.10　对称阵 $\boldsymbol{A}$ 为正定的充分必要条件是: $\boldsymbol{A}$ 的各阶主子式都为正, 即

$$a_{11}>0,\quad \begin{vmatrix}a_{11}&a_{12}\\a_{21}&a_{22}\end{vmatrix}>0,\cdots,\begin{vmatrix}a_{11}&\cdots&a_{1n}\\\vdots&&\vdots\\a_{n1}&\cdots&a_{nn}\end{vmatrix}>0,$$

这个定理称为赫尔维茨定理, 这里不予证明.

例 6.16　判定二次型 $f=-5x^2-6y^2-4z^2+4xy+4xz$ 的正定性.

解　f 的矩阵为　$\boldsymbol{A}=\begin{pmatrix}-5&2&2\\2&-6&0\\2&0&-4\end{pmatrix}$,

其中　$a_{11}=-5<0,\quad \begin{vmatrix}a_{11}&a_{12}\\a_{21}&a_{22}\end{vmatrix}=\begin{vmatrix}-5&2\\2&-6\end{vmatrix}=26>0,\quad |\boldsymbol{A}|=-80<0,$

根据例 6.10 知 f 为负定.

设 $f(x,y)$ 是二元正定二次型, 则 $f(x,y)=c(c>0$ 为常数$)$ 的图形是以原点为中心的椭圆. 当把 c 看作任意常数时则是一族椭圆. 这族椭圆随着 $c\to0$ 而收缩到原点. 当 f 为三元正定二次型时, $f(x,y,z)=c(c>0)$ 的图形是一族椭球.

习题六

1. 求下列矩阵的特征值和特征向量:

(1) $\begin{pmatrix}2&-1&2\\5&-3&3\\-1&0&-2\end{pmatrix}$;　　(2) $\begin{pmatrix}1&2&3\\2&1&3\\3&3&6\end{pmatrix}$;　　(3) $\begin{pmatrix}0&0&0&1\\0&0&1&0\\0&1&0&0\\1&0&0&0\end{pmatrix}$.

2. 已知 4 阶矩阵 $\boldsymbol{A}$ 的特征值为 $\lambda_1=2$(三重), $\lambda_2=5$, 求 $\operatorname{tr}\boldsymbol{A}$ 和 $\det\boldsymbol{A}$.

3. 设 $\boldsymbol{A}$ 为 n 阶矩阵, 证明 $\boldsymbol{A}^{\mathrm{T}}$ 与 $\boldsymbol{A}$ 的特征值相同.

4. 设 n 阶矩阵 $\boldsymbol{A},\boldsymbol{B}$ 满足 $R(\boldsymbol{A})+R(\boldsymbol{B})<n$, 证明 $\boldsymbol{A}$ 与 $\boldsymbol{B}$ 有公共的特征值, 有公共的特征向量.

5. 设 $\boldsymbol{A}^2-3\boldsymbol{A}+2\boldsymbol{E}=\boldsymbol{O}$, 证明 $\boldsymbol{A}$ 的特征值只能取 1 或 2.

6. 设 $\boldsymbol{A}$ 为正交阵, 且 $|\boldsymbol{A}|=-1$, 证明 $\lambda=-1$ 是 $\boldsymbol{A}$ 的特征值.

7. 设$\lambda\neq 0$是m阶矩阵$\boldsymbol{A}_{m\times n}\boldsymbol{B}_{n\times m}$的特征值，证明$\lambda$也是$n$阶矩阵$\boldsymbol{BA}$的特征值.

8. 已知3阶矩阵A的特征值为1,2,3，求$|\boldsymbol{A}^3-5\boldsymbol{A}^2+7\boldsymbol{A}|$.

9. 已知3阶矩阵$\boldsymbol{A}$的特征值为1,2,−3，求$|\boldsymbol{A}^*+3\boldsymbol{A}+2\boldsymbol{E}|$.

10. 设$\boldsymbol{A},\boldsymbol{B}$都是$n$阶矩阵，且$\boldsymbol{A}$可逆，证明$\boldsymbol{AB}$与$\boldsymbol{BA}$相似.

11. 设矩阵$\boldsymbol{A}=\begin{pmatrix}2&0&1\\3&1&x\\4&0&5\end{pmatrix}$可相似对角化，求$x$.

12. 已知$\boldsymbol{p}=\begin{pmatrix}1\\1\\-1\end{pmatrix}$是矩阵$\boldsymbol{A}=\begin{pmatrix}2&-1&2\\5&a&3\\-1&b&-2\end{pmatrix}$的一个特征向量.

(1) 求参数a,b及特征向量$\boldsymbol{p}$所对应的特征值；

(2) 问$\boldsymbol{A}$能不能相似对角化？并说明理由.

13. 设$\boldsymbol{A}=\begin{pmatrix}1&4&2\\0&-3&4\\0&4&3\end{pmatrix}$，求$\boldsymbol{A}^{100}$.

14. 在某国，每年有30%的农村居民移居城镇，有20%的城镇居民移居农村，假设该国总人数不变，且上述人口迁移的规律也不变. 把n年后农村人口和城镇人口占总人口的比例依次记为x_n和$y_n(x_n+y_n=1)$.

(1) 求关系式$\begin{pmatrix}x_{n+1}\\y_{n+1}\end{pmatrix}=\boldsymbol{A}\begin{pmatrix}x_n\\y_n\end{pmatrix}$中的矩阵$\boldsymbol{A}$；

(2) 设目前农村人口与城镇人口相等，即$\begin{pmatrix}x_0\\y_0\end{pmatrix}=\begin{pmatrix}0.5\\0.5\end{pmatrix}$，求$\begin{pmatrix}x_n\\y_n\end{pmatrix}$.

15. 试求一个正交的相似变换矩阵，将下列对称阵化为对角阵：

(1) $\begin{pmatrix}2&-2&0\\-2&1&-2\\0&-2&0\end{pmatrix}$；　　(2) $\begin{pmatrix}2&2&-2\\2&5&-4\\-2&-4&5\end{pmatrix}$.

16. 设矩阵$\boldsymbol{A}=\begin{pmatrix}1&-2&-4\\-2&x&-2\\-4&-2&1\end{pmatrix}$与$\boldsymbol{\Lambda}=\begin{pmatrix}5&&\\&-4&\\&&y\end{pmatrix}$相似，求$x,y$；并求一个正交阵$\boldsymbol{P}$，使$\boldsymbol{P}^{-1}\boldsymbol{AP}=\boldsymbol{\Lambda}$.

17. 设3阶矩阵$\boldsymbol{A}$的特征值为$\lambda_1=2,\lambda_2=-2,\lambda_3=1$，对应的特征向量依次为$\boldsymbol{p}_{11}=\begin{pmatrix}0\\1\\1\end{pmatrix},\boldsymbol{p}_{21}=\begin{pmatrix}1\\1\\1\end{pmatrix},\boldsymbol{p}_{31}=\begin{pmatrix}1\\1\\0\end{pmatrix}$，求$\boldsymbol{A}$.

18. 设3阶对称矩阵$\boldsymbol{A}$的特征值为$\lambda_1=1,\lambda_2=-1,\lambda_3=0$；对应$\lambda_1,\lambda_2$的特征向量依

次为 $\boldsymbol{p}_{11}=\begin{pmatrix}1\\2\\2\end{pmatrix}$，$\boldsymbol{p}_{21}=\begin{pmatrix}2\\1\\-2\end{pmatrix}$，求 $\boldsymbol{A}$.

19. 设 3 阶对称阵 $\boldsymbol{A}$ 的特征值为 $\lambda_1=6,\lambda_2=\lambda_3=3$，与特征值 $\lambda_1=6$ 对应的特征向量为 $\boldsymbol{p}_{11}=(1,1,1)^{\mathrm{T}}$，求 $\boldsymbol{A}$.

20. 用矩阵记号表示下列二次型：

(1) $f=x^2+4xy+4y^2+2xz+z^2+4yz$；

(2) $f=x^2+y^2-7z^2-2xy-4xz-4yz$；

(3) $f=x_1^2+x_2^2+x_3^2+x_4^2-2x_1x_2+4x_1x_3-2x_1x_4+6x_2x_3-4x_2x_4$.

21. 写出下列二次型的矩阵：

(1) $f(\boldsymbol{x})=\boldsymbol{x}^{\mathrm{T}}\begin{pmatrix}2&1\\3&1\end{pmatrix}\boldsymbol{x}$；　　(2) $f(\boldsymbol{x})=\boldsymbol{x}^{\mathrm{T}}\begin{pmatrix}1&2&3\\4&5&6\\7&8&9\end{pmatrix}\boldsymbol{x}$.

22. 求一个正交变换化下列二次型成标准形：

(1) $f=2x_1^2+3x_2^2+3x_3^2+4x_2x_3$；

(2) $f=x_1^2+x_3^2+2x_1x_2-2x_2x_3$.

23. 求一个正交变换把二次曲面的方程 $3x^2+5y^2+5z^2+4xy-4xz-10yz=1$ 化成标准方程.

24. 用配方法化下列二次型成规范形，并写出所用变换的矩阵：

(1) $f(x_1,x_2,x_3)=x_1^2+3x_2^2+5x_3^2+2x_1x_2-4x_1x_3$；

(2) $f(x_1,x_2,x_3)=x_1^2+2x_3^2+2x_1x_3+2x_2x_3$.

25. 设 $f=x_1^2+x_2^2+5x_3^2+2ax_1x_2-2x_1x_3+4x_2x_3$ 为正定二次型，求 a.

26. 判定下列二次型的正定性：

(1) $f=-2x_1^2-6x_2^2-4x_3^2+2x_1x_2+2x_1x_3$；

(2) $f=x_1^2+3x_2^2+9x_3^2+19x_4^2-2x_1x_2+4x_1x_3+2x_1x_4-6x_2x_4-12x_3x_4$.

习题答案

习题一

1. (1) -4 (2) $3abc-a^3-b^3-c^3$ (3) 0
2. (1) 7,奇排列 (2) 24,偶排列 (3) 17,奇排列 (4) 36,偶排列
3. (1) $i=2,j=6$ (2) $i=8,j=3$
4. (1) 不是 (2) 不是 (3) 是,负号 (4) 是,负号
5. (1) 0 (2) $abef$ (3) $(-1)^{\frac{(n-1)(n-2)}{2}}n!$
6. (1) $(a+b+c)^3$ (2) -8 (3) 0 (4) 0

   (5) $b_1b_2\cdots b_n$ (6) $(-1)^{n-1}\dfrac{n(n-1)}{2}(n-1)!$ (7) 0 (8) $(-1)^n n\cdot a_1a_2\cdots a_n$
7. 略
8. (1) 0 (2) 0 (3) 1 (4) 12
9. 略
10. (1) $a^{n-2}(a^2-1)$ (2) $[x+(n-1)a](x-a)^{n-1}$

    (3) $\prod\limits_{n+1\geqslant i>j\geqslant 1}(i-j)$ (4) $\prod\limits_{i=1}^{n}(a_id_i-b_ic_i)$

    (5) $(-1)^{n-1}(n-1)2^{n-2}$ (6) $a_1a_2\cdots a_n\left(1+\sum\limits_{i=1}^{n}\dfrac{1}{a_i}\right)$
11. 24
12. (1) $x_1=1,x_2=1,x_3=3,x_4=-1$ (2) $x_1=1,x_2=-1,x_3=-1,x_4=1$
13. $f(x)=2x^3-5x^2+7$
14. (1) $\boldsymbol{\alpha}\times\boldsymbol{\beta}=\boldsymbol{i}-\boldsymbol{j}-4\boldsymbol{k}$ (2) $\boldsymbol{\alpha}\times\boldsymbol{\beta}=-\boldsymbol{i}+2\boldsymbol{j}+\boldsymbol{k}$

习题二

1. (1) $\begin{pmatrix}1&0&0\\0&1&0\\0&0&1\end{pmatrix}$ (2) $\begin{pmatrix}1&1&0\\0&1&1\\1&0&1\end{pmatrix}$
2. (1) $\begin{cases}x_1=-x\\y_1=-y\end{cases}$,关于原点对称 (2) $\begin{cases}x_1=x\\y_1=-y\end{cases}$,关于 x 轴对称

3. $2\boldsymbol{A}=\begin{pmatrix}2 & 6\\ 4 & -2\end{pmatrix}$, $\boldsymbol{A}+\boldsymbol{B}=\begin{pmatrix}4 & 3\\ 3 & 1\end{pmatrix}$, $2\boldsymbol{A}-3\boldsymbol{B}=\begin{pmatrix}-7 & 6\\ 1 & -8\end{pmatrix}$, $\boldsymbol{AB}=\begin{pmatrix}6 & 6\\ 5 & -2\end{pmatrix}$, $\boldsymbol{A}^3+2\boldsymbol{A}^2+\boldsymbol{A}-\boldsymbol{E}=\begin{pmatrix}21 & 24\\ 16 & 5\end{pmatrix}$

4. (1) $\begin{bmatrix}35\\ 6\\ 49\end{bmatrix}$ (2) 10 (3) $\begin{bmatrix}-2 & 4\\ -1 & 2\\ -3 & 6\end{bmatrix}$ (4) $\begin{pmatrix}6 & -7 & 8\\ 20 & -5 & -6\end{pmatrix}$

5. $\begin{cases}x_1=-6z_1+z_2+3z_3\\ x_2=12z_1-4z_2+9z_3\\ x_3=-10z_1-z_2+16z_3\end{cases}$

6. 略

7. 略

8. 略

9. $\boldsymbol{A}^{2017}=3^{2016}\begin{bmatrix}-1 & 1 & 1\\ 1 & -1 & -1\\ 1 & -1 & -1\end{bmatrix}$

10. $3\boldsymbol{AB}-2\boldsymbol{A}=\begin{bmatrix}-2 & 13 & 22\\ -2 & -17 & 20\\ 4 & 29 & -2\end{bmatrix}$, $\boldsymbol{A}^{\mathrm{T}}\boldsymbol{B}=\begin{bmatrix}0 & 5 & 8\\ 0 & -5 & 6\\ 2 & 9 & 0\end{bmatrix}$

11. 略

12. 略

13. (1) $\begin{pmatrix}5 & -2\\ -2 & 1\end{pmatrix}$ (2) $\begin{pmatrix}\cos\theta & \sin\theta\\ -\sin\theta & \cos\theta\end{pmatrix}$ (3) $\begin{bmatrix}-2 & 1 & 0\\ -\frac{13}{2} & 3 & -\frac{1}{2}\\ -16 & 7 & -1\end{bmatrix}$

14. 略

15. $\boldsymbol{A}^{-1}=\frac{1}{2}(\boldsymbol{A}-\boldsymbol{E})$, $(\boldsymbol{A}+2\boldsymbol{E})^{-1}=\frac{1}{4}(3\boldsymbol{E}-\boldsymbol{A})$

16. (1) -40 (2) $\frac{1}{5}$ (3) $\frac{1}{625}$ (4) 25 (5) $-\frac{27}{5}$

17. 略

18. (1) $\boldsymbol{X}=\begin{pmatrix}2 & -23\\ 0 & 8\end{pmatrix}$ (2) $\boldsymbol{X}=\begin{bmatrix}-2 & 2 & 1\\ -\frac{8}{3} & 5 & -\frac{2}{3}\end{bmatrix}$

(3) $\boldsymbol{X}=\begin{bmatrix}1 & 1\\ \frac{1}{4} & 0\end{bmatrix}$ (4) $\boldsymbol{X}=\begin{bmatrix}2 & -1 & 0\\ 1 & 3 & -4\\ 1 & 0 & -2\end{bmatrix}$

19. $\boldsymbol{B}=\begin{pmatrix} 0 & 3 & 3 \\ -1 & 2 & 3 \\ 1 & 1 & 0 \end{pmatrix}$

20. $\boldsymbol{B}=\boldsymbol{A}+\boldsymbol{E}=\begin{pmatrix} 2 & 0 & 1 \\ 0 & 3 & 0 \\ 1 & 0 & 2 \end{pmatrix}$

21. (1) $\begin{cases} x_1=1 \\ x_2=0 \\ x_3=0 \end{cases}$ (2) $\begin{cases} x_1=5 \\ x_2=0 \\ x_3=3 \end{cases}$

22. $\begin{cases} y_1=-7x_1-4x_2+9x_3 \\ y_2=6x_1+3x_2-7x_3 \\ y_3=3x_1+2x_2-4x_3 \end{cases}$

23. $\begin{pmatrix} 1 & 2 & 5 & 2 \\ 0 & 1 & 2 & -4 \\ 0 & 0 & -4 & 3 \\ 0 & 0 & 0 & 9 \end{pmatrix}$

24. (1) $\begin{pmatrix} \boldsymbol{O} & \boldsymbol{B}^{-1} \\ \boldsymbol{A}^{-1} & \boldsymbol{O} \end{pmatrix}$ (2) $\begin{pmatrix} \boldsymbol{A}^{-1} & \boldsymbol{O} \\ -\boldsymbol{B}^{-1}\boldsymbol{C}\boldsymbol{A}^{-1} & \boldsymbol{B}^{-1} \end{pmatrix}$

25. (1) $\begin{pmatrix} 1 & -2 & 0 & 0 \\ -2 & 5 & 0 & 0 \\ 0 & 0 & 2 & -3 \\ 0 & 0 & -5 & 8 \end{pmatrix}$ (2) $\dfrac{1}{24}\begin{pmatrix} 24 & 0 & 0 & 0 \\ -12 & 12 & 0 & 0 \\ -12 & -4 & 8 & 0 \\ 3 & -5 & -2 & 6 \end{pmatrix}$

习题三

1. (1) $\begin{pmatrix} 1 & 0 & 0 & 5 \\ 0 & 0 & 1 & -3 \\ 0 & 0 & 0 & 0 \end{pmatrix}$ (2) $\begin{pmatrix} 0 & 1 & 0 & 5 \\ 0 & 0 & 1 & 3 \\ 0 & 0 & 0 & 0 \end{pmatrix}$

(3) $\begin{pmatrix} 1 & -1 & 0 & 2 & -3 \\ 0 & 0 & 1 & -2 & 2 \\ 0 & 0 & 0 & 0 & 0 \\ 0 & 0 & 0 & 0 & 0 \end{pmatrix}$ (4) $\begin{pmatrix} 1 & 0 & 2 & 0 & -2 \\ 0 & 1 & -1 & 0 & 3 \\ 0 & 0 & 0 & 1 & 4 \\ 0 & 0 & 0 & 0 & 0 \end{pmatrix}$

2. $\boldsymbol{P}=\begin{pmatrix} -3 & 2 & 0 \\ 2 & -1 & 0 \\ 7 & -6 & 1 \end{pmatrix}$, $\boldsymbol{PA}=\begin{pmatrix} 1 & 0 & -1 & -2 \\ 0 & 1 & 2 & 3 \\ 0 & 0 & 0 & 0 \end{pmatrix}$

3. $\boldsymbol{QAP}$

4. $\boldsymbol{A}=\begin{pmatrix}4&5&2\\1&2&2\\7&8&2\end{pmatrix}$

5. (1) $\begin{pmatrix}-2&1&0\\-\frac{13}{2}&3&-\frac{1}{2}\\-16&7&-1\end{pmatrix}$ (2) $\begin{pmatrix}1&\frac{4}{5}&-\frac{1}{5}\\2&\frac{12}{5}&-\frac{3}{5}\\0&\frac{1}{5}&\frac{1}{5}\end{pmatrix}$ (3) $\begin{pmatrix}0&0&-1&1\\0&-1&1&0\\-1&1&0&0\\1&0&0&0\end{pmatrix}$

6. (1) $\begin{pmatrix}10&2\\-15&-3\\12&4\end{pmatrix}$ (2) $\begin{pmatrix}2&-1&-1\\-4&7&4\end{pmatrix}$

7. $\begin{pmatrix}0&1&-1\\-1&0&1\\1&-1&0\end{pmatrix}$

8. 都有可能

9. $R(\boldsymbol{A})\geqslant R(\boldsymbol{B})\geqslant R(\boldsymbol{A})-1$

10. 略

11. (1)2, $\begin{vmatrix}3&1\\1&-1\end{vmatrix}\neq0$ (2) 3, $\begin{vmatrix}3&2&-1\\2&-1&-3\\7&0&-8\end{vmatrix}\neq0$ (3) 3, $\begin{vmatrix}2&1&7\\2&-3&-5\\1&0&0\end{vmatrix}\neq0$

12. (1) $k=1$ (2) $k=-2$ (3) $k\neq1$ 且 $k\neq-2$

13. (1) $\begin{pmatrix}x_1\\x_2\\x_3\\x_4\end{pmatrix}=c\begin{pmatrix}\frac{4}{3}\\-3\\\frac{4}{3}\\1\end{pmatrix}$ (2) $\begin{pmatrix}x_1\\x_2\\x_3\\x_4\end{pmatrix}=c_1\begin{pmatrix}-2\\1\\0\\0\end{pmatrix}+c_2\begin{pmatrix}1\\0\\0\\1\end{pmatrix}$

(3) $\begin{pmatrix}x_1\\x_2\\x_3\\x_4\end{pmatrix}=c\begin{pmatrix}-\frac{1}{2}\\\frac{7}{2}\\\frac{5}{2}\\1\end{pmatrix}$ (4) $\begin{pmatrix}x_1\\x_2\\x_3\\x_4\end{pmatrix}=c_1\begin{pmatrix}\frac{3}{17}\\\frac{19}{17}\\1\\0\end{pmatrix}+c_2\begin{pmatrix}-\frac{13}{17}\\-\frac{20}{17}\\0\\1\end{pmatrix}$

14. (1) 无解 (2) $\begin{pmatrix}x\\y\\z\end{pmatrix}=c\begin{pmatrix}-2\\1\\1\end{pmatrix}+\begin{pmatrix}-1\\2\\0\end{pmatrix}$

(3) $\begin{pmatrix}x\\y\\z\\w\end{pmatrix}=c_1\begin{pmatrix}\frac{1}{2}\\1\\0\\0\end{pmatrix}+c_2\begin{pmatrix}\frac{1}{2}\\0\\1\\0\end{pmatrix}+\begin{pmatrix}\frac{1}{2}\\0\\0\\0\end{pmatrix}$ (4) $\begin{pmatrix}x\\y\\z\\w\end{pmatrix}=c_1\begin{pmatrix}\frac{1}{7}\\\frac{5}{7}\\1\\0\end{pmatrix}+c_2\begin{pmatrix}\frac{1}{7}\\-\frac{9}{7}\\0\\1\end{pmatrix}+\begin{pmatrix}\frac{6}{7}\\-\frac{5}{7}\\0\\0\end{pmatrix}$

15. 当 $\lambda=1$ 时,有解 $\begin{pmatrix}x_1\\x_2\\x_3\end{pmatrix}=c\begin{pmatrix}1\\1\\1\end{pmatrix}+\begin{pmatrix}1\\0\\0\end{pmatrix}$;当 $\lambda=-2$ 时,有解 $\begin{pmatrix}x_1\\x_2\\x_3\end{pmatrix}=c\begin{pmatrix}1\\1\\1\end{pmatrix}+\begin{pmatrix}2\\2\\0\end{pmatrix}$

16. (1) $\lambda\neq1$ 且 $\lambda\neq-2$ (2) $\lambda=-2$ (3) $\lambda=1$

17. 略

18. 略

19. 略

习题四

1. $3\boldsymbol{\alpha}-2\boldsymbol{\beta}=(3,-7,16,-8,-4)^{\mathrm{T}}$

2. $\boldsymbol{\alpha}=(1,2,3,4)^{\mathrm{T}}$

3. $\boldsymbol{\beta}=\boldsymbol{\alpha}_1-\boldsymbol{\alpha}_3$

4. $x\neq5$

5. 略

6. 略

7. (1)线性相关 (2) 线性无关

8. $a=2$ 或 -1

9. 略

10. 略

11. 略

12. (1) 不正确 (2) 不正确 (3) 不正确 (4) 不正确 (5) 不正确

13. 略

14. 略

15. (1) $2,\boldsymbol{\alpha}_1,\boldsymbol{\alpha}_2,\boldsymbol{\alpha}_3=-2\boldsymbol{\alpha}_1$

(2) $2,\boldsymbol{\alpha}_1,\boldsymbol{\alpha}_2,\boldsymbol{\alpha}_3=-\frac{11}{9}\boldsymbol{\alpha}_1+\frac{5}{9}\boldsymbol{\alpha}_2$

(3) 3, $\boldsymbol{a}_1, \boldsymbol{a}_2, \boldsymbol{a}_3, \boldsymbol{a}_4 = \boldsymbol{a}_1 + \boldsymbol{a}_2 + \boldsymbol{a}_3$

16. $a=2, b=5$

17. 略

18. 略

19. 略

20. $\boldsymbol{B}=\begin{pmatrix} 0 & 0 & 0 \\ 1 & 0 & 3 \\ 0 & 1 & -1 \end{pmatrix}$

21. 略

22. 略

23. (1) $\boldsymbol{\xi}_1=\begin{pmatrix} -4 \\ \frac{3}{4} \\ 1 \\ 0 \end{pmatrix}, \boldsymbol{\xi}_2=\begin{pmatrix} 0 \\ \frac{1}{4} \\ 0 \\ 1 \end{pmatrix}$ (2) $\boldsymbol{\xi}_1=\begin{pmatrix} -\frac{2}{19} \\ -\frac{14}{19} \\ 1 \\ 0 \end{pmatrix}, \boldsymbol{\xi}_2=\begin{pmatrix} \frac{1}{19} \\ \frac{7}{19} \\ 0 \\ 1 \end{pmatrix}$

24. 略

25. (1) $\boldsymbol{x}=c\begin{pmatrix} -1 \\ 1 \\ 1 \\ 0 \end{pmatrix}+\begin{pmatrix} -8 \\ 13 \\ 0 \\ 2 \end{pmatrix}$ (2) $\boldsymbol{x}=c_1\begin{pmatrix} -\frac{9}{7} \\ \frac{1}{7} \\ 1 \\ 0 \end{pmatrix}+c_2\begin{pmatrix} \frac{1}{2} \\ -\frac{1}{2} \\ 0 \\ 1 \end{pmatrix}+\begin{pmatrix} 1 \\ -2 \\ 0 \\ 0 \end{pmatrix}$

26. $\boldsymbol{x}=c\begin{pmatrix} 3 \\ 4 \\ 5 \\ 6 \end{pmatrix}+\begin{pmatrix} 2 \\ 3 \\ 4 \\ 5 \end{pmatrix}$

27. 略

28. $\boldsymbol{x}=c\begin{pmatrix} 1 \\ -2 \\ 1 \\ 0 \end{pmatrix}+\begin{pmatrix} 1 \\ 1 \\ 1 \\ 1 \end{pmatrix}$

习题五

1. V_1 是，V_2 不是

2. 略

3. 略

4. 2,3,−1;3,−3,−2

5. $\begin{pmatrix} 2 & 3 & 4 \\ 0 & -1 & 0 \\ -1 & 0 & -1 \end{pmatrix}$,−8,−1,5

6. $\lambda=-2, \boldsymbol{c}=(-2,2,-1)^{\mathrm{T}}$

7. (1) $\boldsymbol{b}_1=\begin{pmatrix}1\\1\\1\end{pmatrix}, \boldsymbol{b}_2=\begin{pmatrix}-1\\0\\1\end{pmatrix}, \boldsymbol{b}_1=\frac{1}{3}\begin{pmatrix}1\\-2\\1\end{pmatrix}$

(2) $\boldsymbol{b}_1=\begin{pmatrix}1\\0\\-1\\1\end{pmatrix}, \boldsymbol{b}_2=\frac{1}{3}\begin{pmatrix}1\\-3\\2\\1\end{pmatrix}, \boldsymbol{b}_3=\frac{1}{5}\begin{pmatrix}-1\\3\\3\\4\end{pmatrix}$

8. (1) 不是　(2) 是

9. 略

10. 略

11. $\boldsymbol{e}_1=\frac{1}{\sqrt{2}}\begin{pmatrix}0\\1\\1\\0\\0\end{pmatrix}, \boldsymbol{e}_2=\frac{1}{\sqrt{10}}\begin{pmatrix}-2\\1\\-1\\2\\0\end{pmatrix}, \boldsymbol{e}_3=\frac{1}{3\sqrt{35}}\begin{pmatrix}7\\-6\\6\\13\\5\end{pmatrix}$

习题六

1. (1) $\lambda=-1$ 为三重根,$\boldsymbol{p}=\begin{pmatrix}1\\1\\-1\end{pmatrix}$

(2) $\lambda_1=-1, \lambda_2=9, \lambda_3=0, \boldsymbol{p}_{11}=\begin{pmatrix}1\\-1\\0\end{pmatrix}, \boldsymbol{p}_{21}=\begin{pmatrix}1\\1\\2\end{pmatrix}, \boldsymbol{p}_{31}=\begin{pmatrix}1\\1\\-1\end{pmatrix}$

(3) $\lambda_1=\lambda_2=1, \lambda_3=\lambda_4=-1, \boldsymbol{p}_{11}=\begin{pmatrix}1\\1\\0\\0\end{pmatrix}, \boldsymbol{p}_{12}=\begin{pmatrix}0\\0\\1\\1\end{pmatrix}, \boldsymbol{p}_{21}=\begin{pmatrix}1\\-1\\0\\0\end{pmatrix}, \boldsymbol{p}_{22}=\begin{pmatrix}0\\0\\1\\-1\end{pmatrix}$

2. $\mathrm{tr}\,\boldsymbol{A}=11, \det \boldsymbol{A}=40$

3. 略

4. 略

5. 略

6. 略

7. 略

8. 18

9. −25

10. 略

11. $x=3$

12. （1）$a=-3, b=0, \lambda=-1$ （2）不能

13. $\boldsymbol{A}^{100}=\begin{pmatrix}1 & 0 & 5^{100}-1\\ 0 & 5^{100} & 0\\ 0 & 0 & 5^{100}\end{pmatrix}$

14. （1）$\boldsymbol{A}=\begin{pmatrix}0.7 & 0.2\\ 0.3 & 0.8\end{pmatrix}$ （2）$\begin{pmatrix}x_n\\ y_n\end{pmatrix}=\begin{pmatrix}0.4+0.1\times 0.5^n\\ 0.6-0.1\times 0.5^n\end{pmatrix}$

15. （1）$\boldsymbol{P}=\frac{1}{3}\begin{pmatrix}1 & 2 & 2\\ 2 & 1 & -2\\ 2 & -2 & 1\end{pmatrix}, \boldsymbol{P}^{-1}\boldsymbol{AP}=\begin{pmatrix}-2 & & \\ & 1 & \\ & & 4\end{pmatrix}$

（2）$\boldsymbol{P}=\begin{pmatrix}\frac{1}{3} & 0 & \frac{4}{3\sqrt{2}}\\ \frac{2}{3} & \frac{1}{\sqrt{2}} & -\frac{1}{3\sqrt{2}}\\ -\frac{2}{3} & \frac{1}{\sqrt{2}} & \frac{1}{3\sqrt{2}}\end{pmatrix}, \boldsymbol{P}^{-1}\boldsymbol{AP}=\begin{pmatrix}10 & & \\ & 1 & \\ & & 1\end{pmatrix}$

16. $x=4, y=5, \boldsymbol{P}=\begin{pmatrix}\frac{1}{\sqrt{2}} & \frac{2}{3} & \frac{1}{3\sqrt{2}}\\ 0 & \frac{1}{3} & -\frac{4}{3\sqrt{2}}\\ -\frac{1}{\sqrt{2}} & \frac{2}{3} & \frac{1}{3\sqrt{2}}\end{pmatrix}$

17. $\boldsymbol{A}=\begin{pmatrix}-2 & 3 & -3\\ -4 & 5 & -3\\ -4 & 4 & -2\end{pmatrix}$

18. $\boldsymbol{A}=\frac{1}{3}\begin{pmatrix}-1 & 0 & 2\\ 0 & 1 & 2\\ 2 & 2 & 0\end{pmatrix}$

19. $\mathbf{A}=\begin{pmatrix}4&1&1\\1&4&1\\1&1&4\end{pmatrix}$

20. (1) $f=(x,y,z)\begin{pmatrix}1&2&1\\2&4&2\\1&2&1\end{pmatrix}\begin{pmatrix}x\\y\\z\end{pmatrix}$

(2) $f=(x,y,z)\begin{pmatrix}1&-1&-2\\-1&1&-2\\-2&-2&-7\end{pmatrix}\begin{pmatrix}x\\y\\z\end{pmatrix}$

(3) $f=(x_1,x_2,x_3,x_4)\begin{pmatrix}1&-1&2&-1\\-1&1&3&-2\\2&3&1&0\\-1&-2&0&1\end{pmatrix}\begin{pmatrix}x_1\\x_2\\x_3\\x_4\end{pmatrix}$

21. (1) $\begin{pmatrix}2&2\\2&1\end{pmatrix}$ (2) $\begin{pmatrix}1&3&5\\3&5&7\\5&7&9\end{pmatrix}$

22. (1) $\begin{pmatrix}x_1\\x_2\\x_3\end{pmatrix}=\begin{pmatrix}1&0&0\\0&\frac{1}{\sqrt{2}}&\frac{1}{\sqrt{2}}\\0&\frac{1}{\sqrt{2}}&-\frac{1}{\sqrt{2}}\end{pmatrix}\begin{pmatrix}y_1\\y_2\\y_3\end{pmatrix}$, $f=2y_1^2+5y_2^2+y_3^2$

(2) $\begin{pmatrix}x_1\\x_2\\x_3\end{pmatrix}=\begin{pmatrix}\frac{1}{\sqrt{3}}&\frac{1}{\sqrt{2}}&-\frac{1}{\sqrt{6}}\\\frac{1}{\sqrt{3}}&0&\frac{2}{\sqrt{6}}\\-\frac{1}{\sqrt{3}}&\frac{1}{\sqrt{2}}&\frac{1}{\sqrt{6}}\end{pmatrix}\begin{pmatrix}y_1\\y_2\\y_3\end{pmatrix}$, $f=2y_1^2+y_2^2-y_3^2$

23. $\begin{pmatrix}x\\y\\z\end{pmatrix}=\begin{pmatrix}\frac{4}{3\sqrt{2}}&\frac{1}{3}&0\\-\frac{1}{3\sqrt{2}}&\frac{2}{3}&\frac{1}{\sqrt{2}}\\\frac{1}{3\sqrt{2}}&-\frac{2}{3}&\frac{1}{\sqrt{2}}\end{pmatrix}\begin{pmatrix}u\\v\\w\end{pmatrix}$, $2u^2+11v^2=1$

24. (1) $f(\boldsymbol{C}\boldsymbol{y})=y_1^2-y_2^2+y_3^2$, $\boldsymbol{C}=\begin{pmatrix}1 & -\frac{5}{\sqrt{2}} & 2\\ 0 & \frac{1}{\sqrt{2}} & 0\\ 0 & -\sqrt{2} & 1\end{pmatrix}$, $\left(|\boldsymbol{C}|=\frac{1}{\sqrt{2}}\right)$

(2) $f(\boldsymbol{C}\boldsymbol{y})=y_1^2-y_2^2-y_3^2$, $\boldsymbol{C}=\begin{pmatrix}1 & 1 & -1\\ 0 & 1 & 0\\ 0 & -1 & 1\end{pmatrix}$, $(|\boldsymbol{C}|=1)$

25. $-\frac{4}{5}<a<0$

26. (1) 负定　(2) 正定

参 考 文 献

[1] 同济大学数学系.工程数学线性代数[M].5版.北京:高等教育出版社,2007.

[2] 王萼芳.高等代数题解[M].北京:北京大学出版社,1983.

[3] 杨刚,吴惠彬.线性代数[M].北京:北京理工大学出版社,2008.

[4] 丘维声.简明线性代数[M].北京:北京大学出版社,2002.

[5] 罗桂生.线性代数[M].厦门:厦门大学出版社,2001.

[6] David C L.线性代数及其应用[M].刘深泉,等译.北京:机械工业出版社,2015.